山东材料 100 家

山东省科协材料学科群
山 东 硅 酸 盐 学 会　编著

山 东 大 学 出 版 社

《山东材料 100 家》

主　　编　王继扬

执行副主编　彭　建

副 主 编　江怀东

编　　务　张文安　董俊德　李悦慧

《山东材料100家》
编辑委员会

序

材料是人类文明的物质基础，材料的发展和一个国家的经济和社会发展密切相关，材料产业的发展规模及其技术水平，已经成为衡量一个国家经济发展、科技水平和国家实力的重要标志，材料领域是科技创新和国际竞争最为激烈的领域之一。

经过多年不懈的努力，我国材料产业发展取得举世瞩目的成就，无论是传统材料和新材料领域都取得长足进展，产业技术水平不断提高，产业规模不断扩大。传统材料以节能减排、提高效益为中心，为国家经济转型做出了巨大贡献；我国具有自主创新能力的新材料产业体系正在形成，为我国经济发展高技术产业突破瓶颈、实现历史性跨越提供了有力支撑。

山东省是我国材料产业的大省，钢铁、水泥、玻璃和陶瓷等均在全国有着举足轻重的地位，近年来，新材料产业也得到很大的发展，在产业的发展中，涌现出了许多在省内外、国内外有影响的企业和科研单位。

山东省科协材料学科群和山东硅酸盐学会联合编撰了《山东材料 100 家》，意在通过对山东省百余家材料研发单位、生产企业的介绍，了解山东省材料领域的发展概貌，加强各单位和企业间的了解，希望能进一步促进各单位间的合作交流，促进产学研用的结合，也为政府和决策部门了解山东省材料领域及产业提供基本素材。

山东省科协材料学科群是由山东省科协创导、组织并批准，于 2006 年 10 月成立的。学科群以学术活动为纽带，以山东硅酸盐学会牵头，由山东化学化工学会等 10 个省级学(协)会组成，近 10 年来，开展了许多有意义的工作。

本书内容丰富，各篇的作者是了解本单位历史发展改革和现状的一线管理科技人员，所提供的资料翔实，具有鲜明的学科特色。

本书的材料是在广泛征集、自愿参加的基础上组织的。山东省材料领域研发单位和企业成千上万，此处所介绍的仅为百家，当有挂一漏万之嫌，即使是收入本书的介绍也可能由于作者经历和阅历的差异而水平各异，希望读者包容，并请有识者不吝赐教，也希望有更多的单位今后踊跃参与这项工作，一方面可以提高本单位的知名度，另一方面也为其他人了解各单位乃至山东省相关领域情况提供实际资料。

本书得到了山东省科学技术协会及各方同仁的大力支持。在此表达深切谢意！同时向为本书提供稿件和为本书出版付出辛勤劳动的所有人员表示衷心感谢。

山东硅酸盐学会理事长、山东大学教授　王继扬

2015 年 12 月 20 日

前 言

材料是人类文明的物质基础，是社会进步的先导。材料产业是现代工业发展的重要支柱之一，在社会经济生活中起着越来越重要的作用。山东是材料大省，钢铁、有色金属、水泥、玻璃、陶瓷等行业产能均在全国位居前列。目前，山东轻工、化工、冶金、建材四大材料行业工业增加值、利税、利润均占全省规模以上工业企业的50％以上，堪称山东工业的半壁江山。材料产业有力地支撑了山东经济的发展。

为了保存山东材料行业重点单位的基本史料，为社会各界了解和研究21世纪初期山东材料行业的发展提供帮助，经山东省科学技术协会批准，山东省科协材料学科群编写了《山东材料100家》。本书收入山东材料领域104家重点单位自成立至2014年年底的基本史料，包括简介、历史沿革、主要成绩、大事记、杰出人才介绍以及对行业发展的贡献等。其中，学科群、学会（协会）14家；高校材料院系10家；科研院所9家；钢铁及有色金属企业6家；化工企业3家；水泥企业10家；混凝土企业3家；外加剂企业3家；水泥制品企业5家；玻璃企业9家；陶瓷企业4家；耐火材料企业8家；玻璃钢企业6家；玻璃纤维和特种纤维企业4家；其他企业10家。

本书的出版，得益于山东省科学技术协会的积极支持，得益于山东省科协材料学科群各组成学会（协会）的通力合作，得益于山东非金属材料研究所、山东三金玻璃机械有限公司、肥城米山水泥有限公司等有关单位的大力支持。在此，一并表示感谢。

山东省科协材料学科群

2015年12月20日

目　录

学科群、学会、协会

高校材料院系

科研院所

钢铁及有色金属企业

化工企业

水泥企业

混凝土企业

外加剂企业

水泥制品企业

玻璃企业

陶瓷企业

耐火材料企业

玻璃钢企业

玻璃纤维和特种纤维企业

其他企业

Shandong Cailiao 100 Jia

学科群、学会、协会

山东省科协材料学科群

一、简　介

山东省科协材料学科群于2006年10月20日经山东省科协批准成立，是由山东硅酸盐学会、山东金属学会、山东化学化工学会、山东复合材料学会、山东颗粒学会、山东省建材工业协会、山东省轻工协会、山东省日用硅酸盐工业协会、山东陶瓷工业协会、山东省耐火材料行业协会10家省级学会（协会）组成的以学术活动为纽带的松散联合体。

学科群实行组成学会秘书长联席会议制。山东硅酸盐学会为学科群牵头学会。学科群办事机构设在山东硅酸盐学会秘书处。

二、主要工作

学科群成立以后，主要开展了以下工作：

（一）组织开展山东省抗震节能生态农宅小区示范工程

示范工程于2006年启动，由山东硅酸盐学会牵头，中国科学院蒋民华院士主持。联合山东建筑学会、山东环境科学学会、山东农业生态环保学会3个学会，山东大学、山东建筑大学、济南大学、烟台大学、山东理工大学5所大学，以及莱钢集团、力诺瑞特公司、金晶集团等单位。临沂市委、市政府给予了大力支持。示范工程采用了多项科技成果，利用低成本适宜技术，组织开展了山东农村抗震节能生态住宅示范建设。示范工程第一阶段是建设生态住宅样板房；第二阶段是建设抗震节能生态农宅小区。

生态住宅由建筑节能、太阳能综合利用、环境优化、智能控制四大体系组成，以轻型H型钢为主要承重结构，墙体采用轻质的植物纤维水泥复合板，楼板和屋面采用秸秆水泥发泡材料，同时综合利用太阳能热水、采暖及生态玻璃、涂料、陶瓷材料等新材料、新技术。2008年在临沂市先期建成3幢生态抗震样板房，每幢建筑面积240平方米。

2008年7月，示范工程被列入国家科技部科技支撑计划项目。

2009年，示范工程转入第二阶段工作，即由建设生态农宅样板房转入建设抗震节能生态农宅小区。于2011年，在临沂市兰山区义堂镇小葛庄建成抗震节能生态农宅小区，面积为8700平方米。共建32户，每户建筑面积273平方米。在建设中大量采用了太阳能技术、生态涂料、新型卫生陶瓷、半导体照明和节能玻璃等新材料、新技术。

(二)组织召开山东材料大会

首届山东材料大会于2007年3月在济南召开。山东省建材、冶金、化工、轻工等行业的近500位企业负责人和科技工作者参加了会议。中国水泥协会会长雷前治、中国钢铁工业协会秘书长李世俊、中国石油及化学工业协会副会长杨伟才、中国陶瓷工业协会会长杨自鹏、中国科学院院士蒋民华、中国工程院院士徐德龙等权威人士作了专题报告，山东省科技、经贸等有关部门以及参会代表就山东材料领域的发展和建立跨学科、跨部门的合作机制进行了广泛研讨。

(三)定期组织山东材料行业优势企业评选

山东材料行业优势企业评选始于2007年，每两年组织一次。

山东省境内金属材料，水泥及制品、外加剂，玻璃、玻璃纤维、玻璃钢，墙体材料、装饰装修材料，防水材料、涂料、塑料，隔火耐热材料、非金属矿物材料，功能材料，陶瓷，材料专用机械设备等相关行业的企业均可参加。参加方式为企业申报或由省级学会(协会)推荐，专家委员会评选。

2007年有95家企业被评为“山东材料行业优势企业”；2009年有84家企业被评为“山东材料行业优势企业”；2011年有82家企业被评为“山东材料行业优势企业”；2013年有66家企业被评为“山东材料行业优势企业”。

(四)定期编辑出版《山东省材料发展报告》

为便于社会各界了解山东材料产业发展状况，指导行业发展，为政府决策提供参考，山东材料学科群组织了《山东省材料发展报告》的编辑、出版工作。

《山东省材料发展报告》每两年出版一本。

《山东省材料发展报告(2007～2008)》是山东省材料领域的第一部发展报告。该报告编辑出版工作历时一年，有省内近90家单位参与报告的组织及撰稿工作，其中包括17家学会(协会)、14所大学及50多家重点企事业单位。全书共分“行业发展报告”“科技发展报告”“企业发展报告”3部分，报告山东省材料领域主要行业发展及科技进步情况，分析存在的问题及发展趋势。全书共收录各类报告78篇，59万字，2008年12月由中国建材工业出版社出版。

《山东省材料发展报告(2010～2011)》是继《山东省材料发展报告(2007～2008)》之后，在总结其经验的基础上编纂、出版的第二部向社会各界提供山东材料行业发展综合信息的论著。全书共收录各类报告60篇，67万字，2012年1月由中国建材工业出版社出版。

(五)组织完成《山东省战略性新材料产业研究报告》编写工作

按照省科协《山东省战略性新兴产业发展对策研究实施方案》的要求，山东省科协材料学科群组成了由60多位专家参加的课题组，开展《山东省战略性新材料产业研究报告》研究工作。

课题组按专业组成若干子课题组，最终形成26篇专业报告，经分析综合，完成了《山东省战略性新材料产业研究报告》。该研究报告分析了山东省新材料产业的现状及发展趋势，确定了山东新材料发展研究的思路及重点。该研究报告于2011年9月提交省政府有关部门，为其制定行业发展政策提供参考。

(六)其他工作

编辑出版《山东材料100家》，向社会各界提供山东材料行业发展历史资料；构建信息平台，加强材料学科信息资源开发、整合和应用服务；建立和完善材料领域专家库、人才库、成果库和项目库，促进信息化建设；开展材料领域的人才、成果评奖和科研、学术专著出版等活动。

2008 年 7 月，山东材料学科群组织实施的山东农村生态住宅示范工程现场（临沂）

2007 年 3 月，山东材料学科群组织召开首届山东材料大会（济南）

（撰稿人：若　川）

山东硅酸盐学会

一、简　介

山东硅酸盐学会是由山东硅酸盐(无机非金属材料)科学技术工作者自愿组成并依法登记成立的具有学术性、公益性的法人社会团体,是山东省科学技术协会的组成部分。学会宗旨是团结广大硅酸盐科技工作者,促进科学技术的繁荣和发展,促进科学技术的普及和推广,促进科技人才的成长和提高,促进科学技术与经济的结合。

学会现有2个工作委员会,5个专家委员会和若干个产业分会。现有团体会员100多家,个人会员2000余人,其中高级会员600余人。

二、历史沿革

山东硅酸盐学会创建于1981年。1981年10月召开了第一次会员代表大会,选举产生了第一届理事会;1986年6月召开了第二次会员代表大会,选举产生了第二届理事会;1991年12月召开了第三次会员代表大会,选举产生了第三届理事会;2005年5月召开了第四次会员代表大会,选举产生了第四届理事会;2013年7月召开了第五次会员代表大会,选举产生了第五届理事会。

三、主要工作

(一)1987年始,组织“立窑闭门操作微机应用技术”推广工作

1986年5月,山东诸城水泥厂“立窑闭门操作微机应用技术”通过国家建材局组织的部级鉴定。1987年始,根据国家建材工业局的要求,山东硅酸盐学会组织在部分省市推广“立窑闭门操作微机应用技术”,历时数年。

(二)1987年,组织开展对临沂地区科技扶贫工作

根据山东省科协的统一部署,1987年,山东硅酸盐学会先后组织技术人员数百人次,

通过举办培训班、开展技术咨询及协助办厂等形式，对临沂地区硅酸盐企业进行技术帮扶，并写出了《关于临沂地区非金属矿资源利用调研报告》。

（三）1987年，承办“沿黄7省市硅酸盐学会秘书长技术协作交流会”

根据山东省科协的安排，1987年，山东硅酸盐学会率先承办了“沿黄7省市硅酸盐学会秘书长技术协作交流会”。

（四）1988年始，组织开展对云南省立窑水泥企业技术指导工作

应云南省建材工业局的要求，山东硅酸盐学会组织技术人员对云南省部分立窑水泥企业进行技术指导、帮扶。此项工作开展长达8年之久。

（五）2006年，组织编写《水泥行业职业技能培训教材》

《水泥行业职业技能培训教材》由山东硅酸盐学会联合济南大学、吉林亚泰水泥有限公司、中联鲁宏水泥有限公司、黑龙江浩良河水泥有限公司等单位编写，主要用于全国水泥企业开展职业教育培训和职业技能鉴定工作。全书120万字，共4册：《水泥中央控制室操作员》《水泥生产工（上）》《水泥生产工（下）》《水泥检验工》。2006年11月由中国建材工业出版社出版，面向全国水泥行业发行。

（六）2006年始，牵头组织山东省抗震节能生态农宅小区示范工程

示范工程于2006年初启动，由山东硅酸盐学会组织，中科院院士蒋民华先生主持。参加单位有山东建筑学会、山东环境科学学会、山东农业生态环保学会、山东大学、山东建筑大学、济南大学、烟台大学、山东理工大学、莱钢集团、力诺瑞特公司、金晶集团。临沂市委、市政府给予了大力支持。示范工程第一阶段是建设生态住宅样板房。示范工程第二阶段是建设抗震节能生态农宅小区。

2008年上半年在临沂市先期建成3栋样板房，每栋建筑面积240平方米。生态农宅采用轻型H型钢钢结构住宅建筑体系，墙体采用轻质的植物纤维水泥复合板，楼板和屋面采用秸秆水泥发泡材料，同时综合采用太阳能技术、生态涂料、新型卫生陶瓷、半导体照明和节能玻璃等新材料、新技术。2008年7月，示范工程被列入国家科技部科技支撑计划项目。2011年底，在临沂市建成示范区面积为8700平方米抗震节能生态农宅小区。

（七）2006年始，牵头开展山东省科协材料学科群工作

山东省科协材料学科群于2006年10月20日经山东省科协批准成立，山东硅酸盐学会为牵头学会。学科群由山东硅酸盐学会、山东金属学会、山东化学化工学会、山东复合材料学会、山东颗粒学会、山东省建材工业协会、山东省轻工业协会、山东省日用硅酸盐工业协会、山东陶瓷工业协会、山东省耐火材料行业协会10个省级材料类学会（协会）组成。建立学科群是为了加强学会间的横向联合与协作，围绕材料学科进步和行业发展，联合开展综合性重大活动，加快科技成果转化。

(八)2007年,组织召开首届山东材料大会

首届山东材料大会于2007年3月在济南召开。山东省建材、冶金、化工、轻工等行业的近500位企业负责人和科技工作者参加会议。山东材料行业的代表首次聚在一起,共商合作和发展大计。

(九)2007年,组织“东南十省市水泥发展论坛”

2007年8月,由山东硅酸盐学会牵头,山东、广东、江苏、浙江、福建、安徽、上海、江西、吉林、云南10省、市的硅酸盐学会联合在山东威海市召开东南10省市水泥发展及工作交流会议。会议重点交流了我国水泥结构调整及水泥节能、利废的新技术、新工艺等。

(十)2008年始,组织《山东省材料发展报告》编辑出版工作

由山东硅酸盐学会牵头,山东材料学科群自2008年起组织《山东省材料发展报告》编辑出版工作。《山东省材料发展报告》是山东省材料领域的第一部发展报告,定期出版。2008年12月出版60万字的《山东省材料发展报告(2007～2008)》;2012年1月,出版67万字的《山东省材料发展报告(2010～2011)》。

(十一)2011年,组织“中国(山东)水泥与混凝土高峰论坛”

2011年3月,山东硅酸盐学会牵头,联合全国12个省、市的硅酸盐学会在济南召开了“2011年中国(山东)水泥与混凝土高峰论坛”。共300余人参加了论坛。会议研讨了水泥、混凝土行业发展趋势,分析了存在的问题,交流了新技术及节能减排等有关经验和做法。

(十二)2011年,组织《中国11省、市硅酸盐发展报告(2011)》编辑出版工作

由山东硅酸盐学会牵头,联合江苏、福建、安徽、云南、江西、广东、河北、上海、陕西、湖南10省、市的硅酸盐学会共同编辑出版了《中国11省、市硅酸盐发展报告(2011)》。全书73万字,由中国建材工业出版社2012年1月出版。

(十三)2013年,完成《山东省战略性新材料产业研究报告》

山东硅酸盐学会会同有关学会,组织60多位专家完成了《山东省战略性新材料产业研究报告》,分析了山东省新材料产业各专业的现状及发展趋势,提出了山东新材料发展研究的思路及重点。

(十四)2014年,组织开展山东省水泥中铬(Ⅵ)含量调研工作

为掌握山东省水泥中水溶性铬(Ⅵ)的情况,山东硅酸盐学会与山东省产品质量检验研究院于2014年5～8月联合开展了对山东省水泥中铬(Ⅵ)含量的调研工作。

学会成立了由15名专家组成的调研工作领导小组。参与调研的企业89家。检测工作完成后对抽样检测数据进行综合分析。重点研究了降低水泥铬含量措施,开展六价铬项目检测的专业培训指导,开展对水泥中水溶性六价铬解毒技术研究等有关工作。

(十五)2014年，组织召开山东省利用水泥窑协同处置城市生活垃圾研讨会议

2014年10月25日，山东硅酸盐学会在临沂市沂南县召开了利用水泥窑协同处置城市生活垃圾研讨会议。会议由中国联合水泥淮海运营管理区承办。来自省内重点水泥企业及相关学会、协会和科研机构以及省有关部门的近70名代表参加了会议。

参会代表听取了有关专家所作的学术报告，对山东省如何推动利用水泥窑协同处置城市生活垃圾进行了热烈讨论，达成高度共识，并提出了相应政策建议。

沂南中联水泥有限公司拟在沂南县建设我省首条水泥窑协同处置城市生活垃圾示范生产线。此举得到沂南县委、县政府积极支持。

四、所获荣誉

2005年、2006年、2007年、2012年、2013年被中国硅酸盐学会评为“优秀省级学会”。

2005～2014年连续10年被山东省科学技术协会评为“优秀省级学会”。

2010年被山东省科学技术协会评为“十佳省级学会”。

五、历届理事会名单

山东硅酸盐学会第一届理事会名单

（1981年10月17日）

理 事 长：程 震

副理事长：房 超　沈惠基　勾福长　蒋民华　朱祖培　郭德跃

秘 书 长：郭德跃（兼）

副秘书长：于明梓　林幸春　韩 超　徐家壁　何志均

常务理事：程 震　房 超　沈惠基　勾福长　蒋民华　朱祖培　郭德跃　于明梓　林幸春　韩 超　徐家壁　何志均　张柏寿　廖乃成　李庆华　时从宽　陈荣浓　张树华　胡学敏

理　　事：于明梓　马恩荣　王兆泉　勾福长　刘世敏　孙庆贞　孙斯衡　朱祖培　李一伦　李永诚　李庆华　李智孝　李德玉　沈祖培　沈惠基　何志均　张克从　张柏寿　张树华　张振权　张国栋　时从宽　汪河卿　杜祥荣　陈文俊　陈 愷　陈荣浓　佘晓松　杨文丰　房 超　林幸春　赵宗昱　胡学敏　胡新民　荣葵一　郭德跃　徐家壁　韩 超　高洪升　曹尔仙　程 震　蒋民华　廖乃成　谭秀武　熊干西　穆嘉樑

秘　　书：廉亚兴　高树海

山东硅酸盐学会第二届理事会名单

（1986 年 6 月 24 日）

理 事 长：李怀贞
副理事长：沈惠基　何志均　廖乃成　蒋民华
秘 书 长：廖乃成
副秘书长：于明梓　林幸春　韩　超　徐家璧　何志均
常务理事：李怀贞　沈惠基　何志均　廖乃成　蒋民华　于明梓
　　　　　林幸春　刘修和　王济昌　徐家璧
理　　事：于明梓　马恩荣　王济昌　王兆泉　刘修和　刘世敏　朱德仁
　　　　　江天海　李怀贞　李智孝　李德玉　沈惠基　何志均　陈文俊
　　　　　陈荣浓　陈焕矗　汪河卿　杨文丰　林幸春　柴洪山　胡学敏
　　　　　俞晓松　赵德麟　徐家璧　郭德跃　张柏寿　张树华　张振权
　　　　　张儒令　曾尔仙　蒋民华　廖乃成

山东硅酸盐学会第三届理事会名单

（1991 年 12 月 12 日）

特 邀 顾 问：程　震　房　超　勾福长
名誉理事长：李怀贞
理　事　长：刘世敏
常务副理事长：柴洪山
副 理 事 长：何志均　蒋民华　褚成通　陈达谦
秘　书　长：王济昌
副 秘 书 长：廉亚兴　林幸春　李元亮　吕孟凯
常 务 理 事：王济昌　刘世敏　李元亮　何志均　陈达谦　邹惟前　林幸春
　　　　　　陈焕矗　昃衡田　赵德麟　赵文英　张儒岭　张乐林　黄俊慧
　　　　　　柴洪山　蒋民华　褚成通　廖乃成　穆嘉樑
理　　　事：于秀明　王济昌　王兆泉　王德新　刘世敏　齐玉发　朱荣富
　　　　　　孙庆贞　牟英浩　孙维均　何志均　李智孝　陈焕矗　许　东
　　　　　　李元亮　杨文丰　李德玉　邹惟前　昃衡田　林幸春　张星臻
　　　　　　张儒岭　张骏懋　张乐林　张国栋　张化民　张凤桐　张柏寿
　　　　　　范文标　陈达谦　胡延恕　胡新民　俞晓松　赵德麟　赵宗昱
　　　　　　姜均令　赵文英　柴洪山　常德祥　黄俊慧　梁主宇　蒋民华
　　　　　　程桂亮　韩梅祥　褚成通　廖乃成　穆嘉樑　魏愉蕃

山东硅酸盐学会第四届理事会名单

（2005 年 5 月 21 日）

理事长：蒋民华

代理理事长：王继扬（2011 年 5 月 20 日）

常务副理事长：王福江

副理事长：程新　姜笛　宋鸿林　赵昕　王刚　张才奎　张志法

秘书长：彭建

副秘书长：廉亚兴　刘宏　刘福田　张映和

常务理事：王刚　王继扬　王福江　尹衍升　牛雪筠　闫法强　刘宏　宋鸿林　芦令超　陈鑫建　苗建中　杨文丰　范素华　张志法　赵昕　赵铁军　姜笛　袁亮国　徐惠忠　黄柏标　蒋民华　彭建　程新　樊震坤　张才奎　曹树梁　田文顺　贾同春　陈常杰　宁方淼　张全海　扈永刚　辛生业　杨万立　田贵山　冯耀银　靳志刚　李勇　张建业　王发刚

理事：于东威　于玉川　于健　王福江　王继扬　王均光　王刚　牛雪筠　牛爱君　尹衍升　田贵山　田亮光　田清波　宁方淼　刘宏　刘福田　刘立强　刘运利　闫法强　朱鹏程　毕庆亮　吴佑实　宋鸿林　张书香　张映和　张志法　李自明　李宏洲　芦令超　辛生业　邹维前　杨文丰　杨永安　杨立胜　陈玉清　陈鑫建　周克继　周英民　范素华　尚智　苗建中　岳增文　罗时政　姜笛　姚荣明　郝月兰　赵德存　赵铁军　赵昕　赵洪义　徐威　徐惠忠　郭乾桂　陶绪堂　贾同春　袁亮国　崔作林　崔相臣　崔刚　曹树梁　隋万美　黄柏标　黄净　扈永刚　彭建　程新　蒋民华　廉亚兴　樊震坤　张才奎　田文顺　杨万立　张全海　陈常杰　王盛强　寿崇琦　李学闵　张保琦　何国芳　王锡波　王东胜　王丰海　董鹤群　庞守恩　潘福才　杨自聚　苑立平　秦沂农　冯耀银　靳志刚　李勇　张建业　王发刚　赵建海　李洪元　刘伟　刘长杰　崔洪芝　沈建兴　薄超　臧国松　宋厚金　孙安垣　于先进　赵兴忠　李锋　陈安法　吕仁祥　杜长征　程茂山　司胜　周月华　赛同达　李继葆

山东硅酸盐学会第五届理事会名单

（2013 年 7 月 21 日）

理事长：王继扬

常务副理事长：辛生业

副 理 事 长：程　新　冯耀银　刘长杰　魏化震

秘　书　长：彭　建

副 秘 书 长：廉亚兴　沈建兴　魏锦强　江怀东　叶正茂　宫本奎　李国华

常 务 理 事：于东威　王文海　王发刚　王继扬　牛爱军　田亮光　冯耀银　宁方淼　孙建成　刘长杰　刘　伟　李　勇　芦令超　辛生业　沈建兴　陈安法　杨学明　杨　萍　杨立胜　周英民　张建业　姜付义　徐惠忠　徐现刚　扈永刚　彭　建　程　新　靳志刚　臧国松　魏化震　轩立新　蔡玉海　韩正琦　于光民　吕凤奇　肖子才　孙泽斌

理　　　　事：于东威　于先进　王文海　王丰海　王立平　王发刚　王均光　王志华　王继扬　王锡波　宁方淼　牛爱君　田亮光　田清波　冯耀银　孙安垣　孙建成　阮国智　吕仁祥　吕　平　刘永生　刘立强　刘长杰　刘　伟　刘运利　刘　宏　刘福田　刘德军　朱孔赞　乔元昌　毕庆亮　李光明　李呈顺　李学闵　李洪元　李　勇　李继葆　李　锋　李　霞　辛生业　芦令超　沈建兴　何国芳　寿崇琦　陈安法　陈仲圣　杨立胜　杨学明　杨　萍　周英民　张加勇　张全海　张建业　张宝琦　张景德　张新恩　金朝生　郝月兰　姜付义　秦沂农　徐现刚　徐清华　徐惠忠　隋万美　扈永刚　彭　建　程茂山　程　新　董洪张　董鹤群　靳志刚　赛同达　臧国松　潘恣屹　薛俊田　魏化震　魏德法　张士忠　张思建　朱应新　王志军　贾　谊　付宝华　李　红　汪丕明　杨尚东　王　宇　张　健　崔海军　戚德海　高世宽　石艳玲　树春义　范金刚　高旭光　杨学之　陈淑祥　桑险峰

山东硅酸盐学会第四次会员代表大会合影

山东硅酸盐学会第五次会员大会代表合影

（撰稿人：彭　建）

山东金属学会

一、简　介

山东金属学会(The Shandong Society for Metals,SDSM)成立于1981年8月18日,是由全省冶金科学技术工作者及相关单位自愿组成的、依法登记的全省性、学术性、科普性、非营利性的社会组织,具有社会团体法人资格,是党和政府联系冶金科技工作者的桥梁和纽带,是推动我省冶金科学技术事业发展的重要力量,是我省冶金行业的科技组织,是山东省科学技术协会的组成部分。学会挂靠单位是山东省冶金工业总公司。山东金属学会的宗旨是:促进冶金科学技术的繁荣和发展,促进冶金科学技术的普及和推广,促进冶金科学技术人才的成长和进步,推动冶金技术创新、科技进步和学科发展,维护冶金科学技术工作者的合法权益,为冶金生产经营、建设发展服务,为冶金科技工作者服务。

山东金属学会现有个人会员5603名,团体会员单位68家,《山东冶金》刊务理事会单位61家,下设22个专业委员会(炼铁、炼钢、压力加工、焦化、矿山工程、耐火材料、安全、环保、医疗卫生、自动化与信息化、冶金能源、冶金建设、理化检验、质量标准、有色金属、冶金物流、冶金审计、冶金财会、统计信息、企业管理、技术咨询、《山东冶金》编辑委员会)。第四届理事会有理事81人,常务理事29人。

二、历史沿革

山东金属学会创建于1981年。1981年8月召开了第一次会员代表大会,选举产生了第一届理事会;1991年5月召开了第二次会员代表大会,选举产生了第二届理事会;2003年4月召开了第三次会员代表大会,选举产生了第三届理事会;2013年12月召开了第四次会员代表大会,选举产生了第四届理事会。

三、主要工作

(一)1981～1990 年

广泛开展学术交流、继续教育、科学普及、调查研究等卓有成效的工作。

1. 学术交流工作

组织开展了各种学术交流活动 111 次,参加人数 3583 人次;举办技术讲座 7 次,参加人数 425 人次;技术培训 6 次,培训人员 175 人;联合跨省的学术会议 6 次,参加人数 469 人次。

2. 期刊管理工作

《山东冶金》杂志创刊于 1979 年,1979 年出版了 2 期,1980～1990 年出版了 44 期。

(二)1991～2002 年

1. 学术交流工作

组织开展多种学术交流活动 150 余次,年平均 12 次以上,参加人数 2.4 万人次,年平均 2000 人次;发表论文 3800 余篇,年平均 317 篇;举办专业培训班 22 班次,参加学习人员 867 人;联合跨省区、跨行业的学术交流 17 次,提交论文 283 篇。

2. 课题研究工作

组织开展省科协下达的《高炉喷煤技术研究》等重大课题研究 5 项,为领导决策和推进企业科技进步提供了科学依据。

3. 期刊管理工作

努力办好《山东冶金》期刊,该期刊连续两届被省科委和省新闻出版局评为"优秀科技期刊",并被国家科技部和新闻出版总署批准入选"中国期刊方阵"双效期刊。

(三)2003～2014 年

1. 学术交流工作

组织开展了多种学术交流活动 244 次,参会人数累计达 27157 人次,发表论文 12770 篇,编辑会议论文集 21 种,累计印刷达 4.8 万册。组织参加上级部门组织的学术交流活动 129 次。组织开展了跨省、跨行业、跨学科的联合互动学术交流活动 34 次。主办了全省相关专业学术交流及管理经验交流活动 63 次,邀请专家、教授、工程技术人员作专题讲座、经验交流 516 次。

2. 课题研究工作

完成省科协下达的重点课题研究项目《用高新技术改造山东钢铁工业的研究》等合计 21 项。2010 年开始连续 3 年开展了《山东省金属矿山地下采空区充填标准》《山东省金属矿山竖井掘进技术标准》《山东省金属矿山平巷、斜坡道掘进技术标准》等 10 个山东省金属矿山安全技术标准的编制工作。

3. 咨询服务工作

注重科技成果转化推广，做好信息交流和技术咨询服务。2009 年 8 月投资建成了山东金属学会网站，同时也建立了山东金属学会专家库，现已库存 15 类专业 361 名专家。近几年，共组织开展了 116 次技术服务活动，年平均 10 次以上。

4. 期刊管理工作

创建期刊品牌形象，推进期刊国际化进程。2003 年 4 月，将《山东冶金》杂志的主办单位变更为山东金属学会，作为学会的会刊，成立了刊务理事会，采用会员制办刊的管理办法。《山东冶金》连续多届被评为“山东省优秀科技期刊”“华东地区优秀期刊”“全国冶金行业优秀期刊”。

5. 表彰和举荐先进工作者

一是设立了山东冶金青年科技奖，对首届 14 名山东冶金青年科技奖获得者在“山东金属 2012 年工作大会”上进行了表彰和奖励，并在《山东冶金》《山东钢铁》等报刊上进行了宣传报道。二是连续多年向省科协材料学科群举荐 15 名省冶金材料行业先进工作者。三是认真开展了山东金属学会两年一度的先进集体和优秀学会干部的评比和表彰奖励工作。四是向省科协举荐 4 名山东省优秀科技工作者，向中国金属学会举荐 2 名优秀科技工作者。

6. 能力建设工作

不断加强组织建设，持续提升服务能力。一是认真制定和落实年度活动计划；二是加强走访调研活动；三是积极发展新会员；四是不断加强专业学术委员会的组织建设；五是坚持学术交流和优秀论文评比相结合的办法开展活动。

四、所获荣誉

2003～2012 年连续 10 年被中国金属学会、山东省科协评为“学会工作先进集体”；连续 10 年被山东省民政厅评为“优秀社会组织”。

2010 年被山东省科协评为“全省首届十佳学会”。

2013 年 7 月入选“山东省科协省级学会能力提升十大优秀科技社团”，并荣获“优秀科技社团”奖项和奖补资金 3 年。

2014 年 1 月荣获山东省科协颁发的“2013 年度十佳省级学会”荣誉称号。

五、历届理事会名单

山东金属学会第一届理事会名单

（1981 年 8 月 18 日）

理 事 长：郑少文　严　成（郑少文退休后由严成接任）

秘 书 长：邬高扬　陈仲宣（邬高扬退休后由陈仲宣接任）

山东金属学会第二届理事会名单

（1991 年 5 月 18 日）

理 事 长：马俊才 李国瑞（1998 年 3 月接任） 邹仲琛（2002 年 4 月接任）
副理事长：何志均 张宝纲 陈林俊 王朝江 杨积立 王安祥（1998 年 3 月增补）
秘 书 长：张学镛
副秘书长：吕 培 贾玉增 吴建亚 徐并生
常务理事：马俊才 马进贤 王朝江 史福泉 田绪宝 刘万坦 孙毓果
朱文光 何志均 杨积立 苏思祥 张宝纲 张学镛 张方俊
陈林俊 陈惠波 李志刚 李庆吉 林瑞平 炅衡田 赵殿和
赵玉林 姜正义 崔英华 董振邦 臧唯岩 熊干西
理 事：马俊才 马进贤 万继龙 于东锦 王朝江 王 钊 王玉山
王文忠 王守镇 史福泉 刘万坦 田绪宝 朱文光 朱树藩
吕 培 孙毓果 孙 群 何志均 宋文学 张宝纲 张学镛
张方俊 张兴传 张耀祖 吴建亚 吴文芳 初雨春 陈林俊
陈仲宣 陈荣顺 陈惠波 李志刚 李庆吉 李元亮 李金瀛
李焕俊 李景延 李珠新 言家恩 苏思祥 杨积立 沈静兰
罗有罘 罗定华 林瑞平 范钜琛 庞国华 周宗学 炅衡田
姜正义 贵玉成 赵玉林 赵殿和 赵继尧 胡延恕 贾玉增
殷志华 高广才 徐并生 梁培哲 曹圣真 崔英华 温燕明
董振邦 董森林 董毓生 臧唯岩 熊干西 谭嘉麟 潘文元
魏榆蕃

山东金属学会二届理事会第一次常务理事会会议决定增补理事 16 人
王 磊 孙宗智 刘清迪 沈庆余 陈士梅 林玉德 尚东来
段存源 赵廷田 祝传文 俞君祥 徐学文 崔永伯 韩振业
董瑛忠 廖金煌

李国瑞、王安祥、邹仲琛分别单独增补为理事。

山东金属学会第三届理事会名单

（2003 年 4 月 11 日）

理 事 长：邹仲琛
副理事长：王安祥 温燕明 任 浩 刘兴亮 邢书通 刘修和 刘新强
白怀珍 张亿贵 赵 昕 徐新洲 张相军 高振民 方元德
万鲁愚（2006 年 7 月增补）
秘 书 长：宫玉秀 袁立宝（2006 年 4 月接任）
副秘书长：王静琴 李传峰 车连房 陈昌华 杨庆堂 陈德华 朱 强
李丰功（2006 年 2 月增补） 卢 静（2007 年 5 月增补）

胡世杰(2009 年 6 月增补)
财务总监:孙建东
常务理事:万鲁愚 方元德 王传俊 王安祥 付太生 白怀珍 任 浩
刘亚学 刘兴亮 刘修和 刘海石 刘新强 邢书通 张亿贵
张大本 张相军 张德乾 李木森 谷吉存 邹仲琛 陈启祥
陈昌华 岳增文 罗登武 侯 健 宫玉秀 赵 昕 赵雁彬
徐新洲 高广才 高振民 温燕明 蔡漳平 袁立宝(2006 年 7 月增补)
理 事:丁振义 万鲁愚 于春宝 马旺伟 亓学山 亓俊峰 方元德
王 欣 王永忠 王传俊 王兆恕 王安祥 王庆义 王绍明
王家国 王静琴 付 博 付太生 冯 婕 白怀珍 石绍海
任 浩 刘 伟 刘卫国 刘元和 刘永杰 刘亚学 刘兴亮
刘修和 刘海石 刘新强 孙建东 孙建设 庄乾海 朱玉廷
朱申红 许万里 邢书通 严庆峰 吴晓峰 张亿贵 张大本
张长生 张相军 张省军 张熙平 张德乾 李长珍 姜 江
李松柏 李林牧 杨卫星 杨庆堂 杨宪礼 杨晓东 杨福利
谷吉存 邹仲琛 邹增大 陈克强 陈启祥 陈昌华 周 鹏
周兴华 岳增文 罗登武 范跃进 郑明海 金庆珍 侯 健
姚朝胜 姜爱华 宫 振 宫玉秀 段宝兴 赵 昕 赵中华
赵雁彬 赵瑞盛 徐有芳 徐新洲 徐锡坤 袁立宝 高广才
高贤成 高振民 康世德 康益敖 梁凯丽 隋洪文 温燕明
蔡漳平 李丰功(2006 年 2 月增补)

山东金属学会第四届理事会名单

(2013 年 12 月 11 日)

理 事 长:任 浩
副理事长:陈启祥 王全家 薛 建 王庆贤 周松林 徐有芳 罗登武
刘 伟 王永胜 王清涛 亓俊峰 万鲁愚 尹国林
秘 书 长:金庆珍
副秘书长:胡世杰 李传峰 车连房 顾大庆 孙德民 刘 澄 朱 强
孙 敏 鞠沾仑
财务总监:孙建东
常务理事:万鲁愚 王永胜 王全家 王庆贤 王兴强 王 峰 王清涛
亓俊峰 方元德 尹国林 朱怀忠 任 浩 刘圣刚 刘 伟
刘相学 纪 伟 张胜生 陈向阳 陈启祥 罗登武 金庆珍
周松林 周惠敏 袁厚之 徐有芳 董杰吉 蔡漳平 薛 建
魏新民
理 事:于光富 于先进 于忠念 万鲁愚 马旺伟 马清文 王广云

王子金	王中学	王永胜	王全家	王庆贤	王兴强	王　峰
王读升	王清涛	王　辉	亓中华	亓俊峰	车连房	方元德
尹国林	冯　婕	冯翠云	朱怀忠	朱　强	任　浩	刘圣刚
刘　伟	刘　宇	刘忠荃	刘相学	刘新强	刘　澄	许英强
孙卫华	孙全胜	孙建东	孙德民	纪　伟	李丰功	李传峰
李洪建	李运德	李　晶	张旭东	张明荣	张相军	张胜生
张绪春	张瑞堂	陈向阳	陈启祥	陈培敦	邵长涛	罗登武
金庆珍	周松林	周惠敏	赵业明	赵汝同	赵京玲	胡世杰
段玉锋	袁厚之	贾秀光	徐文相	徐有芳	徐新洲	郭利民
郭维河	唐立冬	尉可超	彭平均	董　杰	董杰吉	董法龙
温金德	蔡漳平	薛　建	魏新民			

山东金属学会第四次会员代表大会

山东金属学会第四次会员代表大会分组讨论

（撰稿人：胡世杰）

山东化学化工学会

一、简　介

山东化学化工学会是由山东省化学化工科学技术工作者自愿组成并依法登记成立，具有学术性、公益性的法人社会团体，是山东省科学技术协会的组成部分。学会挂靠单位为山东省石油化学工业协会（原山东省石油化学工业厅、山东省石油化学工业办公室）。其工作宗旨是团结全省广大化学、化工科技工作者，促进化学教育和化工科学技术的进步和繁荣，促进科技人才的成长，为化学化工科技工作者提供一个交流和合作的平台，为广大会员提供服务，为促进我省经济发展、构建"和谐山东"而贡献力量。

学会现有教育、科普 2 个工作委员会，有机化学、无机化学、物理化学、分析化学、油田化学、海洋化学与化工、化学生物、高分子、表面活性剂、胶黏剂、胶体与界面、农药、化肥、化学工程、新材料、精细化工、计算机化工、橡胶、色谱、催化、纺织化学品与染整、化工安全、化工职业教育和医学化学 24 个专业委员会。现有团体会员 150 多家，个人会员 3000 多人。学会设有山东省化验员技术考核委员会、山东奥博职业培训学校、山东省化工技术推广交流站、山东化学化工学会科学技术奖评审委员会和全国中学生化学奥林匹克竞赛山东赛区委员会等办事机构。

二、历史沿革

山东化学化工学会创建于 1960 年。1960 年 3 月召开了第一次会员代表大会，并选举产生了第一届理事会，现届理事会为第七届理事会。

三、主要工作

学会工作主要包括组织开展化学化工发展战略研究，向政府部门提出有关化工行业稳定、持续和健康发展的规划和建议；为企业开展技术咨询服务活动，组织专家学者为企业解决生产过程或工艺中的技术难题；传播先进的科学技术，促进科技成果转化为生产力；开展继续教育和岗位培训；普及化学知识；举办学术会议和专题讨论会；组织举办本省或国内外化工产品和技术展览会；组织本省化学化工科技人员出访、考察、参加学术会议等。

近年来，学会开展了丰富多彩的科学普及、学术交流、学术课题、科研项目和大学生实验技能竞赛等活动。

1. 学术交流活动

改革开放30多年来，我会及各专业委员会、工作委员会共举办了400多次省内及国内外学术交流活动，参会人数达58000余人次。

2. 山东省大学生实验技能大赛和山东省职业院校化工专业技能竞赛

自2009年以来，由山东省科学技术协会主办、山东化学化工学会承办的山东省大学生科技节暨山东省大学生化学实验技能大赛，迄今已举办了5届。

2013年7月12日，由学会主办的首届山东省职业院校化学化工学院院长会议在青岛职业技术学院举行，来自全省20所中高职院校及相关企业的50余名代表参加了会议。会议决定自2014年开始举办山东省职业院校化工专业技能大赛。

自2014年开始，学会每年将举办山东省职业院校化工生产技术技能竞赛和山东省职业院校化工设备维修技能竞赛。

3. 山东省高校化学化工学院院长会议、山东省职业院校化学化工学院院长会议

1999年以来，由我会主办的山东省高等学校化学与化工学院（系）院长（主任）会议暨化学化工类学科建设与教学改革研讨会已成功举办了16届。

2013年7月，由学会主办的第一届山东省职业院校化学化工学院院长会议在青岛职业技术学院举行，来自全省20所中高职院校的化学化工学院院长、合作企业代表和生化学院师生代表参加了本次会议。

4. 会员发展

学会现有个人会员3300多名，团体会员150多家。

5. 科普活动

向公众普及传播化学化工科学知识，组织丰富多彩的科普活动是学会的主要工作。十几年来，山东省共获得全国化学竞赛省赛区一等奖700多人。由我会负责选拔、培训和组织的化学竞赛山东省代表队在全国化学竞赛决赛暨冬令营比赛中取得了优异的成绩。

6. 学会承担的学术课题及科研项目

学会制定了化学化工学科（行业）发展报告制度，创建了“以秘书处牵头组织，分支机构为依托，集合专家力量”为主体的组织体系，促进我省化学化工学科的创新和发展。2008年学会秘书处承担了省科协下达的山东省化学学科发展报告和山东省化学工程学科发展报告。2012年初，学会秘书处承担了山东省科协《2011～2012年山东省行业科技发展报告》中化工行业科技发展报告课题研究。

2011年学会秘书处承担了山东省软科学研究计划面上项目《依靠科技和政策支撑，促进山东化工行业清洁生产和循环经济发展》，该项目现已结题，并荣获山东省软科学成果一等奖。2011年，学会承担了由山东省科技厅下达的《500吨甘氨酸锌生产新工艺研

究》项目，该项目现已完成；2012 年学会承担了槐荫区科技局下达的《200 吨蛋氨酸锌生产中式新工艺研究》科研项目，项目现已完成。

2012 年，学会秘书处承担了课题《提高化验员培训质量，促质检工作再上新台阶》，该课题荣获 2012 年度山东省企业培训与教育重点课题评比二等奖。

2013 年，学会承担了山东省软科学研究计划面上项目《加快我省国产离子膜研发推广确保氯碱工业安全运行》，现该项目已顺利结题。

2014 年，学会承担的山东省科协调宣课题《学会承担政府职能转移相关问题研究》顺利结题。

2014 年，学会承担了山东省科协智慧沙龙项目《基础学科学会能力提升问题研究》。

7. 化验员培训

学会成立了山东省化验员技术考核委员会(简称“省化考委”)，在全省组织开展分析检验人员的技术培训和技术考核，推行分析检验人员的职业资格证书制度。学会制定了详尽的教学大纲，编写了实用教材，对学员进行系统性的定性定量和仪器分析的基础理论教育，并结合实验进行操作规范化训练。截至目前，已举办化验员技术培训班 120 多期，为全省企事业单位培训初、中、高级化验员 4 万余人，为我省培养了大批具有较高专业知识、实验技能过硬的化验员。

8. 技术推广和产学研工作

为促进我省企业、学校和科研院所之间的交流合作，学会于 1985 年专门成立了山东省化工技术推广交流站，并于我省各高校、企事业单位和科研院所建立了联络员制度，定期收集各单位在科技进步方面取得的新进展，推动山东化学化工行业科研理论创新、科技成果转化。

9. 科技评奖

山东化学化工学会科学技术奖是山东省科技厅在 2006 年 6 月批准设立的社会力量奖项，旨在推动山东省化学化工科技创新与科技进步，奖励在山东省化学化工科学技术工作中做出突出贡献的单位和个人。山东化学化工学会科学技术奖是山东省化学化工行业唯一奖项，目前该奖项已评审了 3 届，共授奖 29 项。该奖项的设立，促进了我省科技成果的产业化进程。

10. 学会信息化建设——山东化学化工科技网

学会于 2005 年建立了山东化学化工科技网，并已运行 8 年，是我省化学化工方面较大规模的科技性和学术性门户网站。在学会的带动和帮助下，各分支机构也各自创建了网站，如农药专业委员会组建的农药科技网站“中国国际农药交流网”和化工安全专业委员会组建的“山东省化工安全科普网”。

四、所获荣誉

2001～2014 年，被中国化学会评为“优秀省级学会”。

2003～2014 年，被中国化工学会评为“优秀省级学会”。

2002～2014 年，被山东省科学技术协会评为“优秀省级学会”。

2005 年,被中国科学技术协会评为“2005 年度学会之星”。
2008 年,被中国科学技术协会评为“2002～2006 年度学会之星三连冠”。
2009 年,被山东省科学技术协会评为“首届大学生科技节优秀组织奖”。

五、历届理事会名单

山东化学化工学会现届(第七届)理事会人员组成

(2014 年 5 月 24 日)

于东海	于泉德	马　啸	马　猛	马连湘	孔凡亭	孔繁元	尤进茂	王　涵
王　辉	王玉禄	王华丽	王许云	王志刚	王怀生	王国清	王宗花	王林同
王洪波	王钦军	王维杰	王增林	冯圣玉	冯丽娟	冯维春	叶盛芳	田洪孝
田　胜	任万忠	刘军深	刘军海	刘志宝	刘志俊	刘宝胜	刘欣梅	刘美军
刘象银	刘雪静	刘福胜	刘金梅	吕　虎	吕天宝	吕东军	吕海金	吕海涛
孙友平	孙国新	曲宝涵	曲荣君	邢　伟	何国芳	张忠正	张　红	张　恒
张　峰	张长桥	张冬菊	张玉清	张志德	张秀玲	张修堂	张昭良	张树永
张照明	怀其勇	李　勇	李少香	李文佐	李先国	李有臣	李希明	李春虎
李洪宽	李艳霞	李敏昌	李德军	李德敏	李德强	杜　华	杨　霞	杨守平
杨宝柱	杨桂朋	杨朝合	杨　宇	杨仲年	步宇翔	苏本玉	辛振祥	邱　娟
陈　厚	陈万东	陈夫山	陈雪梅	陈德展	周仕学	周立国	周西臣	孟宪兴
武玉民	范秀凯	郑平友	郑秀文	侯万国	姜　玮	宫宝安	赵东风	赵树高
赵德英	郝京诚	赵瑞青	唐　波	徐秀峰	徐勤福	栾　波	栾红光	殷保华
耿佃国	贾怀锋	郭庆杰	崔　鑫	崔兆杰	曹晓群	阎子峰	龚良玉	傅忠君
程传格	董育斌	谢卫东	谢广文	韩世平	韩振生	翟洪轩	潘劲松	薛兆民

山东化学化工学会第七届理事会常务理事名单

于泉德	马连湘	王钦军	王增林	冯维春	叶盛芳	任万忠	刘宝胜	吕天宝
孙国新	曲宝涵	曲荣君	张忠正	张　恒	张长桥	张树永	张照明	李希明
李德军	李德强	杨守平	杨桂朋	杨朝合	苏本玉	陈德展	周立国	武玉民
郑平友	侯万国	姜　玮	赵树高	郝京诚	唐　波	徐勤福	栾　波	郭庆杰
崔兆杰	曹晓群	阎子峰	傅忠君	程传格	董育斌	韩世平		

山东化学化工学会第七届理事会名誉理事长、理事长、副理事长和秘书长名单

名誉理事长:张鸣华
理　事　长:冯维春

副 理 事 长：唐　波　马连湘　郝京诚　李德军　刘宝胜　郑平友　曲荣君
杨桂朋　张忠正　杨朝合

秘　书　长：刘宝胜（兼）

山东化学化工学会第七届监事会监事名单

监事长：李　铁

监　事：李　峰　李　铁　李文鹏　孙　鹏　孙　伟　毕薇娜
肖　建　唐军柯　黄昊飞

第十五届化学化工学院院长会议

山东省化工设备维修技能大赛

（撰稿人：田　胜）

山东颗粒学会

一、简　介

山东颗粒学会是由山东粉体科学与工程技术工作者自愿组成并依法登记成立，具有学术性、公益性的法人社会团体，是山东省科学技术协会的组成部分。学会挂靠单位为济南大学。其宗旨是作为本行业技术领域的桥梁和纽带，团结和联合广大粉体科学与工程科技工作者，推动山东粉体技术的繁荣和发展，促进粉体科学技术的普及和推广，加强科学技术与经济的紧密结合，为发展地区经济做贡献。

学会现有粉体加工与处理、粉体颗粒粒度测试、工业废料资源化 3 个专业委员会。现有团体会员 30 多家；个人会员 260 余人，其中高级会员 120 余人。

二、历史沿革

山东颗粒学会创建于 1989 年。1989 年 11 月在济南召开了第一届会员代表大会，选举产生了第一届理事会；1993 年 4 月在青岛召开了第二届会员代表大会，选举产生了第二届理事会；1997 年 12 月在济南召开了第三届会员代表大会，选举产生了第三届理事会；2001 年 7 月在济南召开了第四届会员代表大会暨学术会议，选举产生了第四届理事会；2006 年 3 月在青岛召开了第五届会员代表大会，选举产生了第五届理事会；2011 年 12 月在潍坊召开了第六届会员代表大会，选举产生了第六届理事会。

三、主要工作

1989 年学会学术会议：会议交流论文 30 余篇，涉及粉体加工制备、粉体改性、粉体粒度测量等。

1990 年 6 月，学会邀请中国矿冶研究院的胡荣泽教授和华东塑料工程研究所所长刘伯元教授举办了纳米材料技术发展和非金属材料技术前瞻的学术讲座。参加讲座会的有全体在济的会员及部分外地会员共 30 余人。

1991 年，在淄博市举办了第一期水泥粉磨技术培训班，来自省内外 30 多家水泥企业的 70 余位工程技术人员参加了培训学习。

1992 年，在泰安市举办了第二期水泥粉磨技术培训班，来自省内外 40 多家水泥企业的 80 余位工程技术人员参加了培训学习。

1993 年，组织了鲁北化工总厂磷石膏作水泥调凝剂的应用研究。

1994～1995 年，与山东铝业公司研究院合作进行了超细氧化铝粉分级机的开发研究。

1997～2007 年，连续 10 年组织了全国颗粒粒度联测活动。

1995 年至今，协办国家级粉体技术刊物——《中国粉体技术》。

2000 年 6 月，颗粒测试专业委员会在泰安市举办了"新世纪颗粒测试技术讲习班"。参加讲习班的有来自省内外的 50 余名专家、学者和工程技术人员。

2002 年，成立了粉体科技咨询中心。

2006 年始，参与山东省科协材料学科群工作。

2007 年，参与组织召开首届山东材料大会。首届山东材料大会于 2007 年 3 月在济南召开。山东省建材、冶金、化工、轻工等行业的近 500 位企业负责人和科技工作者参加会议。山东材料行业的代表首次聚在一起，共商合作和发展大计。

2008 年始，参与组织《山东省材料发展报告》编辑出版工作。2008 年 12 月出版 60 万字《山东省材料发展报告(2007～2008)》;2012 年 1 月，出版 67 万字《山东省材料发展报告(2010～2011)》。本学会负责撰写了粉体工业发展报告。

2005～2009 年，与青岛海瀚会展有限公司共同主办了第三届、第四届、第五届国际粉体工业及散装技术(青岛)展览会。

2010 年，与莱芜厚泽钢渣环保工程有限公司合作进行了钢渣、矿渣双掺共磨实验研究。

2011 年，参与组织"2011'国际水泥与混凝土化学学术会议"，陶珍东等 8 位学会成员进行了论文交流。

四、历届理事会名单

山东颗粒学会第一届理事会名单

(1989 年 11 月 10 日)

理 事 长：潘孝良

副理事长：高洪生　王果庭　何筑生　穆嘉梁

秘 书 长：盖国胜

副秘书长：郑少华

常务理事：罗玉长　任中京　盖国胜　刘同佑　姜树艺　詹昌俊　张儒岭　范德彪　杨金宝

理　　事：李树海　曲顺祥　张兰英　李　勇　薛祥立　王少清　张书香

裴梅山　张德成　姜花同　刘齐新　阎志伟　李坤山　江海鹰
陶珍东　赵旭光　庄立德　谢建林　刘曙光　杨新春　刘晓存
刘晓杰　魏才业　邵明梁　卢嘉喜　刘玉新　王万昌　李万军
赵长泉　樊震坤

秘　　书:陶珍东　赵旭光

山东颗粒学会第二届理事会名单

(1993 年 3 月 26 日)

理 事 长:潘孝良
副理事长:高洪生　王果庭　何筑生　任中京
秘 书 长:郑少华
副秘书长:陶珍东
常务理事:罗玉长　刘玉新　刘曙光　郑少华　詹昌俊　李勇　樊震坤
王万昌　薛祥立　杨金宝
理　　事:孙建军　曲顺祥　张兰英　侯万国　李树海　王少清　张书香
陶珍东　张德成　姜花同　刘齐新　阎志伟　李坤山　江海鹰
陶珍东　赵旭光　庄立德　谢建林　袁振明　杨新春　刘晓存
刘晓杰　魏才业　邵明梁　卢嘉喜　刘玉新　王树伟　李万军
赵长泉　赵　义　杨　萍　王京刚

山东颗粒学会第三届理事会名单

(1997 年 7 月 15 日)

理 事 长:任中京
副理事长:郑少华　侯万国　樊震坤　罗玉长
秘 书 长:陶珍东
副秘书长:赵　义
常务理事:陶珍东　刘玉新　刘曙光　郑少华　詹昌俊　李　勇　王少清
王万昌　李树海　杨金宝
理　　事:孙建军　曲顺祥　张兰英　邢延涛　张学旭　王少清　张书香
裴梅山　张德成　姜花同　刘齐新　阎志伟　李坤山　江海鹰
侯宪钦　王海虹　庄立德　谢建林　袁振明　杨新春　刘晓存
刘晓杰　魏才业　邵明梁　卢嘉喜　刘玉新　王树伟　李万军
赵长泉　赵　义　杨　萍　王京刚　谭　哲

山东颗粒学会第四届理事会名单

（2001 年 10 月 25 日）

理 事 长：郑少华

副理事长：任中京　王成林　刘玉新　侯万国　刘昌俊

常务理事：薛祥立　姜花桐　刘培坤　刘曙光　张兰英　王万昌　宋　旭

理　　事：张书香　陶珍东　李　霞　贾慧友　詹昌俊　李正民　徐　威
丁建平　李坤山　张德成　江海鹰　刘士文　孙建军　曲顺祥
张兰英　邢延涛　张学旭　王少清　张书香　裴梅山　张德成
姜花桐　刘齐新　阎志伟　李坤山　江海鹰　侯宪钦　王海虹
庄立德　谢建林　袁振明　杨新春　刘晓存　刘晓杰　魏才业
邵明梁　卢嘉喜　刘玉新　王树伟　李万军　赵长泉　谭　哲

秘 书 长：陶珍东

副秘书长：赵　义　姜奉华

山东颗粒学会第五届理事会名单

（2006 年 3 月 29 日）

理 事 长：郑少华

副理事长：任中京　侯万国　李　勇　樊震坤　芦令超　刘曙光　吕镇山

常务理事：陶珍东　李文成　姜花桐　王万昌　詹昌俊　徐　威　郭少华
苏　旭　丁建平　赵兴忠　徐立亮

理　　事：张书香　薛祥立　李　霞　贾慧友　詹昌俊　李正民　徐　威
丁建平　李坤山　张德成　江海鹰　刘士文　孙建军　曲顺祥
张兰英　邢延涛　张学旭　王少清　刘振来　裴梅山　张德成
姜花桐　刘齐新　阎志伟　李坤山　江海鹰　侯宪钦　王海虹
庄立德　谢建林　袁振明　杨新春　刘晓存　刘晓杰　魏才业
邵明梁　卢嘉喜　刘玉新　王树伟　李万军　赵长泉　谭　哲
李　霞　贾慧友　金延伟　李坤山　翟　涵　袁振明　刘宗明
孙建军　李玉山　曲顺祥　滕　冰　邢延涛　李新发　鞠　庆
曹立月　王　琦

秘 书 长：陶珍东

副秘书长：姜奉华

山东颗粒学会第六届理事会名单

（2011 年 12 月 10 日）

理 事 长：陶珍东

副理事长：王金华　侯万国　任中京　刘曙光　李　勇　樊震坤
刘宗明　李文成　吕镇山
常务理事：姜花桐　苏　旭　詹昌俊　刘　飚　王万昌　丁建平　郭少华
徐立亮　赵兴忠
理　　事：曹丙强　张书香　李　霞　贾慧友　李正民　李坤山　张德成
江海鹰　刘士文　李　霞　于吉涛　吕　勇　许　博　贾慧友
张景杰　吕　勇　金延伟　李坤山　翟　涵　袁振明　孙建军
李玉山　曲顺祥　滕　冰　邢延涛　李新发　鞠　庆　刘福田
曹立月　张　鹏　孟姗姗　姜显峰　魏锦强　李万军　王　栋
王宝发　张海峰　徐令和　芦令超　付兴华　李树海　单　强
张　扬　吕继宏　李现欣　刘振来
秘　书　长：姜奉华
副秘书长：张国辉

山东颗粒学会第六届会员代表大会暨学术会议

山东颗粒学会第五届会员代表大会暨学术会议

（撰稿人：姜奉华）

山东省建材工业协会

一、简　介

山东省建材工业协会是由山东省建材企事业及有关单位自愿联合组成，不受部门、隶属关系和所有制限制的社会经济团体，是全省性建材行业的联合组织。其宗旨是为山东省建材行业服务，推动建材行业的发展、繁荣与进步。

协会现有水泥专业委员会、化学建材专业委员会、水泥制品专业委员会、玻璃专业委员会、玻璃纤维及复合材料专业委员会、建筑卫生陶瓷专业委员会、外加剂专业委员会、墙体与保温专业委员会8个专业委员会。现有会员578家。

二、历史沿革

山东省建材工业协会创建于1990年。1990年4月召开成立大会，会议选举产生了第一届理事会；1997年10月召开了第二次会员代表大会，选举产生了第二届理事会；2008年5月召开了第三次会员代表大会，选举产生了第三届理事会；2014年12月召开了第四次会员代表大会，选举产生了第四届理事会。

三、主要工作

1.协会创建至今坚持开展调查研究，摸清行业底数，为制定我省建材行业发展规划当好参谋。2002～2004年连续3年对全省年产水泥30万吨以上的重点水泥企业进行调查。

2.协助企业抓好质量管理。从1990年开始对我省水泥企业化验室的台账和原始记录进行了统一，形成了《山东省水泥质量管理统一表示》，每年都进行修订。

3.协会创建至今通过各种形式，宣传行业、宣传企业、宣传产品，不断扩大我省建材产品的知名度。

4.进行行业价格协调，加强行业自律。

5. 抓好重点立窑水泥企业的技术进步，为加快我省水泥结构调整创造条件。

6. 1990 年至今坚持编写发放《山东省建材工业协会会讯》。

7. 2008 年起每年举办中国(济南)国际建筑装饰博览会。

8. 2008 年起组织环渤海地区建材行业“最具影响力企业”、环渤海地区建材行业“诚信企业”、环渤海地区建材行业“知名品牌”3 项评选活动。

9. 2009 年起每年举办中国(青岛)国际建筑材料及装饰材料博览会。

10. 2012 年组织开展了先进会员和先进协会工作者评选表彰活动。

四、历届理事会名单

山东省建材工业协会第一届理事会名单

(1990 年 4 月 12 日)

理 事 长：李怀贞

副理事长：廖乃成　金志禹　赵宗昱

秘 书 长：徐家璧

副秘书长：张国栋

顾　　问：程　震　房　超

常务理事：李怀贞　廖乃成　金志禹　赵宗昱　柴洪山　徐家璧　张国栋　江连杰　章奇立　张乐林　马绪渭　张全海　蔡云松　杜德富　谭继顺　武绍鲁

理　　事：马绪渭　王启明　王济昌　王福义　卞卫国　田孝臣　田连握　刘化钧　刘以先　刘廷柱　刘兴文　刘铁民　江连杰　朱文忠　朱荣福　朱德成　孙长顺　牟建国　李东明　李永勋　李怀贞　李智孝　李德玉　杜德富　辛生业　肖模温　冷忠德　张乐林　张全海　张志峰　张国栋　张树仁　杨万立　杨文侠　杨连起　陈继兴　金志禹　林镇波　武绍鲁　武殿芳　周克明　赵宗昱　姜士岐　姜枫文　姜钧令　柴洪山　秦修伟　高　咏　顾卉生　翁子坚　徐家璧　章奇立　黄俊惠　崔汉民　谢洪伟　韩松涛　解培庚　雷宗喜　蔡云松　廖乃成　裴志翔　谭继顺　穆嘉梁　戴念祖

山东省建材工业协会第二届理事会名单

(1997 年 10 月 20 日)

会　　长：廖乃成

副 会 长：柴洪山　金志禹　张才奎　刘同佑　盛孝基　周之乐
秘 书 长：潘志民
常务理事：候巨光　孙俊川　王福义　于东威　张乐林　陈达谦　刘以先
周惠楠　黄俊惠　范世琦　金志禹　曲荣先　张才奎　刘彤佑
盛孝基　周之乐　廖乃成　柴洪山　潘志民　庄立德
理　　事：张全海　况绍义　李永清　方海潭　夏云国　付玉兴　赵德江
宋文吉　王焕益　贺传胜　李广明　张才奎　李东明　丘成之
刘金锋　李　松　邢玉昌　盛杰元　秦道强　周英民　武成泉
许成江　王洐孝　闫月新　胡安民　杨湘资　王洪旗　韩玉国
张朋涛　苗建中　张怀连　曹新忠　孙建成　梁金亭　刘以先
张昭珩　陈　炜　高建隆　刘顺年　刘同佑　张永考　王汉贵
于成威　赵宜建　郭　亮　袁有盛　陈志泰　吴　刚　孙宝华
孙建民　丁春彦　高德盛　赵风生　刘汝祥　赵德存　田振荣
冯　伟　陈达谦　王锡波　余明清　李万军　赵绍增　吕宝瑞
韩跃增　陈绪贞　葛言凯　王树忠　梁国勤　孙即明　陈宗国
李成祥　赵锦光　李国昌　周惠南　李明海　王长友　刘桂华
董俊平　吴延东　范世琦　宋希功　鹿成滨　周广贞　陈希峰
许方先　孙祥云　黄俊惠　张西海　高中泉　王自福　张思华
庄实传　赵建海　王有模　张乐林　周之乐　姜总国　毕德建
徐连杰　于忠章　贾德海　候巨光　金志禹　曲荣先　菅典德
李元亮　李　印　廖乃成　柴洪山　潘志民　庄立德　于文站
张才奎　王厚清　黄明泉　杨殿栋　张纯彦　高月波　刘玉卓
陶常会　郑广胜　蒋　毅　王福义　于东威　孙俊明　彭兆仁
卫　建　王德义　王继达　王士河

山东省建材工业协会第三届理事会名单

（2008年5月31日）

会　　长：廖乃成
副 会 长：张才奎　张志法　王　刚　冯耀银　程　新　王兴农　贾同春
秘 书 长：谢洪伟
常务理事：廖乃成　王　刚　赵洪义　程　新　张昭珩　吴延乐　谢洪伟
田文顺　张明征　程之强　张志法　于吉涛　张保琦　李天爱
贾同春　周克继　王兴农　鹿成滨　张才奎　孙守年　王得坤
陈常杰　王洪亭　师留刚　马乃孝　张剑光　崔洪章　李　学
张广聚　于忠章　冯耀银　蔡祈敢　杨加银　陶志铭　李宝业

李兴华　张振水　郑凤礼　靳志刚　李东良　李成顺　高名顺
姜建栋　崔常钰　于东威　杨立胜　李洪法　刘志峰　张剑群
王云杉　杜长征　徐夕芳　李洪玉　秦道强　韩立云　于喜亮
刘　伟

理　　事:廖乃成　高　勇　任泽志　程　新　王汝勇　朱干明　谢洪伟
胡文霞　李东良　程之强　李荣金　李　松　张保琦　吴　强
姜建栋　周克继　朱长城　陈新生　陈向真　陈常杰　姜铭波
马小平　韩曙光　赵义利　杨万立　田　光　杨国荣　吕海泳
赵东伟　杜纪俊　肖模温　李　学　张　浩　郑家玉　马乃孝
李文忠　刘胜利　刘建国　刘志礼　乔远昌　冯耀银　单　强
李继葆　佟立金　孙建成　寿崇琦　陶志铭　张怀森　李光亮
张振水　丁本立　张才奎　宋厚金　邓来祥　郭丽华　宋绍海
于更生　朱宏勋　冯君山　武廉峰　孙守年　王　春　郑贤国
叶远勤　于波涛　王志毅　袁东峰　张纪识　陈建华　袁国友
邢站军　隋爱军　袁国梁　杨立胜　高守明　高　峰　刘仕祥
王清涛　李晓波　张剑群　李成顺　王延宝　张子斌　王华峰
黎啸涛　王　彦　刘永屏　田　蕾　郑宗法　崔常钰　张玉标
武汉森　张明胜　陈宗国　李广俊　李洪法　徐道华　周英民
王云杉　张启山　孙　勇　孙寅贵　蔡祈敢　王长贵　秦道强
李宝业　徐志森　于喜亮　王洪亭　徐传武　李洪玉　林弘源
徐夕芳　吴伟叶　张剑光　韩立云　赵洪义　张广聚　刘　伟
吴延乐　张明征　赵保厚　刘勇进　于吉涛　俞家楹　翟玉义
逄鲁锋　鹿成滨　杨建民　季元升　孙助海　房立民　贾吉堂
王得坤　师留刚　罗金田　孙玉林　张传良　于江善　王云莱
崔洪章　贾同春　董晓光　于忠章　王学尧　李　诚　靳　峰
李康昱　邢美丽　许　峰　杨加银　李兴华　刘志峰　王学林
靳志刚　宋　珉　侯宝银　高名顺　杜长征　张玉玲　于东威
王宏伟　刘美华

山东省建材工业协会第四届理事会名单

（2014 年 12 月 25 日）

会　　长:李　锋
副 会 长:刘长杰　张　斌　贾同春　袁东风　曹庭发
秘 书 长:刘晓鸣
监 事 长:靳志刚

监　　事：于东威　杜长征

常务理事：刘晓鸣　李　锋　靳志刚　于东威　刘志峰　杜长征　郭正勇
周克继　王宏伟　孙玉泉　李　勇　寿崇崎　李国忠　王孝红
岳云龙　左朝君　张运科　张　斌　张建业　马乃孝　徐　辉
冯耀银　徐志森　刘开春　李东良　张渔波　杨立胜　张剑群
于波涛　冯君山　刘长杰　张金凤　刘晓辉　崔　凯　刘　伟
刘广忠　曹庭发　葛言凯　田文顺　呼跃武　梁训美　袁东峰
王兴农　崔　洪　孙守年　张　军　刘　宝　刘其强　宋文通
池建泉　李峰芝　高　峰　肖凤军　马　洁　王洪亭　于效才
林弘源　于孝胜　陈乃涛　王重才　张学明　张丙顺　郑凤礼
李成顺　崔常钰　钱禹诚　张　明　王志强　王桂佳　李洪玉
赵洪义　张明征　于吉涛　季龙泉　鹿成滨　邓　刚　展庆月
王自清　于忠章

理　　事：刘晓鸣　李　锋　靳志刚　于东威　刘志峰　杜长征　郭正勇
周克继　王宏伟　孙玉泉　李　勇　寿崇崎　李国忠　王孝红
岳云龙　左朝君　张运科　刘顺年　侯　勇　杨万立　尹　旭
郑家玉　乔远昌　李继葆　张　斌　陈学师　徐效国　吴丽敏
王汝勇　宋树亮　贾万强　唐文海　李　浩　张建业　李庆文
杨德胜　丁宗新　徐　辉　马乃孝　刘建国　冯耀银　刘金柱
徐志森　刘开春　冯友得　冯君山　朱干明　李东良　白代生
张渔波　刘　俊　姜铭波　杨国荣　吕凤奇　李夕琴　刘志礼
魏德平　单　强　孙建成　张怀森　宁利民　邓来祥　赵建国
韩立新　高　平　于波涛　张纪识　杨立胜　刘仕祥　张剑群
杨位臣　郑宗法　李文俊　周英民　孙　勇　于乐波　马　驰
王进军　魏德平　贾书伟　王德涛　孙建功　王克东　刘占忠
张淑英　马金福　雷礼明　于光民　刘晓辉　崔　凯　刘　伟
刘长杰　许广臣　安玉广　郭志涛　张克栋　王海静　张金凤
孙绍荣　田烈宏　赵保厚　徐志平　杨中锋　冯建鹏　周存材
刘广忠　曹庭发　葛言凯　田文顺　呼跃武　李天爱　苏方志
高艳国　李养新　管印贵　梁训美　王丰海　袁东峰　王兴农
崔　洪　孙守年　张　军　刘　宝　刘其强　宋文通　池建泉
李峰芝　高　峰　肖凤军　马　洁　袁国友　袁国梁　李晓波
黎啸涛　王兴明　张启山　张行海　王洪亭　林弘源　于效才
于孝胜　陈乃涛　王重才　张学明　张丙顺　孙献标　钱永树
魏建海　于印亭　刘　波　王彦军　张　达　郑凤礼　王志毅
陈建华　隋爱军　高守明　王清涛　李成顺　刘永屏　崔常钰

张明胜　李洪法　王桂佳　于喜亮　李洪玉　钱禹诚　张　明
王志强　莫国庆　李　华　郑恩成　张桂艳　杨智勇　吴伟叶
赵洪义　吴延乐　张明征　于吉涛　逄鲁锋　季龙泉　贾吉堂
于江善　贾同春　俞家楹　鹿成滨　展庆月　田　杰　赵德存
邓　刚　乔建兴　占先金　苏　东　胡宝柱　唐彦峰　王自清
于忠章

山东建材协会化学建材专业委员会工作会议

全省建材工作会议暨山东省建材工业协会三届四次理事（扩大）会议

（撰稿人：高智虎）

山东省日用硅酸盐工业协会

一、简　介

山东省日用硅酸盐工业协会是经山东省民政厅批准成立，由山东省日用玻璃（玻璃包装容器、日用玻璃器皿、玻璃仪器、特殊用玻璃制品、工艺及水晶玻璃制品、人造宝石）、日用搪瓷、照明电器、保温容器、设备生产企业、科研院校以及相关产业的企事业单位在平等、自愿的基础上依法组建的非营利性的具有独立法人资格的行业组织。业务主管单位为山东省轻工业协会。山东省日用硅酸盐工业协会的宗旨：遵守宪法、法律、国家法规和国家政策，遵守社会道德风尚，为行业服务。开展各项活动，受政府部门委托做好行业管理工作，协调同行业关系，维护企业合法利益，在政府与企业、企业与企业、企业与用户之间发挥桥梁和纽带作用，促进行业健康发展。

二、历史沿革

山东省日用硅酸盐工业协会成立于2000年。2000年3月8日召开了第一次会员代表大会，选举产生了第一届理事会；2005年选举产生了第二届理事会；2009年11月选举产生了第三届理事会；2013年12月选举产生了第四届理事会。

三、主要工作

2001年，在安丘安泰玻璃公司召开质量科长座谈会，开展行业产品质量检评工作，总结交流了企业加强管理提高产品质量的做法和经验。会议由19个企业27位代表参加，共检测样本18个，合格率为100％。

2001年3月，为推行国家职业资格证书制度，适应企业开拓市场需要，协会与省企业联合会联合开展了中高级推销员培训和资格认定工作。

2002年6月，召开技术交流会，对提高玻璃融化质量及质量控制、节能玻璃窑炉的使用经验等方面进行了探讨交流。

2002 年 7 月，在威海召开玻璃瓶罐产品质量管理座谈会，对啤酒瓶标准提出修改意见，供标准修改时参考。

2002～2003 年，与山东省轻工业学院学报编辑部联合出版日用玻璃行业技术论文专辑，利用行业间学术交流推动行业技术进步。

2003 年 9 月、12 月，分别举办 2 期企业纳税筹划（合法节税、避税）实务操作及案例分析培训班，与中国著名纳税筹划专家实战高手面对面交流。

2003 年 10 月，在烟台召开节能经验技术交流会。

2003 年 11 月，与山东省轻工业办公室共同开展"山东轻工名牌"产品评价认定活动。

2004 年 5 月，与有关单位协作，举办了山东国际陶瓷工业技术装备展览会。

与省轻工业协会协作，进行"2005 年度山东省日用硅酸盐行业综合实力 30 强"评选活动。

2006 年，参与了山东省日用硅酸盐行业的"十一五"规划及日用玻璃"十一五"节能规划的前期论证与编制。

2006 年 10 月，在济南召开了全省玻璃瓶罐成型技术交流会。

2008 年 8 月，成立山东省日用硅酸盐工业协会专家委员会。

2009 年，按照省政府的统一部署，组织有关专家和企业，编制完成了我省第一个日用玻璃综合能耗限额地方标准并颁布实施。组织起草编制了《山东省日用玻璃"十一五"节能规划》。

2010 年 4 月 10 号，在德州召开了 2010 年度技术交流会。

2011 年 4 月 12 日，山东省日用硅酸盐工业协会在济南召开 2011 年度行业发展与技术交流会。参加了山东省玻璃与陶瓷重点实验室"泰山学术论坛"大会。

积极推进山东省轻工行业首席技师申报工作。

2011 年 7 月，筹建协会网站。

2011 年 10 月，开展了"十一五"节能先进企业与个人的评选工作，制定出了行业节能减排先进企业和先进个人评选办法，组成以省内行业知名专家、学者为主的评审小组。

2013 年 5 月，为记录和再现我省陶瓷玻璃产业的发展历程，展示最新发展成果和艺术水平，加强产学研合作，由山东省轻工业协会牵头，山东省日用硅酸盐工业协会协助，筹划建设"齐鲁陶瓷玻璃艺术博物馆"。

2013 年 5 月 31 日，山东省日用硅酸盐工业协会理事代表大会在济南召开，20 余位理事单位代表参加了会议，会议讨论了协会换届选举等 3 项事宜。

2013 年 8 月，由省人力资源和社会保障厅、省轻工业协会、省轻工纺织工会委员会、博山区人民政府主办，省日用硅酸盐工业协会、淄博市博山区陶瓷琉璃行业办公室协办的首届全省玻璃（琉璃艺术）技能竞赛在淄博举行。

积极组织企业技术工人申报技师、高级技师等高技能职称，目前拥有 9 名中国玻璃艺术大师、28 名山东省琉璃艺术大师、1 名山东省首席技师。

2014 年 5 月 28 日，山东省日用硅酸盐工业协会 2014 年度行业技术交流会在日照召开，我省 40 余家日玻及相关企业 80 名代表参加了会议。会议就《山东省日用玻璃行业的转型升级指导目录》《山东省日用玻璃工业转型升级实施方案》《玻璃熔窑保温技术导则草案》《玻璃能耗限额标准草案》等与协会企业密切相关的标准草案进行了探讨。

根据中国轻工业联合会《关于开展第二届中国玻璃艺术大师评审工作的通知》(中轻联人事〔2014〕51 号文)文件精神，我协会在山东省轻工业协会的领导下，认真组织了我省第二届中国玻璃艺术大师的推荐评审工作。2014 年 5 月 22 日对申报材料组织专家进行了评审。

2015 年，由山东省轻工业协会、山东省日用硅酸盐工业协会组织了"山东省日用玻璃行业环保调研"活动。

四、所得荣誉

2012 年被评为"山东省轻工行业先进单位"。

获得"2013 年度山东省轻工行业转型升级工作先进集体"荣誉称号。

五、历届理事会名单

山东省日用硅酸盐工业协会第三届理事会成员名单

(2009 年 11 月)

理 事 长:唐　毅

副理事长:马忠汉　王文海　朱鹏程　杨中辰　张玉鹏　张德华　柳新亭　荆厚明　扈永刚　姜传阃

秘 书 长:王均光

山东省日用硅酸盐工业协会第四届理事会成员名单

(2013 年 12 月)

理 事 长:马忠汉

副理事长:张德华　张宗国　朱鹏程　王文海　扈永刚　张玉鹏　杨中辰　姜传阃　董中启　韩祥军

秘 书 长:王均光

山东省日用硅酸盐工业协会三届二次理事会成员合影

山东省日用硅酸盐工业协会四届二次理事会

（撰稿人：刘梦茹）

山东省耐火材料行业协会

一、简　介

山东省耐火材料行业协会(以下简称“山东耐协”),经山东省民政厅批准,于1998年12月19日正式成立。山东耐协是由山东省内涉及耐火材料领域的企事业单位及相关单位和个人自愿组成的社会团体,具有社会团体法人资格。

二、历史沿革

1.第一次会员大会

山东省耐火材料行业协会第一次会员大会于1998年12月19日在淄博张店饭店举行。会议选举产生了第一届理事会并选举了会长、名誉会长、副会长、秘书长。第一届理事会共召开了3次理事会。

2.第二次会员代表大会

2005年4月8日,山东省耐火材料行业协会第二次会员代表大会暨二届一次理事会在淄博凤阳大厦举行。会议选举产生了第二届理事会。第二届理事会共召开了5次理事会。

3.第三次会员代表大会

2010年10月30日,山东省耐火材料行业协会第三次会员代表大会暨三届一次理事会在淄博国家陶瓷与耐火材料产品质量监督检验中心举行。会议选举产生了第三届理事会。第三届理事会已召开4次理事会。

三、主要工作

1.深入基层调查研究,积极参与行业政策、产品自律指导价的制定

协会每年都根据年初制定的工作任务确定调研内容,如面对硬质黏土资源开采中存在问题,在全省进行了全面详细的调研,写出了《山东省硬质黏土矿山开采情况的调研报

告》,上报中国耐协及政府有关部门,引起了高度重视;为国家工信部出台了《促进耐火材料产业健康可持续发展的意见》以及耐火材料规范条件。山东耐协还3次参与起草了中国耐火材料产品行业自律指导价。

2.推动诚信建设,维护行业自律

协会二届二次理事会上正式通过了《行业自律约定》,共分3章、10条。

3.积极推动名牌战略,叫响山东耐材品牌

为了提升山东耐材的国际化竞争优势,协会积极推动名牌战略,引导会员单位注重企业基础管理,加强全员质量管理。

4.组织了2次全省耐火材料行业职业技能大赛

为了加强全省耐火材料行业技能人才的培养选拔,协会分别在2005年、2009年组织了2次全省耐火材料行业职业技能大赛。每次竞赛都是从组织全员职工培训开始,然后从预赛、选拔到决赛,历时3个多月,近2000多名耐火材料特有工种职工参加了竞赛。

5.参加组织了11期耐火材料新知识讲座

为了推动行业科技创新水平的提高,河南、山东、辽宁3省耐火材料行业协会共同举办了11期耐火材料新知识讲座。每期突出一个重点,围绕国家的产业政策、行业的科技创新成果,邀请国内外知名专家、学者、企业家授课。

6.建立了行业统计

2008年,山东省耐协受中国钢铁协会、中国耐材协会委托,进行山东省内的耐火原材料产量的统计工作。协会通过大量的走访企业、政府统计部门,逐步建立起了月报、年报。为政府、行业、企业的决策及时提供了有关的信息资料。

7.编印了协会信息

协会从2012年开始编印《耐协信息》,现已编印11期。

8.积极参与了山东省科协材料学科群组织的各项活动

四、所获荣誉

2000年,协会第一届副会长兼秘书长董云明被中国耐协评为“优秀协会工作者”。

2010年,协会名誉会长刘修和,副会长鹿成滨、方元德被中国耐协评为“中国耐火材料工业杰出耐火人”。

2010年,协会第三届副会长兼秘书长张继明被中国耐协评为“优秀协会工作者”。

2013~2014年协会连续2年被中国耐协评为“统计工作先进单位”。

五、历届理事会名单

山东省耐火材料行业协会第一届理事会

(1998年12月)

理事单位:山东省冶金工业总公司

济南钢铁集团总公司耐火材料厂
山东铝业公司研究院
济南镁碳砖厂
山东工业陶瓷研究设计院
淄博华庆耐火材料有限公司
博山八陡耐火材料厂
潍坊耐火材料厂
山东省生建八三厂特种耐火厂
博山石马耐火材料厂
山东建筑材料工业学院
鲁南新兴耐火材料厂
山东华岩集团有限公司淄川冶金建筑材料厂
山东省耐火材料行业协会

名誉会长:李国瑞

会　　长:王安祥(1998 年 12 月～2001 年 3 月)
刘修和(2001 年 3 月～2005 年 3 月)

副 会 长:于春宝　董云明　王绍明　张金群　曹心芝　胡绳兴　陈维国

秘 书 长:董云明(兼)(1998 年 12 月～2001 年 3 月)
张金群(兼)(2001 年 3 月～2005 年 3 月)

副秘书长:逄春平　李汝惠

山东省耐火材料行业协会第二届理事会

(2005 年 4 月)

理事单位:山东省冶金工业总公司
山东省耐火原材料公司
济南钢铁集团总公司耐火材料厂
济南镁碳砖厂
淄博八陡耐火材料有限公司
济南大学材料科学与工程学院
山东耐火材料三厂
山东省工业职业学院
山东省生建八三厂特种耐火厂
潍坊耐火材料厂
山东铝业公司研究院
山东工业陶瓷研究设计院
山东省耐火材料行业协会

名誉会长:王安祥

会　　长：刘修和
副 会 长：刘亚学　岳增文　韩庆民　方元德　陈维国　张继明
秘 书 长：张继明（兼）
副秘书长：张义贵　刘加善　曹　伟　徐百银

山东省耐火材料行业协会第三届理事会

（2010年10月）

理事单位：山东耐火材料有限公司
山东省冶金工业总公司科技和规划部
山东鲁阳股份有限公司
济钢集团耐火材料有限公司
国家陶瓷与耐火材料产品质量监督检验中心
济南镁碳砖厂有限公司
淄博八陡耐火材料公司
淄博裕民耐材科技股份有限公司
淄博工陶耐火材料有限公司
山东圣泉化工股份有限公司
济南新峨嵋实业有限公司
淄博市鲁中耐火材料有限公司
山东大桥耐火材料厂
山东万乔集团有限公司
青岛正凯耐火材料公司
山东金都大展集团有限公司
山东耐火材料三厂
淄博华庆耐火材料公司
山东八三特耐厂
济南大学材料科学与工程学院
山东工业职业学院
莱芜市九龙耐火材料厂
淄博桑德机械设备有限公司
山东淄川特种耐火材料厂
淄博天炬耐火材料有限公司
淄博明宝耐火材料有限公司
淄博耀东耐火材料有限公司
山东东明中齐耐火材料有限公司
淄博永安达工贸有限公司
淄博博山志亚耐火材料有限公司

山东省耐火材料行业协会

名誉会长：刘修和

会　　长：刘　伟

副 会 长：金庆珍　鹿成滨　刘晓毅　方元德　刘加善　陈维国　王立平
张启山　唐路林　李庆林　封立杰　张敦新　高建立　李咸伦
刘宝刚　张继明

秘 书 长：张继明（兼）

副秘书长：王　磊　孙　敏　曹　伟

山东省耐火材料行业协会三届五次理事会

山东省耐火材料行业协会三届五次理事会全景

（撰稿人：张继明）

山东省石材行业协会

一、简　介

山东省石材行业协会于1987年7月11日由山东省经委发鲁综字〔1987〕第379号文批准成立，经省民政厅注册，是省法人社团组织。协会坚持"立足行业，为政府、为企业'双向服务'"的宗旨，充分发挥行业协会职能，为政府献言献策，为企业排忧解难，搭建政府与企业间的沟通桥梁。

到目前为止，协会有建材、石材、机械、地质、科研及大专院校等会员单位260余家。拥有山东省石材标准化委员会、山东省石材专家委员会2个专业委员会和山东省石材产业技术创新战略示范联盟。

近年来，协会先后编制了《山东石材大典》《山东石材图谱》《山东省石材行业调整振兴意见(2009～2011)》《山东省石材产业"十二五"发展规划》《山东省石材行业发展报告(2006～2010)》等。

二、历史沿革

1987年9月，山东省石材协会在泰安召开协会成立大会。

1990年12月，山东石材协会第二届会员代表大会在烟台召开。

1993年9月，山东石材工业协会第三届会员代表大会在莱州举行。

1996年10月，在平邑召开山东石材工业协会第四届会员代表大会暨协会成立10周年大会。

2006年11月，在平邑召开了山东石材工业协会第五届会员代表大会。

2010年9月，在莱州召开了第六届会员代表大会暨六届一次理事会、山东省石材标准化技术委员会成立大会。

三、主要工作

1987年9月，山东省石材协会在泰安召开协会成立大会，由28家山东石材企业发起。

1990年4月，山东石材行业供销工作研讨会在济南召开。

1991年5月，对全省的石材产品创优企业进行了行检行评。

1995年7月，在荣成举办山东省石材工业首届企业管理培训班。

1996年5月，为提高山东石材工业在世界的知名度，协会组织摄制《中国山东石材》。

2000年7月，配合国家石材质量检测中心对18家山东石材企业进行石材产品质量抽检。

2001年3月，协会起草了《山东省石材工业"十五"规划和2001年远景目标建设》。

2002年1月，山东省石材协会对全省石材产品进行放射性检测。

2003年10月，主办首届2003年中国（莱州）国际石材展览会。

2004年1月，协会主办的《山东石材》全新改版，由季刊改为双月刊。4月，协会开通了山东石材网站（www.sdstone.cn）。

2005年7月，联合山东省石材工程技术研究中心编写石材行业实用培训教材，7月9日在济南召开"石材行业培训系列教材大纲审定会暨第一次编委会"。8月，由山东石材协会、山东华兴机械股份有限公司合编的《山东石材大典》出版发行。

2006年3月，组织、推荐评选"2005年度山东省石材行业诚信经营先进企业"活动。6月，对全省石材企业进行产品质量统检工作，并结合统检工作，选定"质量信誉跟踪产品"企业，颁发铜牌和证书。

2007年1月，山东石材工业协会经第五届会员代表大会审议通过，更名为"山东省石材行业协会"。经山东省民政厅审核批准，完成了更名手续。《山东石材》杂志正式改为月刊。

2009年3月，起草了"山东省石材行业调整振兴规划（2009～2011年）"。

2010年5月，协会起草、制定了"山东省石材行业'十二五'规划"。6月，协会同山东省产品质量监督检查研究院，成立了《天然石材壁炉》建材行业标准编写小组，启动了该标准的起草工作。8月，协会与莱州玉磊石材有限公司联合主编，出版发行了《山东石材图谱》。

2011年，对50余家石材企业进行了石材制品的登记备案工作。经省质量技术监督局批准，成立了山东省石材标准化委员会。

2012年，开展了我省石材品种下脚料制砖的可行性研究工作。

四、所获荣誉

近年来，省石材行业协会获得了"山东省优秀社团""山东省工商领域优秀行业协会""山东省优秀会展组织奖""山东省市场开拓先进单位""中国石材协会先进集体"等荣誉称号。

五、历届理事会名单

山东石材工业协会第一届理事会名单

（1987 年 9 月）

理 事 长：刘世敏
副理事长：张乐林　周洪生　李　旸　王　峻　张志发
秘 书 长：彭立亭
副秘书长：毕研鑫
常务理事：王忠义　王　竣　王成胜　刘世敏　牟英浩　张乐林　张志发
毕研鑫　周之乐　周洪生　吴同春　贾汉军　彭立亭
顾　　问：李德玉　赵绪堂

山东石材工业协会第二届理事会名单

（1990 年 12 月）

理 事 长：刘世敏
副理事长：张乐林　周洪生　李　旸　张乐林　吴同春
秘 书 长：彭立亭
副秘书长：毕研鑫
常务理事：王　峻　王忠义　王瑞奎　兰明友　刘世敏　朱振兴　张守斌
张国柱　张丽华　周之乐　周克继　陈少庆　贾延龄

山东石材工业协会第三届理事会名单

（1993 年 9 月）

理 事 长：刘世敏
副理事长：张乐林　王　峻　周之乐　吴同春
秘 书 长：周克继
副秘书长：毕研鑫
常务理事：王　峻　王忠义　王瑞奎　兰明友　刘世敏　朱振兴　吴同春
张乐林　张守斌　张国柱　张丽华　周之乐　周克继　陈少庆
贾延龄
顾　　问：孙丹华

山东石材工业协会第四届理事会名单

（1996 年 10 月）

理 事 长：刘世敏

副理事长:张乐林　王振法　周之乐　杨建民　王瑞奎　李伯智　张利华
周克继
秘 书 长:周克继
副秘书长:毕研鑫
常务理事:王振法　王瑞奎　刘世敏　朱振兴　毕研鑫　李伯智　邹书鳌
冷国友　陈少庆　张乐林　张守斌　张丽华　张兆芳　张进生
周之乐　周克继　杨建民　徐增顺　徐志远

山东省石材行业协会第五届理事会名单

(2006 年 11 月)

名誉会长:刘世敏
会　　长:胡　伟
副 会 长:周克继　王德坤　崔洪章　杨建民　邢美丽　翟玉义　刘勇进
王乃平　董晓光　李　成　郭文昭　房立民　张进生　魏振波
董衍平　张　磊
秘 书 长:周克继
副秘书长:张乐林　毕研鑫　聂燕珍
常务理事:胡　伟　杨建民　崔洪章　王德坤　李　成　周克继　张进生
邢美丽　刘勇进　王乃平　翟玉义　董衍平　董晓光　房立民
张　磊　曾庆振　魏振波　郭文昭　赵　强　王云来　祝均森
于化永　库德太　徐仁坤　鲍浩洋　李　勇　郭增祥
顾　　问:殷培芬　刘祥华　李明光　孙悦伟　周体锡　白占林　王　民
杨万平

山东省石材行业协会第六届理事会名单

(2010 年 9 月)

会　　长:胡　伟
副 会 长:(按姓氏笔画为序)
于　江　刘　峰　刘勇进　刘忠楠　邢美丽　孙玉林　关利然
李　成　库　鹏　肖勤勇　迟云亮　陈淑祥　张进生　张京国
宋国章　沈效敬　周克继　房立民　林泉华　郭文昭　殷建斌
崔洪章　董衍平　董晓光　颜廷旗　魏振波
秘 书 长:周克继(兼)
副秘书长:聂燕珍　张　凯

山东省石材行业协会七届一次常务理事会

山东省石材行业营销创新会

（撰稿人：张　凯）

山东省橡胶行业协会

一、简　介

山东省橡胶行业协会是经山东省民政厅核准注册登记、具有独立法人资格的社会团体。山东省橡胶行业协会成立于1999年12月，现拥有省内外会员企业170余家，是一个跨地区、跨部门、跨所有制的行业组织。业务主管部门为山东省石油化学工业协会。

协会设有山东省轮胎行业专家委员会、山东省胶管胶带行业专家委员会2个专业委员会。编有会员内部交流刊物《齐鲁橡胶》，开设有山东橡胶网专业网站。

协会自成立以来，坚持服务宗旨，从引导行业健康发展、加强行业企业自律、反映行业企业诉求、解决行业热点难点问题等入手，架起了政企之间、行业之间、企业之间沟通的桥梁。

二、历史沿革

山东省橡胶行业协会创建于1999年。1999年12月召开了第一次会员代表大会，选举产生了第一届理事会；2002年4月召开了第二次会员代表大会，选举产生了第二届理事会；2006年12月召开了第三届会员代表大会，选举产生了第三届理事会；2009年3月召开了第四届会员代表大会，选举产生了第四届理事会；2013年6月召开了第五届会员代表大会，选举产生了第五届理事会。

三、主要工作

2002年以来，国家对轮胎、避孕套产品实行强制性产品认证，对钢丝编织液压胶管、阻燃输送带、桥梁支座等产品，实行生产许可证制度。为了做好这项工作，搞好服务，协会积极派员参与审查，提供有关信息，介绍企业的先进管理经验和产品经营情况，促使有关企业顺利通过认证，同时努力促进企业管理水平和产品质量的提高。

《齐鲁橡胶》是协会内部刊物，2002年12月创办。为了提高信息的时效性，协会聘请专业人员，建立了山东橡胶网（www. rubber. sd. cn）。

自 2004 年起，在省政府有关部门的支持下，由山东省橡胶行业协会主办的中国（青岛）国际橡胶及轮胎工业展览会已成功举办了 10 届。现在，该展会已成为国内橡胶业规模最大、参展品牌最多的专业展会，也成为中外橡胶行业交流不可或缺的重要平台。

2006 年起，受政府委托起草制订行业规划和法规，为了推动节能减排工作深入开展，省政府决定对 51 个重点产品制定强制性综合能耗标准。由山东省橡胶行业协会起草的轮胎和炭黑单位产品综合能耗标准，已由省标准局于 2008 年颁布执行。还起草了《山东省轮胎工业发展指导意见》，参与制订了山东省橡胶行业调整振兴规划。

协会成立以来，从行业实际情况出发，积极配合省质量技术监督局、省工商局开展的“山东名牌”“山东省著名商标”报审工作。

山东省橡胶行业协会与杭州沃德标准技术服务有限公司联合青岛市产品质量监督检验所于 2009 年 11 月在青岛成功举办了中国轮胎出口各大新兴市场的出口认证推介大会。我省橡胶企业在随后几年轮胎出口中，克服了美国轮胎“特保案”的不利影响，产品出口连续取得两位数以上的增长。

协会积极参与省级企业技术中心评审工作。

2010 年下半年以来，天然橡胶价格连续暴涨，行业内企业正常的生产经营活动受到严重影响。2011 年 2 月，协会组织召开了应对胶价暴涨企业座谈会。会议提出了降低天然胶进口税率，企业联合采购，抱团取暖等许多切实可行具有建议性的措施和建议。

协会积极参与山东省科技进步奖的评审工作。

协会开展了“山东省橡胶行业综合实力 50 强企业”评审活动。此项活动每两年进行一次，已成功举办了 4 届，获得了行业内企业的一致好评。

四、所获荣誉

2004～2013 年连续多年被山东省民政厅评为“优秀社会团体”。

五、历届理事会名单

山东省橡胶行业协会第一届理事会名单

（1999 年 12 月 2 日）

名誉理事长：彭　湃

理　事　长：杨绍君

副 理 事 长：蒋胜矩　高巨谦　郑维峰　丁玉华　王希成　赵希贞　许传第　尚宗新

常 务 理 事：杨绍君　蒋胜矩　高巨谦　郑维峰　丁玉华　王希成　许传第　尚宗新　赵希贞　赵树高　褚宏春　王希禄　杨鹤平　刘峪世　吕务民　张志宏　牛锡山　石光强　徐承秋

理　　　事：杨绍君　蒋胜矩　张洪民　高巨谦　丁玉华　郑维峰　王希成
　　　　　　许传第　赵希贞　尚宗新　李元志　倪振远　姜子军　徐承秋
　　　　　　吴兴华　褚宏春　王希禄　赵树高　牛锡山　刘峪世　孙乐华
　　　　　　杨鹤平　吕务民　牟凤新　石光强　朱致久　张志宏　姜鲁建
　　　　　　周明君　原修杰　孔繁敏
秘　书　长：张洪民
副秘书长：郑永祥
工作人员：朱丽红

山东省橡胶行业协会第二届理事会名单

（2002年4月11日）

名誉理事长：孙培峰
理　事　长：杨绍君
副理事长：蒋胜矩　高巨谦　郑维峰　丁玉华　王希成　赵希贞　许传第
　　　　　　尚宗新　车夕宗
常务理事：杨绍君　蒋胜矩　高巨谦　郑维峰　丁玉华　王希成　许传第
　　　　　　尚宗新　赵希贞　赵树高　王希禄　刘峪世　吕务民　牛锡山
　　　　　　石光强　徐承秋　孙乐华　周明君　朱致久
理　　　事：杨绍君　蒋胜矩　张洪民　高巨谦　丁玉华　郑维峰　王希成
　　　　　　许传第　赵希贞　尚宗新　李元志　倪振远　姜子军　徐承秋
　　　　　　吴兴华　褚宏春　王希禄　赵树高　牛锡山　刘峪世　孙乐华
　　　　　　杨鹤平　吕务民　石光强　朱致久　张志宏　姜鲁建　周明君
　　　　　　原修杰　孔繁敏
秘　书　长：张洪民
副秘书长：郑永祥
工作人员：朱丽红

山东省橡胶行业协会第三届理事会名单

（2006年12月14日）

理事长：杨绍君
副理事长：张洪民　丁玉华　李忠涛　王希成　孙振华　赵希贞　张成良
　　　　　袁仲雪　刘全平　许传第　车夕宗
秘书长：张洪民（兼）
常务理事：杨绍君　张洪民　丁玉华　李忠涛　王希成　孙振华　赵希贞
　　　　　张成良　袁仲雪　刘全平　许传第　车夕宗　孙乐华　刘永华
　　　　　徐锦成　宋士德　宋文广　延万华　徐承秋　李　强　程千文

王传华

理　　事：杨绍君　张洪民　丁玉华　李忠涛　王希成　孙振华　赵希贞
张成良　袁仲雪　刘全平　许传第　车夕宗　孙乐华　刘永华
徐锦成　宋士德　宋文广　延万华　徐承秋　李　强　程千文
王传华　鹿成增　关兴平　赵树高　周建兴　郑本福　薛万孝
姜子军　刘玉明　常乃悦　原修杰　梅兆斌　刘林峰　张桂义
尤学忠　张瑞国　李圣法　李公坡　李　勇　邱永民　朱应力
孔凡成　候红月　安　军　王秀英　吕务民　王克坤　耿佃杰
王变生　薛德生　谢保军　李永春　李新制

山东省橡胶行业协会第四届理事会名单

（2009 年 3 月 31 日）

名誉理事长：杨绍君
理 事 长：张洪民
副理事长：丁玉华　王希成　李忠涛　孙振华　刘海青　袁仲雪　张成良
吉连政　徐承秋　许传弟　车夕宗　郑永祥
秘 书 长：朱丽红
常务理事：张洪民　郑永祥　朱丽红　丁玉华　王希成　李忠涛　孙振华
刘海青　袁仲雪　张成良　吉连政　徐承秋　许传弟　车夕宗
辛振祥　孙乐华　刘永华　徐锦成　宋士德　宋文广　延万华
徐承秋　李　强　王　昊　王传华　张桂义　李圣法　杨德华
马小维　张厚斌　姚平经　郑钦荣
理　　事：张洪民　郑永祥　朱丽红　鹿成增　孙振华　张成良　刘海青
辛振祥　袁仲雪　周建兴　郑本福　周学强　丁玉华　李忠涛
姜子军　刘玉明　常乃悦　王希成　徐锦成　原修杰　许传弟
孙乐华　刘永华　吉连政　刘林峰　宋士德　宋文广　延万华
张桂义　尤学忠　张瑞国　李圣法　李　强　李学明　李　勇
朱应力　孔凡成　张厚斌　安　军　王　昊　徐承秋　邱新福
吕务民　车夕宗　谢保军　李永春　李新制　王变生　田家礼
牛宜顺　李延玺　郑钦荣　江　卫　曹彦宾　杜国忠　王泽连
王志庆　孙桂珍　李广元　张相忠　王奎东　赵宏发　姚平经
邹方亮　杨德华　翟远新　王正海　陈益民　窦宝森　裴伟强
魏军吉

山东省橡胶行业协会第五届理事会名单

（2013 年 6 月 19 日）

理 事 长：张洪民

副理事长：丁玉华　王希成　周时平　刘海青　袁仲雪　邴良光　窦　勇
李圣法　宋文广　宋世良　姚新军　徐承秋　吕务民

秘 书 长：朱丽红

常务理事：张洪民　朱丽红　丁玉华　王希成　周时平　刘海青　袁仲雪
邴良光　窦　勇　李圣法　宋文广　宋世良　姚新军　徐承秋
吕务民　徐锦成　延万华　刘永华　焦仁平　王传华　张桂义
辛振祥　王建业　张厚斌　姚平经　孙乐华　张建鲁　曹彦宾
张　华　安　军　郭维佳　田家礼　殷　涛　刘林峰

理　　事：张洪民　朱丽红　丁玉华　王希成　周时平　刘海青　袁仲雪
邴良光　窦　勇　李圣法　宋文广　宋世良　姚新军　徐承秋
吕务民　徐锦成　延万华　刘永华　焦仁平　王传华　张桂义
辛振祥　王建业　张厚斌　姚平经　孙乐华　张建鲁　曹彦宾
张　华　安　军　田家礼　殷　涛　刘林峰　郭维佳　刘顺军
袁廷树　刘玉明　常乃悦　原修杰　尤学忠　李　勇　朱应力
郭永县　谭永兵　李新制　牛宜顺　王泽琏　王志庆　李广元
王东奎　邹方亮　鹿成增　翟远新　王文修　邵永刚　刘占一
戴均卫　陈　林　赵华一　赵井国　杨　震　张元德　秦庆平
马伯平　邱立华　薛万孝　王德文

第九届中国国际橡胶技术展览会

山东省橡胶行业协会成立

（撰稿人：张洪民　崔振环）

山东省氯碱行业协会

一、简　介

山东省氯碱行业协会是经山东省民政厅核准注册登记、具有独立法人资格的社会团体。山东省氯碱行业协会成立于1993年5月，现拥有会员企业40家，是一个跨部门、跨所有制的行业组织。业务主管部门为山东省石油化学工业协会。

山东省氯碱行业协会是以服务行业内企业，促进行业健康发展为目标的非营利性社会团体组织。会员主要为境内从事氯碱生产的企业和研究、设计、院校机关团体及相关单位等。

二、历史沿革

山东省氯碱行业协会创建于1993年。1993年5月在淄博召开了协会成立大会并第一次会员代表大会，选举产生了第一届理事会；1997年4月召开了第二次会员代表大会，选举产生了第二届理事会；2001年7月召开了第三届会员代表大会，选举产生了第三届理事会；2005年6月召开了第四届会员代表大会，选举产生了第四届理事会；2010年1月召开了第五届会员代表大会，选举产生了第五届理事会；2014年5月召开了第六届会员大会，选举产生了第六届理事会。

三、主要工作

（一）改革工业盐的供销体制，放开工业盐价

在计划经济时期，工业盐管理高度集中，协会为维护企业生产经营的顺利进行，向国家经贸委调查组、山东省物价局、潍坊市经委、新华社青岛分社连续发出呼吁，得到了国家和省政府主要领导的重视和干预。山东省物价局下文下调了原盐的价格。之后，省氯碱协会在中国氯碱协会和化工部的领导下，积极参与了改革工业盐的供销体制、放开价

格、走向市场的一系列工作，并组织省内大中型氯碱企业参加了1995年11月在北京召开的中国历史上第一次工业盐订货会。国家计委和国家经贸委联合下文，取消了现行的工业盐准运证和准运章制度，明确了工业盐供应由过去的指令性计划改为由供求双方直接见面，双向选择、签订合同、直接结算，打破了工业盐的垄断机制。

(二)争取烧碱生产用电的合理电价

自1993年以来，国家加快了电价改革的步伐，燃运加价，地方电厂集资和多种价外加价大幅度上升，山东氯碱企业的用电价格相应提高，电价过高造成烧碱成本的大幅度提升，企业效益下滑。面对电价逐年上涨的局面，省氯碱协会连年向省政府反映，要求减轻氯碱企业的电费负担。多次参加中国氯碱协会和化工部召开的会议，向国家政府主管部门直接反映。协会第二届理事长和第三、四届理事长利用人大代表身份多次提出议案反映电价问题。在协会和企业的共同努力下，我省多数地区为支持基本化工原料工业的发展，对烧碱生产用电价格中地市级政府加价部分实行了大幅度减免。国家计委和财政部等部门也联合下文，要求“八五”期间对烧碱生产用电免收2分/度的电力基金。

(三)搞好两个服务，围绕行业健康发展开展调查研究

协会是政府和企业联系的纽带，为政府和企业服务是协会的根本宗旨，针对我省氯碱如何健康发展，协会组织进行了多次调查，并积极向省有关部门反映。2008年协会负责起草制定了山东省氯碱工业调整振兴指导意见。自2006年始，受政府委托起草制定行业发展规划，先后起草制定了《山东省氯碱行业“十二五”规划》和参与了《山东省材料发展报告》氯碱篇的编写工作。

(四)积极推进节能减排，协助企业推进安全标准化工作

氯碱是高耗能行业，节能减排任务繁重。2007年协会组织完成了《烧碱产品能耗限额》的起草工作，该标准以DB37/753—2007号于2008年1月1号起开始实施，为行业节能指明了方向。为贯彻执行好省政府推进安全标准化建设工作，协会在青岛举办了全省氯碱行业从业单位安全标准化工作培训班。协会每年都组织安全方面的互查活动，从而规范了安全生产行为，减少了安全生产事故的发生。

(五)强化行业自律，做好市场协调，稳定省内市场

近几年来，能源、原材料、产品市场价格波动很大。为了维护行业利益，保持区域稳定，协会在氯碱产品市场协调方面做了大量工作。每年召开多次氯碱市场研讨会，会上企业间互通近期生产经营情况，分析研究市场行情，根据市场表现协商区域营销策略，使之达成共识，强化自律，防止市场恶性竞争。

(六)开展学习交流活动，提高生产管理水平

近年来，我省氯碱企业中有近一半是新成立的企业，他们缺乏管理经验和技术，特别是随着离子膜烧碱工艺的不断引进和应用，急需相互交流和学习，协会为此积极进行穿

针引线。我们和江苏、河南氯碱协会一起举办了三省氯碱企业合作与发展论坛，研讨生产技术方面的新工艺、新技术、新产品。在青岛、烟台、苏州和开封分别组织了鲁苏豫三省大会，以“氯碱产品差异化发展”等为主题进行了专家报告。协会定期编发《山东省氯碱经济技术指标完成情况月报》和《月度氯碱分析报告》，使大家能及时了解行业的生产经营情况。协会还多次举办“氯碱核算规程”培训班，为新进入企业培训核算统计人员。

四、历届理事会名单

山东省氯碱行业协会第一届理事会名单

（1993年5月）

名誉理事长：张鸣华
理　事　长：张卫山
副理事长：侯锡明　王廷玺　陈国营　常春发
理事单位：齐鲁石化公司氯碱厂
聊城化工厂
烟台氯碱厂
潍坊化工厂
青岛化工厂
滨州化工厂
郯城化工厂
山东农药厂
山东塑料试验厂
济宁电化厂
秘　书　长：牟世凯

山东省氯碱行业协会第二届理事会名单

（1997年4月）

名誉理事长：张鸣华
理　事　长：常春发（后为常广水）
副理事长：侯锡明　张　卫　陈国营　王永立　陈华森
理事单位：齐鲁石化公司氯碱厂
烟台氯碱厂
潍坊亚星集团有限公司
青岛海晶化工集团有限公司
滨化集团有限公司
聊城蓝威化工化工有限公司

山东恒通化工有限公司
山东大成农药工业股份有限公司
山东塑料试验厂
济宁电化有限公司

秘　书　长:尤树民

山东省氯碱行业协会第三届理事会名单

（2001 年 7 月）

名誉理事长:孙培峰
理　事　长:陈华森
副 理 事 长:李邦民　李　明　常广水　许　辉　王永立　余沐雨
理 事 单 位:潍坊亚星集团有限公司
齐鲁石化公司氯碱厂
青岛海晶化工集团有限公司
济宁中银电化有限公司山东大成农药工业股份有限公司
山东恒通化工有限公司
滨化集团有限公司
烟台万华氯碱有限公司
德州石油化工厂
山东聊城蓝威化工有限公司
山东塑料试验厂
山东省农药联合公司
秘　书　长:赵仲年

山东省氯碱行业协会第四届理事会名单

（2005 年 12 月）

名誉理事长:刘　言
理　事　长:陈华森
副 理 事 长:李邦民　李　明　常广水　耿佃杰　王永立　张忠正　郑　仁
赵曰岭　张忠生　李法曾　魏立志
理 事 单 位:潍坊亚星集团有限公司
齐鲁石化公司氯碱厂
青岛海晶化工集团有限公司
济宁中银电化有限公司
山东大成农药工业股份有限公司
山东恒通化工股份有限公司

滨化集团有限公司
烟台万华氯碱有限公司
德州实华集团有限公司
山东聊城蓝威化工有限公司
山东新龙集团有限公司
山东金岭集团有限公司
东营协发化工有限公司

秘　书　长:赵仲年

山东省氯碱行业协会第五届理事会名单

（2010 年 1 月）

名誉理事长:刘　言

理　事　长:江政辉

副 理 事 长:郑平友　张英民　常广水　陈华森　王永立　张忠正　魏立志
张忠生　石　敏　董书国

理 事 单 位:德州实华集团有限公司
中国石化齐鲁股份有限公司氯碱厂
青岛海晶化工集团有限公司
济宁中银电化有限公司
潍坊亚星集团有限公司
山东大成农药工业股份有限公司
山东恒通化工股份有限公司
山东滨化集团有限公司
山东金岭化工集团有限公司
烟台万华氯碱有限公司
山东聊城蓝威化工有限公司
济南润源化工有限公司
山东海化氯碱树脂有限公司
鲁北化工股份有限公司
东岳集团氟硅材料有限公司
东营协发化工有限公司
济宁金威煤电有限公司
山东海力化工有限公司
新汶矿业集团泰山盐化分公司
华阳科技股份有限公司氯碱厂

秘　书　长:刘树彬

山东省氯碱行业协会第六届理事会名单

（2014 年 5 月）

理 事 长:江政辉

副理事长:董益军　王永立　牟治林　李法增　常广水

理事单位:德州实华化工有限公司

中国石化股份有限公司齐鲁分公司氯碱厂

滨化集团股份有限公司

东营华泰化工集团有限公司

山东海化氯碱树脂有限公司

山东阳煤恒通化工股份有限公司

青岛海晶化工集团有限公司

烟台万华氯碱有限责任公司

山东新龙集团有限公司

山东中联化学有限公司

潍坊亚星化学股份有限公司

鲁西化工集团股份有限公司

山东铝业公司氯碱厂

山东大地盐化集团有限公司

山东金岭化工股份有限公司

济宁金威煤电有限公司

山东信发聚氯乙烯有限公司

秘 书 长:刘树彬

三省氯碱企业合作与发展论坛会

山东省氯碱行业协会成立十周年大会

（撰稿人：刘树彬　赵仲年）

山东省散装水泥协会

一、简　介

根据国家《社会团体登记管理条例》的规定，2001 年 10 月，由山东省经贸委散装水泥办公室作为发起单位，申请成立山东省散装水泥协会。2002 年 5 月 10 日，省民政厅以〔2002〕鲁社筹准字第 8 号文件正式批准山东省散装水泥协会筹备。2002 年 6 月 26 日，山东省散装水泥协会召开了成立大会。

二、主要工作

协会成立以来，在宣传贯彻国家关于推广发展散装水泥的方针政策，协调解决行业建设与发展的重大问题，发挥政府与企业之间的桥梁纽带作用，承担政府部门委托工作，加强会员间的交流协作，组织业务培训和开展国际交流等方面做了大量工作，发挥了行业组织的重要作用。

协会的主要业务是：宣传贯彻国家和省关于发展散装水泥的方针政策；组织会员调查研究，为有关部门制定散装水泥的发展规划和政策提出意见建议；组织散装水泥新技术、新设备开发研制，推广新技术、新设备、新工艺，推进散装水泥设施、设备的技术和标准化工作；开展咨询服务，协调有关工作，调度散装设施，为会员单位服务等。

三、历届理事会名单

会员由省内从事散装水泥管理、生产、运输、科研、设备制造等的有关单位组成。

2014 年 7 月 17 日上午，山东省散装水泥协会第三次会员大会在济南黄河大厦召开，会议以无记名投票、差额选举的方式，选举产生了第三届理事会理事、监事、常务理事、理事长、副理事长、秘书长。

山东省散装水泥协会第一届理事会名单

（2002 年 6 月 26 日）

理　　事　　长：张崇华
常务副理事长：徐修俭
副　理　事　长：刘继彬　宋荷琪　柴佑祥　王兴华　董存良
秘　　书　　长：徐修俭
常　务　理　事：马志明　王兴华　王廷信　刘继彬　宋荷琪　张卫图　张崇华
陈清云　徐修俭　柴佑祥　贾庆明　贾志国　高浙舟　董存良
理　　　　　事：于梅凤　门茂明　马志明　王广兴　王亦和　王兆纪　王兴华
王廷信　王治明　刘继彬　吕世功　吕全红　孙淑良　闫世果
宋守宝　宋荷琪　张卫图　张为东　张永山　张庆涛　张秀存
张崇华　张鹏涛　时　军　李汉明　杨仕海　杨立胜　陈清云
周光秋　林　敏　郑国庆　赵树祥　徐修俭　柴佑祥　贾庆明
贾志国　王慧海　董存良　韩惠民

山东省散装水泥协会第二届理事会名单

（2009 年 3 月 28 日）

理 事 长：于东威
秘 书 长：刘爱华
副理事长：赵树祥　朱伟宾　董存良　贾志国　杨　军
常务理事：王俊义　张　军　王建华　胡文瑞　辛　峰　卢方庆　王爱民
于天刚
理　　事：于东威　杨广庆　荆　震　王长松　张　剑　王记生　王龙滨
朱伟宾　朱思论　赵熙峰　钱　军　王建华　刘　军　吴德玉
张玉彬　张　军　张玉红　张卫东　张庆涛　李东波　杨立胜
林　敏　郑国庆　赵树祥　刘元忠　辛　峰　贾志国　董存良

山东省散装水泥协会第三届理事会名单

（2014 年 7 月 17 日）

理　　事　　长：于东威
常务副理事长：谭爱兵
副　理　事　长：李法学　朱伟宾　荆　震　谢俊德
秘　　书　　长：谭爱兵（兼）
常　务　理　事：闫珂伟　张　军　王建华　王长松　周福军　高佳珍　于天刚

理　　　　事：于东威　谭爱兵　李法学　朱伟宾　闫珂伟　王建华　左　静
谢俊德　王记生　王长松　王龙滨　李东波　于天刚　荆　震
高佳珍　李忠臣　张　军　张　剑　辛　峰　周福军　赵熙峰
朱思论　杨广庆　杨立胜　刘元忠

监　　　　事：孙世芬

山东省散装水泥协会第三次会员大会

山东省散装水泥协会第三次会员大会投票现场

（撰稿人：谭爱兵）

德州空调复合材料行业协会

一、简　介

德州空调复合材料行业协会(Dezhou Air-Conditioning and Composites Industry Association)是中国制冷空调工业协会理事单位、中国复合材料工业协会理事单位、山东省复合材料学会常务理事单位、山东省中小企业校企联盟副理事长单位、山东省中小企业社会化服务体系建设示范单位，是由中央空调制冷机组、中央空调末端设备及配件、玻璃钢(复合材料)制品及玻璃钢(复合材料)原辅材料生产制造企业自愿组成的区域性行业组织，是不以盈利为目的的社会民间团体，具有社会团体法人资格。协会下设秘书处、技术信息服务中心和德州市空调玻璃钢网站。协会现有会员单位106家。

二、历史沿革

2001年4月18日，德州玻璃钢工业协会成立大会暨第一次会员代表大会召开，选举产生了第一届理事会。2003年7月10日召开了德州市空调玻璃钢行业协会第二次会员代表大会，选举产生了第二届理事会。2008年3月9日召开了德州市空调玻璃钢行业协会第三次会员代表大会，选举产生了第三届理事会。2013年12月18日在山东格瑞德集团三楼会议室选举产生了第四届理事会。

三、主要工作

2001年4月18日，德州玻璃钢工业协会成立大会暨第一次会员代表大会召开，选举产生了第一届理事会。

2001年5月10日，德州玻璃钢工业协会加入中国玻璃钢工业协会，成为会员单位。

2001年7月，德州玻璃钢工业协会加入中国制冷空调工业协会，成为会员单位。

2001年7月18日，《德州玻璃钢》正式创刊。

2003年7月10日，德州玻璃钢工业协会在德州民鑫宾馆召开第二届会员代表大会，同时协会更名为“德州市空调玻璃钢行业协会”。

2005年12月15日，德州市空调玻璃钢行业协会在武城县举办了“中央空调业务骨干培训班”。

2007年1月1～3日，德州空调玻璃钢行业协会在市地税局四楼会议室举办了为期3天的企业管理培训班，参加培训人员120余人。

2007年8月7日，在全省中小企业服务机构能力提升培训班暨服务体系建设经验交流会上，德州空调玻璃钢行业协会被山东省中小企业办公室授予“山东省中小企业社会化服务体系建设示范单位”荣誉称号。

2009年10月28日，德州市空调玻璃钢行业协会联合江苏省硅酸盐学会玻璃钢分会、安丘玻璃钢工业协会、河南省沁阳市科技局、河北省枣强县科技局和中国玻璃钢综合信息网，在德州凯元温泉度假村大酒店举办了为期3天的“中国玻璃钢原材料市场暨玻璃钢最新技术工艺高层论坛”。

2009年11月28日，经德州市民间组织管理办公室批准，德州空调玻璃钢行业协会更名为“德州空调复合材料行业协会”。

2009年12月19日，在德州贵都大酒店举办了“2009中国德州中央空调复合材料产业升级高峰论坛”，聘请了国家暖通空调和复合材料行业的专家教授作了专题报告。

2010年11月27～28日，德州空调复合材料行业协会联合江苏省硅酸盐学会玻纤玻璃钢分会、河南省沁阳市科技局、河北省复合材料生产力促进中心和中国玻璃钢综合信息网，在德州太阳谷微排国际酒店举办了为期两天的“第四届玻璃钢市场和技术发展高层论坛”。

四、历届理事会名单

德州玻璃钢工业协会第一届理事会成员

（2001年4月18日至2003年7月10日）

名誉会长：赵忠新　崔玉昌
会　　长：肖玉贵
副 会 长：王庆华　刘炳山　杨东堂　李忠印　苏芳志　高延军　官印贵
秘 书 长：尚　智
副秘书长：王振明　李梦麟
常务理事：王　勇　孙怀志　吴立庆　展吉波　尚明新　黄砚西
理　　事：马昌福　王子星　王英坡　王洪斐　王　成　王永恩　孙凤来
任希峰　任登祥　刘汉臣　刘延林　刘德文　许庆廷　李文才
李立军　李在平　李秀文　苏金昌　苏敦明　张建华　孟庆生
周恩利　周玉洪　郑田忠　郑海民　赵冠华　赵军华　郝宝林
郎文江　袁忠宝　曹洪刚　腾振刚　官书军　蔡汝俊　裴振兴

德州空调玻璃钢行业协会第二届常务理事会成员

（2003 年 7 月 10 日至 2008 年 3 月 9 日）

会　　长：管印贵
副 会 长：王庆华　杨东堂　吴井臣　苏芳志　高延军
秘 书 长：尚　智
常务理事：王　勇　王健宇　王鸿飞　王子万　王玉国　王立军　任占志
　　　　　孙修道　孙树成　孙秀芝　吴立庆　张传义　李立军　孟凡海
　　　　　郑宝宏　郑海民　金朝生　高荣禄　夏宝利　展吉波　商明新
　　　　　管书君　滕振岗　滕振泉

德州空调复合材料行业协会第三届常务理事会成员

（2008 年 3 月 8 日至 2013 年 12 月 17 日）

名誉会长：管印贵
会　　长：王庆华
副 会 长：管印贵　杨东堂　苏芳志　高延华　于洪城　李立军　金朝生　王健宇
秘 书 长：尚　智
副秘书长：于红晶
常务理事：王　勇　王子万　王玉国　孟庆军　王洪春　王鸿飞　任占志
　　　　　袁忠宝　孙树成　吴立庆　张传义　孙文芝　孟凡海　管书君
　　　　　郑宝宏　商明新　滕振泉　滕振岗　朱振华

德州空调复合材料行业协会第四届常务理事会成员

（2013 年 12 月 18 日至今）

会　长：管印贵
副会长：王庆华　杨东堂　苏芳志　于洪城　李立军　金朝生　葛跃国
　　　　王洪斐　崔福洲　滕振岗　滕振泉　孙凤洲　张传义　管书军
　　　　王　勇
秘书长：于红晶

德州玻璃钢工业协会成立揭牌仪式

德州空调复合材料行业协会第四届会员大会合影

（撰稿人：于红晶）

安丘市玻璃钢工业协会

一、简介

安丘市玻璃钢工业协会成立于2006年，其前身是潍坊市复合材料学会。1994年，潍坊市玻璃钢联合公司承办了“山东省复合材料学会第二届年会暨新产品、新技术发布会”。在此次会议上，经山东省复合材料学会批准，潍坊市建材局以潍坊市玻璃钢联合公司为依托，成立了潍坊市复合材料学会。

为了适应新形势的要求，使群团组织的作用得到更大程度的发挥，2005年注销潍坊市复合材料学会，更名注册为“安丘市玻璃钢工业协会”。安丘市玻璃钢工业协会现有会员单位达到186家，2014年会员单位共计实现销售收入18亿元，上缴国家和地方税金达2.18亿元。

二、历史沿革

安丘市玻璃钢工业协会前身是潍坊市复合材料学会，其创建于1994年，分别于1994年、1999年、2004年召开了3届会员代表大会。更名注册为“安丘市玻璃钢工业协会”后于2006年6月召开了安丘市玻璃钢工业协会第一次会员代表大会，选举产生了第一届理事会；2011年召开了第二次会员代表大会，选举产生了第二届理事会。

三、主要工作

1994年，由协会牵头，会同市、镇两级政府及有关部门和单位，在交通、通信便利的206国道安丘市潍徐北路以东征地160亩，建立了安丘市第一个玻璃钢工业园区，吸纳了22家私营玻璃钢企业入驻，从事玻璃钢产品生产经营。

1995年，协会牵头、会同市镇两级政府及有关部门和单位在安丘市北区青云湖对面的安丘北外环中段征地120亩，建成了第二个玻璃钢工业园区，有20家私营玻璃钢企业在该区建厂。

1996年，协会牵头、规划，会同市、镇两级政府及有关部门和单位在安丘大汶河以北市化肥厂以东的荒滩地带征地180亩，建成了上规模的第三个玻璃钢工业园区，进入该园区生产经营的企业达30余家。

1998年，组织会员单位的骨干企业的厂长(经理)、工程技术人员到武城、枣强等玻璃钢企业参观学习。

1999年，组织会员单位中规模以上企业的领导和技术骨干120多人到苏、锡、常等玻璃工业发达地区20多家企业取经学习。

2001年，组织21家玻璃钢企业负责人及有关人员两次到济南参加玻璃钢企业管理、生产技术学习培训。

2003～2006年，先后为山东盛宝塑钢公司、山东华能冷却技术有限公司、山东大华玻璃钢公司、山东宇航玻璃钢公司等30多家玻璃钢企业通过了ISO9001质量体系认证。在安丘市玻璃钢行业较全面地建立起现代化的企业管理制度，取而代之了家庭作坊式和粗放随意的管理机制。

2007～2008年，为《山东省建材年鉴》“玻璃钢篇”编写安丘部分。为《山东省志·建材志》“玻璃钢篇”编写史志——“安丘篇”。

截至2009年底，安丘市玻璃钢工业协会为会员单位编制了企业管理文件、质量文件、安全管理文件，各种规范标准等共计141种，15800份；绘制生产标准图纸37种，1200多份。为企业提供技术咨询120多人次，解决生产难题达230多个。

2011年，组织16名规模以上企业厂长(经理)及部分工程技术人员，到台湾参观、考察、学习玻璃钢新材料、新技术、新工艺、新产品。

2012年至今，举办技术培训班4期，培训员工达260名。协助企业申报各种专利36种。

四、所获荣誉

2006～2012年被安丘市民政局评为“先进社会组织”。

2008～2012年被潍坊市民政局表彰为“先进社会组织”。

2008年，被评为“潍坊市市级小企业公共服务平台”。

2010年，被评为“潍坊市市级小企业创业基地”。

2012年，被评为中共安丘市委民间组织工作委员会“党建示范点”。

2013年，被评为中共潍坊市委民间组织工作委员会“党建示范点”。

2010年3月，被中共山东省委社会组织委员会表彰为“深入学习实践科学发展观活动先进社会组织”。

2012年6月，被中共山东省委社会组织委员会表彰为“创先争优先进党组织”。

2013年5月，被山东省中小企业局命名为“省级中小企业服务机构玻璃钢研发服务中心”。

2014年12月，被中共山东省社会组织党工委命名为“党建工作示范点”。

五、历届理事会名单

安丘市玻璃钢工业协会第一届常务理事会名单

（2006 年 6 月 30 日）

会　　　　长：王丰海
副会长、常务理事：范金刚　王怀兴　高世宽　王春昌　曹桂友　周顺民
秘　书　　长：董鹤群
副　秘　书　长：殷会卿

安丘市玻璃钢工业协会第二届常务理事会名单

（2009 年 11 月 30 日）

会　　长：王丰海
副 会 长：范金刚　王怀兴　高世宽　王春昌　曹桂友　周顺民
常务理事：徐清华　董洪张　王怀生　树春义　殷国昌　王丰智
秘 书 长：董鹤群
副秘书长：殷会卿

安丘市玻璃钢工业协会第二届常务理事会调整名单

（2011 年 7 月 6 日）

会　　长：王丰海
副 会 长：范金刚　王怀兴　高世宽　王春昌　曹桂友　周顺民
常务理事：徐清华　董存义　树春义　董洪张　王怀生　殷国亮　王丰智
　　　　　王振志　张世启　王玉春　高旭光
秘 书 长：董鹤群

2015 年安丘市玻璃钢工业协会常务理事合影

有关专家参观考察安丘市玻璃钢企业

（撰稿人：董鹤群）

100

Shandong Cailiao 100 Jia

高校材料院系

山东大学材料科学与工程学院

一、简　介

山东大学材料科学与工程学院(以下简称"材料学院")是我国材料科学与工程类人才培养与科技创新的重要基地之一,是我国最早设有金属热加工专业的院系之一,有着悠久的历史和优良的传统。材料学院是山东大学专业设置齐全、学科优势突出、师资力量雄厚、办学条件先进的强院之一,是山东大学"211 工程""985 工程"重点建设学院。目前学院拥有金属材料、无机非金属材料、液态金属与铸造技术、塑性成形与模具技术、现代焊接工程技术、包装工程、材料物理化学、高分子材料 8 个研究所,1 个公共测试与分析实验平台——材料分析和表征中心。

材料学院拥有教育部重点实验室 1 个、省级重点学科 4 个、省级重点实验室 4 个、省级工程技术研究中心 5 个、省级实验教学示范中心 1 个。先后承担了"973"项目、"863"项目、国家自然科学基金重大重点项目、国家科技支撑计划项目、国际合作重点项目、国防军工项目等一批国家和省部级科研项目。

材料学院拥有"国家有突出贡献的中青年专家"8 名、"国务院特殊津贴专家"36 名、教育部"长江学者"特聘教授 1 名、国家杰出青年科学基金获得者 3 名、国家级教学名师 1 名、"全国模范教师"1 名、"全国劳动模范"2 名,入选中组部"千人计划"者 2 名,"百千万人才工程"(第一、二层次)入选者 1 名、"新世纪百千万人才工程"国家级人选 2 名、"教育部(跨)新世纪优秀人才支持计划"入选者 10 名、"山东省专业技术拔尖人才"25 名、"山东省有突出贡献的中青年专家"7 名、"泰山学者攀登计划"获得者 1 名、"泰山学者"特聘教授 2 名、国家级教学团队 1 个、教育部"长江学者和创新团队发展计划"创新团队 1 个、"山东省优秀创新团队"1 个、山东大学"齐鲁青年学者"特聘教授 2 名以及获得其他省部级以上荣誉称号的数十人次。材料学院现有实验室面积 1.4 万多平方米,固定资产近亿元,拥有实验仪器设备 3000 多台(套)。

二、历史沿革

山东大学材料科学与工程学院始建于 1952 年,历经了山东工学院机械工程系、山东工学院金属工艺系、山东工学院第二机械系、山东工业大学第二机械系、山东工业大学材料工程系、山东工业大学材料科学与工程学院、山东大学材料科学与工程学院的发展历程。

现任领导班子成员：

院长：赵国群

书记：秦承涛

副院长：田学雷　王新洪　吕宇鹏　周传健

副书记：张　强　王丽君

办公室主任：张力勇

三、主要成绩

材料学院先后承担了“973”项目、“863”项目、国家自然科学基金重大重点项目等一批国家和省部级科研项目。在国际重要学术期刊上发表了一批高水平学术论文，近10年来年均发表SCI/EI论文260篇以上，近5年来年均获得授权发明专利30余项。学院始终坚持基础研究与工程实际紧密结合的理念，承担和完成了一批校企、校地合作项目，许多科研成果实现了成果转化和产业。自1978年全国科学大会以来，材料学院共荣获28项全国科学大会奖、国家技术发明奖、国家科技进步奖和国家星火奖，荣获29项省部级科技成果一等奖。

四、本单位大事记

（一）山东工学院时期（1952～1982年）

1952年，成立金相热处理专业（后更名为“金属材料及热处理”）。

1955年，成立金工教研组。

1956年，成立金属压力加工及机器（后更名为“塑形成形工艺及设备”）本科专业；成立铸造工艺及机器（后更名为“铸造工艺及设备”）本科专业。

1959年，学校成立机械制造系和金属工艺系以及焊接工艺及设备专业。金属工艺系包括热处理、压力加工、铸造工艺3个专业。

1963年，成立了力学科研室。

1970年，学校成立机械厂（又称“一大队”），包括金属学及热处理车间设备、金属压力加工工艺及设备、铸造工艺及设备、焊接工艺及设备等专业。

1979年，设立山东省热处理实验厂。

1981年，金属材料及热处理专业获得全国首批硕士学位授予权。

（二）山东工业大学时期（1983～1999年）

1983年，更名为“山东工业大学第二机械系”。

1988 年，成立机械工程专科，后改为机械师范专科。

1989 年，第二机械系更名为“材料工程系”。

1993 年，铸造专业获博士学位授权点，焊接工艺及设备专业获得硕士学位授予权。

1994 年，成立高分子材料与工程本科专业，成立工程力学实验室和工程力学研究所。

1995 年，获准成立材料科学与工程学院；成立无机非金属材料工程专业；成立山东省碳纤维工程技术研究中心。

1996 年，金属塑性加工学科获博士学位授权点。

1998 年，材料学学科、材料加工工程学科获博士学位授权点。

1999 年，获准成立材料学与工程一级学科博士后科研流动站。

（三）山东大学时期（2000 年至今）

2000 年，材料科学与工程获一级学科博士学位授予权点；获准成立“材料液态结构及其遗传性实验室”教育部重点实验室；成立包装工程本科专业。

2001 年，材料学院、晶体材料研究所合并成立山东大学材料科学与工程学院；工程力学研究所调至土建与水利学院。

2002 年，新增立材料物理专业。

2003 年，新增材料化学专业；设立材料科学与工程优秀本科人才培养基地；成立山东省现代焊接工程技术研究中心；包装材料及容器专业获全国第一个包装材料及容器硕士点。

2004 年，成立山东省塑性成形仿真与模具工程技术研究中心。

2005 年，成立山东省超硬材料工程技术研究中心。

2006 年，晶体材料研究所从材料科学与工程学院调出，成为学校直属科研机构。

2009 年，教育部重点实验室更名为“材料液固结构演变与加工”教育部重点实验室。

2011 年，成立山东省环保功能涂料工程技术研究中心。

2012 年，学院先进制造领域工程博士点开始招生。

2013 年，全国材料科学与工程一级学科进行评估，山东大学材料科学与工程一级学科获评结果为 11 位。

五、对行业发展的贡献

材料科学与工程学院是我国最早设立金属热加工专业的院系之一。材料科学与工程是国家一级学科重点学科，建有“材料液固结构演变与加工”等教育部重点实验室以及 10 余个省部级科研和工程平台，正逐步成为国家材料科学与工程人才培养和科学研究基地，为国家和社会培养了 1.5 万多名各类人才，为国家和区域经济以及社会发展做出了重要贡献。

六、杰出人才简介

赵国群

工学博士、教授、博士生导师，教育部“长江学者”特聘教授、国家杰出青年科学基金获得者、“新世纪百千万人才工程”国家级人选等。教育部科学技术委员会材料学部委员、全国塑性工程学会副理事长、山东省特种设备协会副理事长等。负责完成和正在承担国家杰出青年科学基金、国家自然科学基金、国家科技支撑计划等国家、省部级各类计划基金课题30余项，承担或完成几十项企业委托课题。以首位或通信作者发表SCI/EI论文200余篇，参编手册/大典/著作4部，获授权发明和实用新型专利20余项，软件著作权4项；获国家科技进步二等奖1项，省部级科技成果一等奖6项、二等奖5项、三等奖5项。

刘相法

工学博士、教授、博士生导师。“国务院特殊津贴专家”，国家杰出青年科学基金获得者，“山东省有突出贡献的中青年专家”，滨州渤海活塞公司高性能活塞研发与评价岗位“泰山学者”特聘专家。获国家发明专利20余项，已产业化14项，孵化一家山东省高新技术企业；在国内外重要学术期刊上发表SCI论文160余篇。承担国家重点基础研究计划(973)课题、国家杰出青年科学基金、国家自然科学基金等科研课题。其研究成果曾获国家技术发明四等奖、教育部技术发明二等奖、山东省科技进步一等奖、山东省科技进步二等奖等奖项。

慈立杰

工学博士，中组部“千人计划”特聘教授，博士生导师。先后在中科院物理所、法国中央理工学院、德国马克斯-普朗克金属所、美国纽约州伦斯勒理工学院及德克萨斯州莱斯大学担任研究人员。发表SCI和EI论文120余篇，论文被引用超过5700次。

尹龙卫

工学博士、教授、博士生导师。“新世纪百千万人才工程”国家级人选、山东省“泰山学者”特聘教授，山东省自然科学杰出青年基金、国家自然科学基金优秀青年科学基金获得者。先后获得山东省自然科学二等奖、山东省高等学校自然科学理论成果一等奖、山东大学优秀博士学位论文。在国际上有影响的材料与化学学科学术期刊上发表相关学术论文70余篇，其中有60余篇论文被SCI、EI收录，被SCI引用超过800次，授权和申请发明专利13项。主持与承担国家自然科学杰出青年基金项目、国家自然科学基金面上项目、国家重大科学研究计划等项目多项。

李　辉

工学博士、教授、博士生导师。山东省“泰山学者”特聘教授，入选教育部“新世纪优秀人才支持计划”。先后在意大利特伦托大学应用物理系、香港城市大学建筑工程系从事博士后和访问学者研究。先后获得教育部自然科学二等奖、山东省教委科学技术进步一等奖、山东省科学技术进步三等奖、中国高校科学技术进步一等奖、山东省自然科学二等奖、山东省高等学校自然科学一等奖。先后承担国家自然科学基金、山东省杰出青年基金、教育部“新世纪优秀人才支持计划”、教育部留学归国人员资助基金等科研项目。

山东大学千佛山校区正门

山东大学材料科学与工程学院

（撰稿人：王新洪）

济南大学材料科学与工程学院

一、简　介

济南大学材料科学与工程学院是济南大学办学历史最长的学院之一。现有材料科学与工程、复合材料与工程和材料物理 3 个本科专业，具有学士、硕士、博士学位授予权和硕士研究生免试推荐权，设有材料科学与工程一级学科博士后科研流动站。

学院现有教职工 108 人，其中教授 30 人、副教授 30 人、高级实验师 7 人。拥有“泰山学者攀登计划”获得者 1 人、“泰山学者”2 人、“国务院特殊津贴专家”4 人、“山东省有突出贡献的中青年专家”7 人。著名材料科学家、中国科学院院士薛其坤教授任名誉院长。学院在校本科生 2200 余人，全日制研究生 200 余人，非全日制工程硕士研究生 100 余人。

二、历史沿革

济南大学材料科学与工程学院组建于 2002 年 6 月，是在原山东建筑材料工业学院材料系基础上发展起来的。在专业建设方面，其办学历史渊源可追溯至 1948 年，当时的专业主要是材料、采矿和窑炉等专业。1978 年后开始招收无机材料工程等专业大学本科学生，现已建设与发展成为材料科学与工程、复合材料工程和材料物理本科专业。

历任主要领导

姓　名	职　务	任职时间
侯文萍	院党委书记	1992.4～2002.3
郑少华	院长	
郑少华	院党委书记	2002.4～2012.3
郑少华	院长	
芦令超	院党委书记、院长	2012.4～2013.4

续表

姓　名	职　务	任职时间
芦令超	院党委书记	2013.4 至今
杨　萍	院长	
薛其坤	名誉院长	

三、主要成绩

近5年，材料科学与工程学院承担国家级科研项目83项；科研经费7670万元；获国家技术发明二等奖1项、省部级科技奖励16项；获国家发明专利105项，有400余篇论文被SCI、EI收录。为材料领域的人才培养、科技创新和社会服务做出了重要贡献。

四、本单位大事记

(一)2011年

1. 材料学科被批准为山东省"十二五"期间特色建设重点学科，无机功能材料实验室被批准为山东省重点实验室，并通过了建设任务书论证。
2. 举办第一届先进材料国际学术会议。

(二)2012年

1. 材料科学与工程专业入选山东省应用型名校建设工程，与曲阜中联水泥有限公司组建的工程实践教育中心入选山东省工程实践教育中心。
2. 通过工程中心及建设项目验收。完成先进建筑材料教育部工程研究中心、山东水泥工程技术研究中心和"中央财政支持地方高校发展专项资金——材料学省级重点学科建设"项目的建设任务，并通过验收。
3. 举办了首届济南大学"泰山学术论坛(先进材料专题)"。

(三)2013年

1. 获批材料科学与工程一级学科博士学位授予权。
2. 组织承办了2013年山东硅酸盐学会理事长会议。
3. 组织承办了"泰山学术论坛(先进催化材料专题)""2013齐鲁研究生学术论坛(材料科学与工程分论坛)"。

(四)2014年

1. 获批材料科学与工程一级学科博士后科研流动站。
2. 开始招收博士研究生。

3.组织承办了第一届全国高校无机非金属材料基础知识大赛，56 所高校 84 支代表队共 360 余人参加。承办了无机非金属材料教学指导分委员会 2014 年年会。参与组织了“泰山学术论坛(环境与能源材料专题)”。

五、对行业发展的贡献

材料科学与工程学院的硅酸盐材料是原国家建材局“八五”部级重点学科，其中，材料学是山东省“十五”“十一五”强化建设和“十二五”特色重点学科，建有先进建筑材料教育部工程研究中心等 10 个省部级科研和工程平台，正逐步成为国家建材行业的人才培养和科学研究基地。

1.在传统材料方面的贡献

在传统材料方面，学院始终以“保持建材特色，服务行业进步”为理念。针对传统水泥早期强度偏低、干缩开裂、耐蚀性差且资源能源消耗大的问题，学院开展了有重要影响的工作。在新型与特种水泥关键制备技术方面，发现了高胶凝性硫铝酸钡(锶)钙矿物及其构效关系，解决了其与硅酸盐矿物同一温度下烧成的技术关键，制备了防腐抗渗和快硬早强性能优异的新型水泥，大量应用于各种跨海大桥等重要建设工程，经济和社会效益显著，建立了具有我国自主知识产权的硫铝酸钡(锶)钙水泥科学技术体系。在油井水泥、磷酸盐水泥等方面也开展了有意义的工作。在水泥基复合材料方面，将特种水泥与性能调节组分复合，解决了新旧混凝土界面结合强度低的难题，制备了快硬早强性能突出的新型水泥基系列防腐抗渗材料，大量用于沿海工程的防护加固和快速修复；将特种水泥与压电功能体复合，通过组成与结构设计，制备了系列水泥基压电复合材料及传感器件，解决了智能材料与混凝土结构材料相容性差的难题，应用于多座桥梁等重要工程的健康监测。在水泥基墙体材料方面，以材料复合原理和制备技术为重点，通过调控水泥和石膏的水化机制及纤维“微刻蚀”技术，改善了墙体材料基体与纤维的界面结构。研发了系列水泥和石膏基轻质隔墙板、防火保温板、泡沫水泥板等多种功能墙体材料，并大量利用粉煤灰和脱硫石膏等工业废渣，在多家企业生产和推广应用。

2.促进了新材料产业的快速发展

学院注重发展新型材料，促进产业提升。在电子材料方向重点围绕无铅铁电压电薄膜和半导体薄膜等方面开展研究，在薄膜取向、缺陷及铁电畴结构调控等方面取得显著进展。在有色金属材料方向研究了熔体物性和凝固组织的演变及遗传效应，结合熔体处理技术研制了多种高性能有色合金。在无机纳米材料方向研究了多种核壳纳米晶的调控机制，解决了包覆量子点的纳米 SiO_2 球与生物分子链接的非特别键合难题，并应用于免疫学检测等方面；在新能源材料与技术方向，研究了氧化物及异质结构的能量转换，获得了发光二极管和太阳能电池等原型器件。

六、杰出人才介绍

程　新

“泰山学者攀登计划”人选。工学博士，博士生导师，济南大学校长。主要从事硫铝酸钡钙水泥和水泥基复合材料等方面的研究，初步建立了拥有我国自主知识产权的含钡硫铝酸盐水泥科学技术体系。围绕该领域发表学术论文100余篇，其中被SCI、EI收录40余篇。获得了近10项国家发明专利，并先后获得“国家科技支撑计划”、国家“863计划”“973计划”、国家自然科学基金等科技计划项目支持。获得国家技术发明奖二等奖1项，山东省技术发明奖一等奖1项，山东省科技进步一等奖、二等奖、三等奖各1项，国家建材行业科技进步二等奖1项等。1998年被评为“全国优秀教师”，2000年获得国务院颁发的政府特殊津贴，2003年获“省级先进工作者”称号，2004年被评为“山东省有突出贡献的中青年专家”。现为教育部高等学校无机非金属材料工程专业教学指导分委员会委员、中国复合材料学会常务理事、中国建筑材料联合会常务理事、山东复合材料学会理事长、山东硅酸盐学会副理事长等。

杨　萍

“泰山学者”特聘教授、“泰山学者”海外特聘专家，工学博士，博士生导师。主要从事各种纳米材料方面的研究，参与及主持多项国家“863”“973”及国家自然科学基金项目；国外工作期间，参与及主持多项重要研发项目，发表SCI论文150余篇，获20余项中国、日本、美国等国家发明专利授权。

曹丙强

“泰山学者”海外特聘专家，理学博士，博士生导师。2011年入选教育部“新世纪优秀人才支持计划”，曾获国际材联青年科学家优秀论文奖、中国科学院院长奖、山东省五四青年奖章、山东留学回国人员创业奖。2012年获山东省自然科学杰出青年基金。主要从事无机半导体材料光电(转换)性能研究。现主持国家自然科学基金等省部级项目7项。出版英文专著5本，发表SCI论文60余篇，他引1500余次，H指数23。

2013 年泰山学术论坛

2014 年第一届全国高校无机非金属材料基础知识竞赛

（撰稿人：杨进林）

山东建筑大学材料科学与工程学院

一、简　介

山东建筑大学材料科学与工程学院现有材料科学与工程、材料成型与控制工程和焊接技术与工程3个本科专业，其中“材料科学与工程”为山东省特色专业。学院设有“材料科学与工程”一级学科硕士点（含材料物理与化学、材料学和材料加工工程3个二级学科）和“材料工程”专业硕士点。学院拥有“材料加工工程”山东省重点学科、“材料科学与工程”山东省实验教学示范中心、山东省铸造清洁生产工程技术研究中心，设有材料科学研究所、焊接技术研究所2个研究机构。

材料科学与工程实验教学示范中心总面积4540平方米，下设9个功能实验室，包括31个小室。仪器设备总值3000余万元。

目前，学院现有教职工59人，其中教授14人、副教授20人，兼职博士生导师3人，硕士生导师26人，教师中50%具有博士学位，47%具有硕士学位。师资队伍中有教育部教学指导委员会学科组成员1人，国家“百千万人才工程”（第一、二层次）人选1人，“全国优秀教师”2人，享受国务院特殊津贴3人，“山东省劳动模范”1人，“山东省有突出贡献的中青年专家”4人，山东省高校“十大优秀教师”1人，山东省“十佳师德标兵”1人，“山东省高校教学管理先进工作者”2人，山东省省级教学名师1人，山东建筑大学教学名师2人。另有“泰山学者”海外特聘教授2人，形成了一支以中青年教师为骨干力量的高水平教学科研队伍。

二、历史沿革

山东建筑大学材料科学与工程学院（以下简称“材料学院”）原为山东省机械工业学校热加工学科。1998年10月与山东建筑工程学院合并，定名为“材料科学与工程系”。2006年改名为“材料科学与工程学院”。

在专业建设方面，合校之初的专业有金属材料工程及材料加工工程2个专业。其中金属材料工程专业历史可追溯到1988年，山东机械工业学校成立了全国第一个以表面工程方向为主的专业，其中包括电镀和涂装专业，在与山东建筑大学合校后，于1998年与热加工类专业整合成立金属材料工程专业。自2000年以来先后增设了材料成型及控制工程、材料科学与工程2个本科专业。2013年获批成立新的专业——焊接技术与工程，并于2014年开始招生。2004年开始招收研究生。现已建设与发展成为材料科学与工程、材料成型与控制工程和焊接技术与工程3个本科专业及材料学、材料加工工程、材料物理化学3个普通硕士专业和材料工程1个工程硕士专业。

历任主要领导

姓　名	职　务	任职时间
王国凡	党总支书记	1998.10～2004.3
孙清洲	院长	
王国凡	党总支书记	2004.4～2008.3
孙清洲	院长	
孙清洲	党总支书记	2008.4～2012.3
许　斌	院长	
孙清洲	党总支书记	2012.4至今
许　斌	院长	

三、主要成绩

近年来，材料科学与工程学院承担国家自然科学基金项目9项、教育部项目2项、其他省部级项目50多项，科研经费3000余万元；学院获得含国家科技进步二等奖、教育部技术发明一等奖、教育部提名国家科技进步二等奖以及山东省教学成果一等奖、山东省科技进步二等奖在内的研究成果奖50余项。发表学术论文350余篇，其中260余篇被SCI或EI收录。授权发明专利40多项，为材料领域的人才培养、科技创新和社会服务做出了较大的贡献。

四、本单位大事记

(一)2008年

1.《材料科学基础》与《工程材料及其成形基础》被评为“校级精品课程”。

2.材料科学与工程专业被评为“校级品牌特色专业”。

3.获得国家级“十一五”规划教研课题子项目立项。

4.“材料学”学科被确定为校级重点学科。

5.与机电学院联合共建的机械基础实验教学中心被评为“省级实验教学示范中心”。

(二)2009年

1. 张元彬教授作为负责人的《材料科学基础》获得"校级精品课程"称号。

2. 许斌教授负责的《工程材料及其成形基础》系列课程改革获得省级教学成果二等奖。

3. 材料科学与工程实验教学中心被评为"学校实验教学示范中心"。

(三)2010年

1. 许斌教授作为负责人的《工程材料及成形基础》获批为"省级精品课程"。

2. 荆海鸥教授作为负责人的《传输原理》获批为"校级精品课程"。

3. "材料科学与工程"校级实验教学示范中心获批。

(四)2011年

1. 材料科学与工程专业获批"山东省特色专业"。

2. 获批材料科学与工程一级学科硕士点。

3. 材料加工工程获得"十二五"山东省重点学科。

4. "材料科学与工程"山东省实验教学示范中心获得批准。

5. 山东省铸造清洁生产工程技术研究中心成立。

(五)2012年

1. 与菏泽鲁润建材综合开发有限公司签订校企合作协议,并举行了研究生科研实践基地揭牌仪式。

2. 材料学科被批准为"山东省'十二五'期间特色建设重点学科"。

(六)2013年

材料成型与控制工程入选教育部卓越工程师教育培养计划本科专业(第三批)。

(七)2014年

"金属液态成型技术课程群"获批"山东省级精品课程群"。

五、对行业发展的贡献

(一)材料塑性加工工艺及相关力学问题

主要从事"计算结构力学与计算机辅助设计""工程结构优化设计理论与方法""金属塑性加工新工艺及工艺工装设备"等领域研究。其中"等壁厚弯管塑性成形理论及工艺工装设备"科研成果在国家重点建设项目"三十万吨乙烯工程""十万吨高碳醇工程"和"西气东输工程"中推广应用后,取得了较好的社会效益和经济效益。

(二)材料表面工程

在金属材料、无机非金属材料表面工程理论的研究上取得了创新性成果，其中“钢铁铸件表面粒子增强复合材料研究”项目，采用涂覆铸造技术生产表面粒子增强耐磨复合材料，解决了 WC 颗粒易脱落的关键技术问题。在应用技术方面创经济效益已达 1360 万元。

(三)先进陶瓷材料

以环保型铁电材料体系为研究对象，对四层铋层状钙钛矿结构铁电功能材料进行了创新性的系统研究，在铁电存储方面有很高的应用价值。

(四)砂型铸造再生工艺及设备

在铸造旧砂利用方面，发明了黏土旧砂、树脂旧砂、碱性酚醛自硬树脂旧砂及水玻璃旧砂的再生工艺及设备。减少了旧砂的排放和新砂的用量，提高了铸造企业的经济效益和社会效益。

(五)球墨铸铁低载荷零件开发研究

采用控制冷却-等温处理复合工艺来使球墨铸铁贝氏体化或托氏体化，不仅有益于提高球墨铸铁机械零件的综合力学性能和使用寿命，提高经济效益，而且还由于新工艺可以节约原材料和减少污染，具有较大的经济和社会效益。

(六)冲天炉新技术改造

在原有冲天炉的基础上，对其进行了结构改造，可节约 10%～40%的焦炭，提高冲天炉的热效率、炉内温度和炉渣的流动性，减少溶剂的用量、炉渣量以及炉渣带走的热量。此外，该设备还能降低单位熔化时间炉衬侵蚀量，可以将铸造粉尘喷吹到冲天炉中，有效煤粉充分燃烧，降低了焦炭烧耗，其他组分变成了炉渣，实现铸造粉尘零排放，降低生产成本。铁水出炉温度的提高，改变了冲天炉的熔炼环境，适当提高了炉渣的碱度，以便降低合金元素的烧损率，有利于化学成分和冲天炉熔炼的稳定以及铁水冶金质量的改善，不但能增加炉内的脱硫效果和铁水的纯净度，而且还能减少气孔、夹渣等铸造缺陷，提高铸件的成品率。

(七)废弃物的综合利用

利用固体废弃物赤泥、废弃混凝土及锆硅渣等废弃物生产新型高性能民用玻璃陶瓷、结构陶瓷材料。该方向解决先进陶瓷行业中能源的巨大消耗、环境污染以及对矿物资源的依赖等对社会与经济可持续发展带来的问题。

山东建筑大学材料科学与工程学院聘任海外"泰山学者"

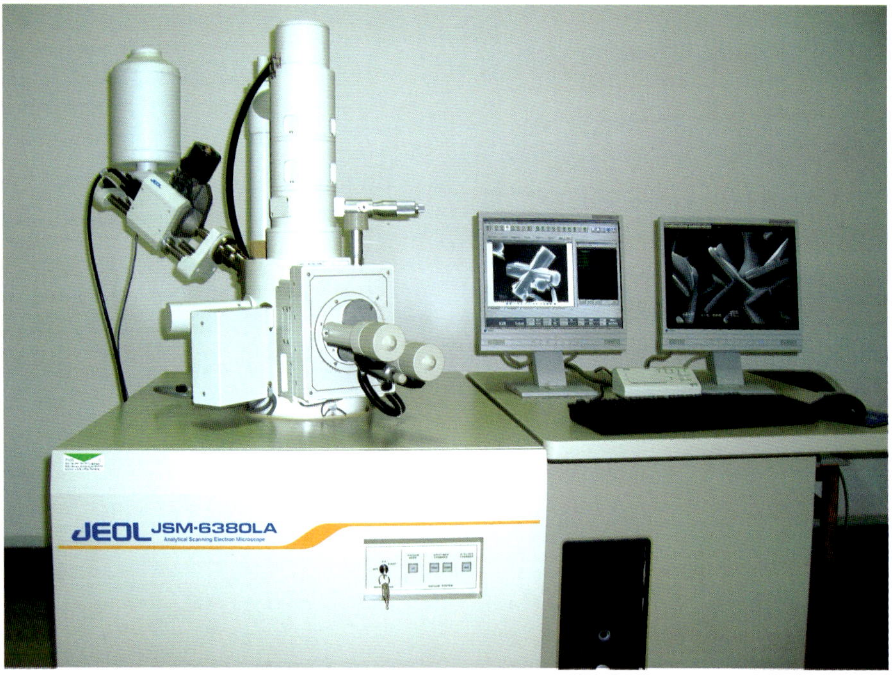

山东建筑大学材料科学与工程学院实验室一角

（撰稿人：许　斌）

齐鲁工业大学材料科学与工程学院

一、简　介

齐鲁工业大学原名“山东轻工业学院”，学校成立之初就成立了材料科学与工程学院，是本校办学历史最长的学院之一。现有无机非金属材料工程、材料化学与物理、高分子材料化学与物理和宝石材料工程4个本科专业，涵盖材料学、材料物理与化学2个二级学科，并具有材料科学与工程、材料化学与物理和高分子材料化学与物理硕士学位授予权，材料工程领域工程硕士学位授予权。学院设有各本科方向教研室、材料实验中心和4个新材料研究所（包括玻璃材料、陶瓷材料、纳米材料和高分子材料）。

目前，学院有教授15名、副教授21名，高级实验技术人员6人，高级职称教师占专任教师的55%以上。教师队伍中拥有“泰山学者”1名、“全国优秀教师”2名、“国务院特殊津贴专家”2名、省级教学名师3名、山东省高等学校学科带头人1名，并聘请了20余名国内外知名学者担任客座教授，形成了一支以中青年教师为骨干力量的高水平教学科研队伍。

二、历史沿革

齐鲁工业大学材料科学与工程学院（以下简称“材料学院”）组建于1981年6月，是在原山东轻工业学院材料系基础上发展起来的。在20世纪80年代初，当时的专业主要是玻璃和陶瓷2个专业。经过几十年的发展，现已建设成为无机非金属材料工程、材料化学与物理、高分子材料化学与物理和宝石材料工程4个本科专业。

历任主要领导

姓　名	职　务	任职时间
沈建兴	党总支书记	2001.10～2014.12
姚金水	院长	

续表

姓　名	职　务	任职时间
刘永德	党总支书记	2015.1 至今
沈建兴	院长	

三、主要成绩

实验室科研直接面向山东省玻璃、陶瓷材料及其相关复合材料等经济建设的主战场，为山东省相关材料行业的科技创新、人才培养等做出突出贡献。基础研究方面，近3年来发表学术论文200余篇，其中100余篇论文被SCI、EI收录。近3年的标志性成果包括：

(一)陶瓷成型用高分子模具材料

该项目的实施为陶瓷生产企业带来间接经济效益5亿多元，而且解决了大量废弃石膏的堆积问题，具有明显的经济效益和社会效益。该成果获得了2010年度山东省科技进步一等奖。

(二)预灌封注射器关键集成技术应用研究与产业化开发

该产品经国内外用户批量使用，完全满足国内生物医药厂家包装要求，目前已累计实现销售收入3.43亿元，新增利税14819.65万元，出口创汇1252万美元，实现增收节支总额8964.82万元，产品已批量出口到印度、巴基斯坦等国家和地区。该成果获得了2012年度山东省科技进步二等奖。

(三)高性能新型复合陶瓷工模具设计制造技术及应用

本项目获得授权国家发明专利2项，实用新型专利2项。研究成果已经在多家工模具生产与应用企业得到了成功应用，解决了多项工程技术难题，累计新增产值1.49亿元，新增利税4236万元，节支总额2671万元，取得了显著的经济效益和社会效益。同时，该成果获得2011年度山东省科技进步二等奖。

四、本单位大事记

2010年，无机非金属材料工程专业被批准为国家一级特色专业。同年，举办了“首届玻璃与陶瓷材料泰山学术论坛”。

2011年，山东硅酸盐学会玻璃分会成立大会在我校召开，我院沈建兴教授当选为第一届会长。同年，举办了“第二届玻璃与陶瓷材料泰山学术论坛”。

2012年，无机非金属材料工程专业入选山东省应用型名校建设工程。无机非金属材料工程实验室入选山东省工程实践教育中心。

2013 年，召开特色名校建设工程重点专业方案论证会。材料学院 1979 级陶瓷专业知名校友返校，并向母校捐赠泰山石。

2014 年，“无机非金属材料专业课程群”获批“山东省级精品课程群”。同年，与河北沙河的德金玻璃公司、鑫利玻璃公司和迎新集体浮法玻璃有限公司签订校企合作协议，并举行了产学研实践基地揭牌仪式。

五、对行业发展的贡献

我院刘树江教授通过系统研究磷硅酸盐玻璃熔体的流变和热力学性能，成功解决了该系统玻璃熔体冷却过程中自结晶温度过高的问题，进而实现了“无氟”化乳浊玻璃的工业化制造。该项目已在玻璃企业获得推广，在产品成本、环境保护以及应用领域等方面都对本行业的发展起到了积极的推动作用。

六、杰出人才简介

岳远征

丹麦奥尔堡大学终身教授、非晶材料研究中心主任，主要从事玻璃及其相关材料的基础研究工作，是国际知名玻璃材料专家。现为美国陶瓷学会、德国玻璃技术协会、北欧玻璃技术协会、丹麦陶瓷协会、丹麦中子散射协会会员。共发表 200 多篇学术论文，出席了 100 多次国际会议报告，其中 58 次大会和特邀报告，现担任 15 个国际杂志审稿人。岳教授于 2009 年 4 月受聘我校玻璃与陶瓷材料“泰山学者”特聘教授，并组建了“泰山学者”岗位学术团队。

齐鲁工业大学正门

齐鲁工业大学材料学院教学楼

（撰稿人：刘树江）

青岛科技大学材料科学与工程学院

一、简　介

青岛科技大学材料科学与工程学院，现有材料科学与工程博士后流动站，材料科学与工程一级学科博士学位授予点，材料学、材料加工工程、材料物理与化学二级学科博士学位授予点，材料物理与化学、材料学、材料加工工程、工业催化、无机化学、材料工程 6 个硕士学位授予点，以及材料物理、材料化学、无机非金属材料工程、金属材料工程和新能源材料与器件 5 个本科专业。以学院为依托，先后建立了山东省纳米材料工程技术研究中心(1994 年)、山东省纳米材料工程技术重点实验室(1997 年，2001 年，2006 年)、青岛市纳米材料行业中心(2000 年)、青岛市纳米技术重点实验室(2001 年)、全国纳米行业检测中心(2004 年)等平台。学院建有材料测试中心、实验中心，仪器设备总值 3000 余万元。

学院现有教职工 70 人，其中 33 人具有正、副教授等高级专业技术职务，院士 1 人(中国工程院院士雷清泉先生)，“泰山学者”特聘教授 1 人，“泰山学者”海外特聘专家 2 人，博士生导师 9 人，硕士生导师 33 人，具有博士学位人员 45 人，省部级中青年专家和专业技术人才 4 人，有 3 人享受国务院津贴。在校本科生 1100 余人，硕士研究生 100 余人，博士研究生 15 人，在站博士后 3 人。学院设有“纳米奖学金”、企业奖助学金等对学生进行奖励及补助，鼓励学生德、智、体全面发展。

二、历史沿革

青岛科技大学材料科学与工程学院成立于 2006 年 3 月，是在青岛科技大学纳米材料研究所(成立于 1989 年)的基础上经过 20 多年发展起来的。学院前身为青岛化工学院材料科学技术系(成立于 1996 年)和青岛科技大学材料与环境科学学院(成立于 2001 年)。

历任主要领导

姓　名	职　务	任职时间
田黎明	党总支书记	1996～2001
王培山	党总支书记	2002～2007
刘同刚	党总支书记	2008～2013
王培山	党总支书记	2014 至今
张志焜	院长	1996～2003
杜芳林	副院长，主持工作	2003～2005
陈克正	院长	2006～2010
雷清泉	院长	2011 至今
杜芳林	常务副院长	

三、主要成绩

自 2010 年以来，学院新上国家自然科学基金面上项目 22 项，青年基金项目 8 项，与天津大学联合申报获得国家自然科学基金重点项目 1 项(项目负责人:张宝泉教授)，获得资助总额达 1727 万元。获批科技部国际科技合作专项项目 1 项，立项经费 780 万元。新上山东省自然科学杰出青年基金 1 项(董立峰)，教育部博士点基金 4 项(博导类)，国家海洋局海洋公益性行业科研专项经费项目子课题 1 项，山东省自然科学基金重点项目 1 项，山东省自然科学基金 14 项，山东省优秀中青年科学家科研奖励基金 6 项，中国博士后科学基金特别资助项目 1 项，青岛市及教育厅项目 36 项。纵向科研经费达 3480 万元。承担国家重点实验室及企业研发项目 33 项，到款金额 993 万元。2010 年至今，科研经费达 4000 余万元。

发表研究论文 489 篇，其中 SCI、EI 收录论文 260 余篇，影响因子在 3.0 以上的高水平论文 50 余篇。申请国家发明专利 60 余项，获得发明专利授权 34 项。研究成果获得山东省自然科学奖二等奖 1 项、三等奖 1 项，中国石油和化学工业联合会科学技术奖二等奖 1 项、三等奖 4 项，青岛市自然科学奖二等奖 2 项、三等奖 1 项，山东高等学校优秀科研成果奖一等奖 4 项、二等奖 3 项、三等奖 4 项；山东省优秀博士学位论文 3 篇、优秀硕士论文 4 篇。

四、本单位大事记

2002 年，经校党委常委会研究同意，材料科学技术系更名为“材料与环境科学学院”。

2004 年，材料学博士点所涵盖的材料物理、环境科学、无机非金属材料专业首次纳入本科重点院校批次录取，即本科一批录取。

2006 年，经校党委常委会研究决定，材料与环境科学学院更名为“材料科学与工程学院”，含材料物理、材料化学、金属材料工程、无机非金属材料工程 4 个专业和相应的硕士点和重点学科、重点实验室。

2007年，人事部、全国博士后管委会（国人部发〔2007〕110号）批准，材料科学与工程学院设博士后科研流动站。

2010年，中国工程院院士雷清泉教授正式受聘为青岛科技大学教授、博士生导师、校学术委员会主任、材料科学与工程学院院长。

2011年，青岛海铁玻璃钢船艇有限公司捐资在学院设立海铁科技奖助学金，用于奖励优秀学生和优秀贫困学生。

2012年，青岛科技大学准予设立材料学院“纳米”基金项目。莆田商会捐助40000元现金作为学院“纳米”基金原始基金，并以此设立材料学院“莆田”奖助学金。

2013年，青岛科技大学—中国科学院青岛生物能源与过程研究所教育科研联合基地正式签约，材料科学与工程学院为该基地建设单位。青岛科技大学材料学院、美国TTK科技集团公司、青岛华泰精密陶瓷科技有限公司联合共建的青岛精密陶瓷研究所签约仪式举行。

2014年，材料学院与青岛正望钢水控制股份有限公司签署“正望创新基金”合作协议。基金总额度10万元人民币，主要用于大学生科技创新立项。“新能源材料探索与研究论坛”成功举办。论坛由材料学院主办，“泰山学者”海外特聘专家董立峰教授主持。

五、对行业发展的贡献

学院自1989年开始纳米材料的物理法制备及结构性能研究，已在纳米材料制备、纳米碳纤维、纳米金属催化剂等领域形成特色。主要工作包括：自行设计、研制出国内第一台氢电弧等离子体法纳米材料制备设备，可制备多种纳米金属及合金粉体，产品粒径分布窄、分散性好；用纳米金属粒子作催化剂制备出新型手征导电螺旋碳纤维，可在较宽范围内吸收电磁波，军事上已用于地面装备的隐身材料；通过产学研相结合，已成功开发出系列纳米抗菌产品（抗菌除臭巾被、抗菌多功能塑料、抗菌自清洁涂料）。

六、杰出人才简介

雷清泉

雷清泉，男，绝缘技术专家。1962年毕业于西安交通大学，现任青岛科技大学、哈尔滨理工大学教授、博士生导师，高电压与绝缘技术国家级重点学科带头人，中国电工技术学会工程电介质专业委员会终身荣誉主任。获国家技术发明奖二等奖1项及发明专利1项（2001年），省部级科技进步奖一、二等奖各1项（1998年，2002年），黑龙江自然科学一等奖1项（2010年）。发表论文200余篇，其中被SCI、EI收录100余篇次，出版专译著6部。主持国家自然科学基金重点项目、“973计划”课题等重大研究项目多项。另外，还荣获2001年“全国模范教师”、2002年“黑龙江省特等劳动模范”、2003年“黑龙江省优秀共产党员”、2009年60位新中国成立以来“感动龙江英才”等多项荣誉称号。2003年当选为中国工程院院士。

张宝泉

张宝泉，男，博士，教授，博士生导师。1994年9月毕业于天津大学多相催化专业，获工学博士学位；1997年1月至1998年6月，在英国Surrey大学化工系做博士后。1986年6月至今在天津大学化工学院任教，2008年被评为“泰山学者”，设岗于青岛科技大学材料科学与工程学院。近年来，作为项目负责人承担了国家自然科学基金4项、天津市重点基金1项和多项企业合作开发项目。发表学术论文80余篇，其中70余篇被SCI或EI收录，研究论文被引用400余次。申请国家发明专利4项，授权1项。

董立峰

董立峰，男，博士，教授，博士生导师。2005年8月毕业于美国波特兰州立大学物理专业，获理学博士学位。2005年8月至2006年8月在美国英特尔公司和美国波特兰州立大学做博士后，2006年8月至2011年5月在美国密苏里州立大学物理、天文和材料科学系工作，2009年被聘为“泰山学者”海外特聘专家，设岗于青岛科技大学材料科学与工程学院。在美国学习和工作期间，先后参与和承担科研项目12项，其中国家级项目7项。发表SCI/EI论文120余篇，已获美国国家专利2项，中国发明专利6项，实用新型专利1项。获国家技术发明二等奖、国防科学技术进步二等奖、中国石油和化学工业联合会科学技术奖科技进步三等奖、山东高等学校优秀科研成果一等奖等多项奖励。主持科技部国际科技合作项目，国家自然科学基金山东省自然科学杰出青年基金、高等学校博士学科点专项科研基金及国家重点实验室基金等多项。

于伟泳

于伟泳，男，博士，教授，博士生导师，“国家杰出青年”“洪堡学者”。1997年中国科学院化学研究所博士毕业。曾任美国伍斯特理工学院助理教授、汉普顿大学研究副教授、莱斯大学环境和生物纳米技术中心研究科学家。2011年被聘为“泰山学者”海外特聘专家，设岗于青岛科技大学材料科学与工程学院。已发表80余篇SCI文章，SCI他引大于4500次，H指数为33。获授权中国专利2项，美国专利3项。2000年获得中国科学院自然科学一等奖，2002年获得国家自然科学二等奖。目前在研项目有国家面上基金、山东省重点基金等4项。

陈克正

陈克正，男，博士，教授，博士生导师，被评为山东省高校“十大优秀教师”、省级教学名师、“山东省高校重点学科（实验室、人文社科基地）首席专家”。1998年获大连理工大学材料学工学博士学位，2002年获得美国中佛罗里达大学物理系博士后研究员。获国家技术发明二等奖、国防科学技术进步二等奖、山东省科技进步二等奖、山东省自然科学优秀论文一等奖、山东省教学成果三等奖、青岛市青年科技奖、青岛市自然科学奖二等奖等多项奖励。发表研究论文50余篇，获发明专利13项，已申报美国专利1项。主持和参与国家“八五”重点攻关项目、国家自然科学基金项目、山东省科委重点项目、山东省自然科学基金项目、美国国家自然科学基金项目等多项研究工作。

青岛科技大学材料物理教研室获得荣誉称号

青岛科技大学材料学院楼

（撰稿人：董洪周）

青岛理工大学材料科学与工程专业

一、简　介

青岛理工大学材料科学与工程专业正式成立于2003年，隶属于土木工程学院。

材料科学与工程学科现有教师25名，其中教授8名(博士生导师5名)、副教授7名。教师中具有博士学位的20名，占专任教师总数的80%；教师中有“国务院特殊津贴专家”2名、“国防科技工业有突出贡献的中青年专家”1名、山东省教学名师1名、“山东省优秀青年知识分子”1名、青岛市“专业技术拔尖人才”2名。外聘俄罗斯科学院院士、建筑材料和结构物测试与研究实验室国际学会主席Wittmann教授和日本工学院大学教授嵩英雄为客座教授。目前在校本科生290余名，于2007年开始招收硕士研究生。

本学科现设有材料科学与工程教研室、功能材料研究所、土木工程材料实验室和材料科学与工程实验室，是教育部海洋环境混凝土技术工程研究中心、山东省混凝土结构耐久性工程技术中心、山东省重点强化实验室——混凝土实验室、青岛市建筑材料行业技术中心的依托单位。材料科学与工程实验室和建筑材料实验室面积2400平方米，设备总值1000多万元。本科专业下设无机非金属材料、高分子材料2个专业方向。

二、历史沿革

在专业建设方面，学科成立初期以土木工程专业为基础形成了以无机非金属材料为主要专业方向的材料科学与工程专业，随着学科的发展和科研教学力量的日渐雄厚，又根据自身特色和社会需求进行结构调整，增加了高分子材料专业方向。

2004～2006年　学科带头人：吕　平　金祖权

2006年至今　学科带头人：吕　平

三、主要成绩

自本学科建立以来，已获得国家发明奖1项、国家科技进步奖1项、省部级科技成果奖14项；自2003年以来，在国内外学术刊物发表论文近500篇，出版专著、教材近10部；获得国家专利10余项；曾承担国家自然科学基金重点项目《海底隧道工程劣化机理与防护技术研究》、国家军工“863”课题《环保型超长寿命防护材料研究》、国家“十一五”科技支撑计划重点课题《建筑垃圾再生产品的研制开发》等重大项目，形成了相对稳定的研究方向，多项研究成果在青岛海底隧道、青岛跨海大桥、北京奥运场馆等重点工程中得到推广应用。

四、本单位大事记

2004 年，开始招收材料科学与工程专业大学本科学生。
2006 年，获得材料学二级学科硕士授予权。
2009 年，组织了中国聚脲发展协会(PDA-CHINA)工作会议。
2010 年，获得材料科学与工程一级学科硕士学位授予权。
2012 年，教育部海洋环境混凝土技术工程研究中心建设项目通过验收。
2014 年，材料科学与工程专业分为无机非金属材料、高分子材料 2 个专业方向。

五、对行业发展的贡献

在建筑结构与功能材料方面，学科从耐久性影响机制、高性能混凝土制备、混凝土的在役修复、海工混凝土的研究等方面开展了大量具有重要影响的工作。

在新型功能材料与技术方面，该学科围绕高性能防护材料，展开了防腐、耐磨、超长寿命防护涂层等一系列研究，形成了基础设施超长寿命防护新材料及关键技术、建筑保温防水防护一体化新材料及技术集成应用、海水淡化设施防护用高性能材料及关键应用技术、混凝土在役快速修复新技术等一系列技术研究成果。

在高强与高性能混凝土、混凝土耐久性、高性能防护材料、渗透型涂料、新型节能环保建筑材料、建筑智能材料等方面形成了自己的研究特色和技术优势，向工程材料行业输送了大批人才，为社会的发展和国家的需求贡献了一份力量。

六、杰出人才简介

赵铁军

工学博士，教授，博导，青岛理工大学副校长。从事混凝土材料与性能研究。主持国家自然科学基金重点项目、国家“十一五”科技支撑计划重点项目子课题、国家自然科学基金面上项目以及教育部博士点基金项目、国家外专局国际合作项目等 20 余项科研项目。出版专著 4 部，主持编制我国首部《山东省混凝土结构耐久性设计规程》，发表论文 130 余篇。获“山东省首届优秀研究生指导教师”“青岛市专业技术拔尖人才”等称号。

Folker Helfrid Wittmann

博士，俄罗斯国家科学院院士，青岛理工大学特聘教授，每年来青工作 3 个月以上。从事建筑材料学、水泥基材料物理力学性能研究。曾任混凝土断裂力学与混凝土结构国际学会、核反应器技术中的结构力学国际学会、建筑物维护和古建筑保护科学技术国际学会及建筑材料和结构物测试与研究实验室国际学会等多个国际知名学会主席。发表论文300余篇，半数以上被SCI、EI、ISTP收录。出版著作30余部。曾获齐鲁友谊奖、中国政府友谊奖、国际科技合作奖。

黄微波

工学博士，教授，博导，青岛理工大学功能材料研究所所长。长期从事特种功能材料、新型高分子材料研究。主持完成国家自然科学基金项目等国家级项目16项、省部级项目20项。荣获国家发明三等奖、国家科技进步三等奖、国家"七五"攻关重大成果奖、国家"八五"攻关重大成果奖、中国专利优秀奖各1项，并获得中国石油化工协会科技进步二等奖、化工部科技进步二等奖、解放军科技进步二等奖等省部级奖励多项。共发表论文160余篇，申请国家专利18项，出版专著6部。获"全国化工科技先进工作者""国防科技工业有突出贡献的中青年专家""山东省优秀青年知识分子"等称号。

李秋义

工学博士，教授，博导，现任山东省混凝土结构耐久性工程技术研究中心常务副主任、山东省混凝土重点实验室主任。主持国家自然科学基金面上项目、国家"十一五""十二五"科技支撑计划等国家、省、市级等项目12项。出版专著4部；主编国家标准《混凝土和砂浆用再生细骨料》《混凝土用再生粗骨料》，参编建筑工业行业工程标准《混凝土再生骨料应用技术规程》。获全国质量三等奖1项，山东省科技进步奖二等、三等奖各2项；获"山东省高校首席专家""山东省高校优秀科研创新团队带头人"等称号。

吕　平

工学博士，教授，硕导，青岛理工大学土木工程学院副院长，国家精品资源共享课程、国家精品课程和国家双语示范课程负责人，山东省级教学团队负责人。主持参与国家自然科学基金项目等国家级和省部级科研项目20余项。取得15项达到国际领先或国际先进水平的省部级以上研究成果。出版专著4部。获得省部级以上科研成果奖7项，公开发表学术论文120余篇。获"山东省有突出贡献的中青年专家""宝钢优秀教师""齐鲁巾帼发明家"等称号。

金祖权

工学博士，教授，博导，山东省混凝土结构耐久性工程技术中心副主任、青岛理工大学土木学院副院长。主要从事混凝土耐久性、高性能土木工程材料等领域的理论研究和实践应用。主持国家自然科学基金面上项目等项目多项。发表论文60余篇，SCI、EI和ISTP收录45篇，申请发明专利4项，出版专著1部。

工程防护材料户外老化曝晒试验场

青岛理工大学承办混凝土耐久性国际会议

（撰稿人：马衍轩）

烟台大学环境与材料工程学院

一、简　介

烟台大学环境与材料工程学院成立于2001年4月。经过10多年来的建设与发展，现已成为烟台大学的重点院系之一。

学院现有教职工68名，其中教授9名、副教授24名，高级实验师3名。“全国模范教师”及“山东省高等学校教学名师”1名。教师中具有博士学位者35名，占专任教师的68%。另有4位知名学者担任兼职或客座教授。学院在校学生2349名，其中硕士研究生36名。

学院设有环境科学与工程、材料科学与工程2个系。其中，材料科学与工程学科为烟台大学重点学科，室内环境实验室为烟台大学重点实验室。“十一五”期间，先后建成山东省高校环境材料重点实验室、山东省环境保护室内环境科学重点实验室、山东省高校骨干学科材料工程教学实验中心、山东省空气净化工程技术研究中心。与企业合作，分别建立了烟台大学蓝色经济研究院海洋环境与海洋新材料研究中心、室内环境检测治理研究中心、薄膜与涂层材料研究中心、耐热合金研究中心、环保仪器研究所、建材新技术研究所等校级科技开发基地以及“光电信息材料”“薄膜与器件”“清洁生产”“固废资源化”“清洁生产技术”“工业水处理”等院级科研机构。并拥有“材料检测”“清洁生产评估”资质证书。

二、历史沿革

1984年，经山东省人民政府批准建立山东省建材工业学校，隶属山东省建材工业局，是一所面向全省招生的全日制普通中专学校。2001年3月，经山东省人民政府批准，山东省建材工业学校并入烟台大学，以相关专业为基础，烟台大学组建环境与材料工程学院。

在专业建设方面：学院于2001年正式招收环境工程专科，2002年新增环境工程本科和材料科学与工程专科，2003年新增材料科学与工程本科，2007年增设金属材料工程本科专业,2012年学院再次调整专业设置,整合原有环境工程、环境科学2个本科专业为环境科学与工程专业,并新增环保设备与工程本科专业和材料科学与工程中外合作办学项目。

在学科建设方面:2003年获批材料学硕士学位授权点,2006年获批环境科学硕士学位授权点。2010年获批材料科学与工程一级学科硕士学位授权点。

历任主要领导

姓　名	职　务	任职时间
廉亚兴	院党委书记	2001.4～2002.9
陶维忠	院长	
廉亚兴	院党委书记	2002.9～2005.2
徐惠忠	院长	
徐惠忠	院长	2005.2～2012.10
滕雪玉	院党委书记	
柳瑞雪	院党委书记	2012.10～2013.8
徐惠忠	院长	
柳瑞雪	院党委书记	2013.9至今
姜付义	院长	

现任领导班子成员:

院党委书记:柳瑞雪

院长:姜付义

院党委副书记:李军

副院长:罗新正　杜　伟

三、主要成绩

近五年,学院共承担国家级科研项目8项,省部级科研项目近20项,其他各类各级项目10项;获国家发明专利8项,省部级科研奖励4项,有100余篇论文被SCI、EI收录。为材料、环境领域的人才培养、科技创新和社会服务做出了重要贡献。

四、本单位大事记

(一)2011年

1. 顺利完成山东省重点实验室和重点学科的验收工作。
2. 组建成立烟台大学蓝色经济研究院海洋环境与海洋新材料研究中心。

(二)2012年

金属材料工程专业获批“山东省名校建设工程特色专业”。

(三)2013年

1.金属材料工程专业成功入选山东省特色名校工程重点专业建设。
2.环保设备工程专业获中央财政项目支持。

(四)2014年

1.材料检测中心获得省质量技术监督局颁发的资质认证证书。
2.获批材料学专业基础课联合课程省级精品课课程群。
3.中外合作办学项目通过教育部评估。

五、对行业发展的贡献

学院在铁电薄膜材料、耐热合金材料、环境生态材料、室内空气净化材料及设备、环保仪器与设备、固废资源化技术等方面，形成了比较鲜明的特色与优势。

近年来，学院坚持“以科研服务地方”的办学理念，积极加强校地、校企合作，先后与山水水泥、信益陶瓷、斗山机械、大宇重工、东岳汽车、莱福士、鑫杰不锈钢等几十家大型企业集团建立了产、学、研方面的合作关系，学院教师与企业科研合作不断深入。

近几年来，毕业生的考研率一直保持在30%左右，初次就业率在80%以上，其中，材料类专业的初次就业率可达100%，并涌现出一批全国和全省优秀毕业生。众多优秀毕业生输送到以烟台、威海、青岛为中心的胶东制造业基地，为区域经济和材料制造业的建设发展做出了重大贡献。

烟台大学环境与材料工程学院

烟台大学校园远景

（撰稿人：李　军）

山东理工大学材料科学与工程学院

一、简　介

学院现设有4系1中心:无机非金属材料工程系、材料化学系、高分子材料与工程系、金属材料工程系以及材料科学与工程实验中心。具有材料科学与工程、材料化学、高分子材料与工程3个本科专业,材料科学与工程一级学科硕士点(含材料学、材料物理与化学、材料加工工程3个二级学科)以及材料工程专业硕士点。在校本科生1200余人,各类硕士生90余人。多年来,学院毕业生一次考研率达30%以上,一次就业率达90%以上。学院拥有一支结构合理、学术水平较高的师资队伍。现有教学科研人员80余人,其中博导8人,硕导43人,正高20人,副高36人,具有博士学位者38人。"国务院特殊津贴专家"2人,"教育部新世纪优秀人才支持计划"入选者1人。

学院具有较强的科研实力。近5年承担各类项目100余项,其中省部级以上39项,包括国家自然科学基金21项,国家"973项目"子课题2项。发表学术论文600余篇,其中SCI、EI检索收录300余篇。获得发明专利68项。获得科研奖励和教学奖励30余项,获得国家科技进步奖1项,省部级科技奖励9项。

二、历史沿革

山东理工大学材料科学与工程学院前身是山东建材学院分院材料工程系,2001年山东理工大学成立时,合并相关学科专业组建材料科学与工程学院。

历任主要领导

姓　名	职　务	任职时间
刘曙光	党总支书记	2003.1～2008.12
田贵山	院长	
刘曙光	党总支书记	2009.1～2013.12
王发刚	院长	

续表

姓　名	职　务	任职时间
褚兆勇	党总支书记	2014.1 至今
王发刚	院长	

三、本单位大事记

1999 年，材料工程系成立，材料科学与工程一级学科专业开始招收本科生。

2001 年，相关学科专业合并，组建材料科学与工程学院。

2002 年，山东省科技厅批准成立山东省陶瓷基复合材料工程研究中心。

2003 年，山东省科技厅批准成立山东工程技术研究院。

2005 年，山东省教育厅科技厅批准成立山东省先进复合材料重点实验室。山东省教育厅批准成立山东省数字化设计制造工程技术研究中心。

2006 年，国家科技部批准成立工业陶瓷国家工程技术研究中心。

2007 年，工业陶瓷国家工程技术研究中心挂牌，中心信息网络平台运营。承办山东省高等学校材料学科联谊会第四届年会。

2009 年，高分子材料与工程专业申报并获得批准。山东省陶瓷基复合材料工程技术研究中心通过了山东省科技厅组织的验收工作，获得"优秀"成绩。获得军工科研与生产三级保密资质。

2010 年，山东省"十一五"高校重点实验室——先进复合材料实验室终期评估验收，获得良好成绩。

2011 年，先进复合材料"十二五"山东省高校重点实验室获得立项建设。

2012 年，工程陶瓷制备技术国家地方联合工程研究中心得到国家发展与改革委员会批复，正式立项建设。

2013 年，材料科学与工程、材料化学、高分子材料与工程专业列入山东省本科一批招生。

2014 年，山东省陶瓷基复合材料工程技术中心通过了山东省科技厅组织的提质升级。

四、主要成绩

(一)先进陶瓷及陶瓷基复合材料

主持完成了"863"课题《洁净煤先进电厂高温气体净化用陶瓷过滤器》、省自然科学基金《氧钒磷酸盐分子筛制备及其模板驱除机理研究》、省科技攻关《高温煤气净化用陶瓷过滤器的研制》等研究工作。已完成《×××超高温陶瓷》及《×××工艺技术研究》等军工项目。

(二)先进金属材料及成型技术方向

研发的微锡高强韧性球墨铸铁,攻克了材料控性的三大共性关键技术以及两项产业化技术,首次提出了铁液共晶点控制理论与技术,建立了计算实际碳当量的数学模型,确定了铁液实际碳当量的计算方法,解决了球铁铸件易产生缩松的世界性难题,核心技术达到国际领先水平。完成的利用铁屑直接生产铸铁件技术,研究了熔炼还原的冶金热力学和动力学理论,优化了熔炼设备的结构参数和熔炼工艺参数,突破了长期困扰铸造界的技术瓶颈。研发了开关磁阻电动螺旋压力机和双辊薄带连铸工艺,促进了塑性加工技术的巨大变革,实现产业化。

(三)光电子材料与器件方向

光电子材料与器件在航空航天、国防高技术装备、信息产业等现代高技术中占有十分重要的地位。该方向重点开展了红外晶体材料、光纤激光器件及应用、强场激光动力学与X射线光谱学、透明导电膜与探测器件的研究。其中基于"非弹性X射线散射光谱中共振-非共振两散射通道之间的干涉效应"的研究工作成果发表在 *Physical Review Letters* 上。

(四)功能高分子材料方向

本方向重点开展了功能高分子纤维材料研究(获1997年国家科技进步二等奖),制备智能高分子纳米纤维和纳米电子器件的研制;染料敏化太阳能电池固体电解质的设计、合成;聚烯烃的高性能和功能化研究;超吸水膨胀材料和超疏水材料的研究。王发刚教授主持的《高强度浆体膨胀复合材料制备技术与充填性能研究》项目已通过了山东省教育厅组织的科技成果鉴定,在利用粉煤灰和矿山固体废弃物等形成浆体及易输送充填性能方面达到国际领先水平。超疏水功能高分子材料的研究,在国际著名杂志 *Soft Matter* 发表高水平论文1篇。连续纤维增强热塑性树脂浸渍带及管的研究和应用,在国内居领先水平。

山东理工大学材料学院

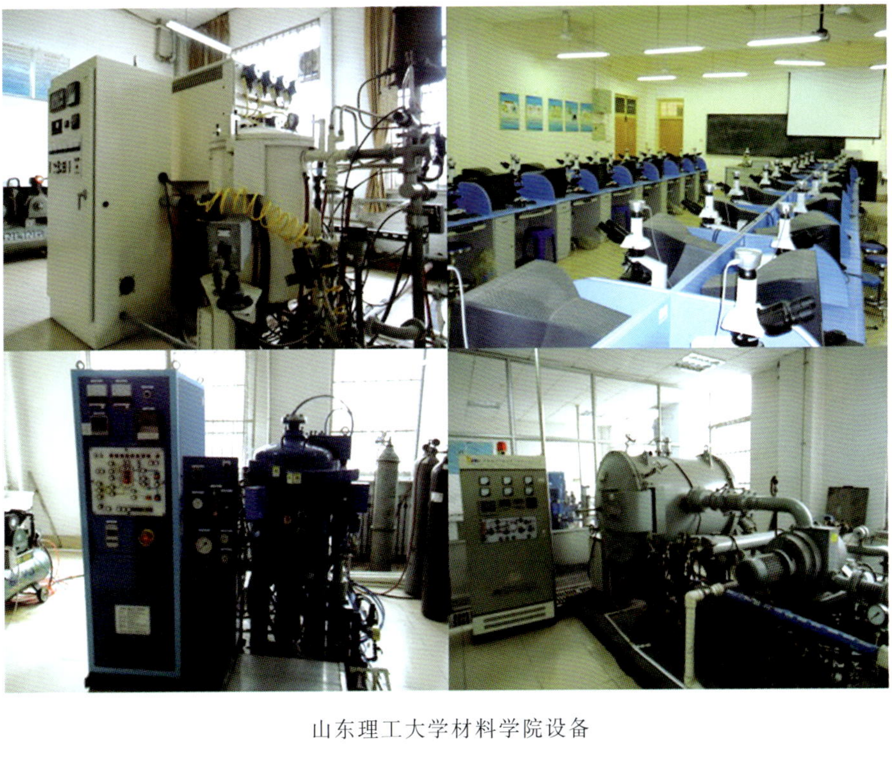

山东理工大学材料学院设备

（撰稿人：李　蛟）

鲁东大学化学与材料科学学院

一、简　介

鲁东大学化学与材料科学学院始建于1958年，原名“化学科”，1971年改称“化学系”，2003年正式更名为“化学与材料科学学院”。

学院设有3个本科专业：化学、高分子材料与工程、材料化学。一级学科化学和二级学科材料学、课程与教学论（化学）具有硕士学位授予权。此外，还拥有学科教学（化学）教育硕士专业学位授权点和工程硕士（材料工程领域）专业学位点。

学院现有教职工75人，其中教授12人、副教授18人，高级实验师7人；博士40人，在读博士1人，硕士23人。共有硕士生导师23人，兼职博士生导师1人。“国务院特殊津贴专家”2人，入选“教育部新世纪优秀人才支持计划”1人，“山东省有突出贡献的中青年专家”2人，山东省自然科学杰出青年基金获得者1人，中国青年颗粒学奖获得者1人，第九届山东省青年科技奖获得者1人，“全国优秀教育工作者”1人。现有全日制在校本科生1324人、研究生48人。

学院拥有山东省高等学校骨干学科化学教学实验中心，已建成基础化学实验室、综合化学实验室、专业实验室、创新研究实验室4类共121个实验室。

二、历史沿革

鲁东大学化学与材料科学学院源于1958年成立的莱阳师范专科学校化学科，是学最早设立的4个科之一，当年开始招收化学专业专科生，1963年后停止招生；1971年更名为“烟台师范专科学校化学系”，恢复招生；1984年更名为“烟台师范学院化学系”，在继续招收化学专业专科生的同时，开始招收化学专业本科生；2003年2月更名为“烟台师范学院化学与材料科学学院”；2004年、2005年分别开始招收高分子材料与工程、材料化学专业本科生；2006年更为现名。

历任主要领导

姓　名	职　务	任职时间
姬振铎	院党委书记	2003.2～2004.4
曲荣君	院长	
杜庆君	院党委书记	2004.10～2006.10
曲荣君	院长	
刘新海	院党委书记	2006.11～2009.9
曲荣君	院长	
王春华	院党委书记	2009.9～2012.7
刘军深	院长	
李家普	院党委书记	2012.12～2014.3
刘军深	院长	
李家普	院党委书记	2014.4 至今
陈　厚	院长	

三、主要成绩

近 5 年，化学与材料科学学院共承担国家级项目 25 项，省部级项目 43 项，厅局级课题 31 项，与企业合作课题 27 项，发表 SCI 论文 260 余篇，已授权专利 30 余项。

四、本单位大事记

2009 年，化学学科被评为国家级特色专业建设点。

2010 年，化学学科成为我校首批一级学科硕士学位授权点。承办了中国化学会“第 15 届反应性高分子学术讨论会”；承办了“第二届山东省大学生化学实验技能大赛暨山东省高等院校化学实验教学与实验室建设研讨会”。72 级校友王钦玲女士捐资 8 万元，设立了“钦玲奖助学金”。

2011 年，高分子材料与工程专业被评为“省级特色专业”；有机化学教学团队被评为“省级教学团队”；有机化学系列联合课程被评为“山东省高等学校精品课程群”。

2012 年，与烟台泰和新材集团有限公司联合成立鲁东大学—泰和新材先进高分子材料研究院。

2013 年，高分子材料与工程专业被列为“山东省名校工程建设项目”。

2014 年，承办了“山东省高等学校第十六届化学化工学院（系）院长（主任）会议”。获批工程硕士（材料工程领域）专业学位点。

五、对行业发展的贡献

学院在高分子功能材料、高分子材料成型加工技术、能源与环境材料、无机功能材料等研究领域方向鲜明、凝练，有较好的相互交叉和关联；理论研究与应用研究联系紧密，研究领域与地方经济支柱产业结合度高。另外，相关学科领域的学术骨干理论研究基础扎实，应用研究经验丰富，科研成果转化能力较强。2009 年，王春华教授主持完成的《新型羟烷基季铵盐类纤维添加剂的研制》项目已在氨纶生产线上批量试产，经济效益和社会效益显著。

学院坚持以服务促发展的服务理念，精心打造服务地方平台。积极整合学校和企业的优势资源，建立了协同创新联盟，将对烟威地区制造业实现转调发展、推动产业升级产生重要的促进作用。

六、杰出人才简介

曲荣君

男，博士，教授，硕士生导师，山东师范大学合作博士生导师，“国务院特殊津贴专家”“山东省有突出贡献的中青年专家”“全国优秀教育工作者”“山东省高等学校教学名师”。曾任化学与材料科学学院院长，现任鲁东大学副校长。主要从事功能高分子的结构设计、合成及吸附性能研究，聚合物/纳米复合材料的研究。发表学术论文 130 余篇，其中 SCI 收录 93 篇。主持完成国家“863 项目”子课题 1 项、国家自然科学基金 1 项，其他包括中国博士后科学基金、山东省自然科学基金等在内的各级各类项目 30 余项；授权国家发明专利 7 项；曾获得山东省自然科学二等奖 2 项、山东省科技进步三等奖 4 项。

陈　厚

男，中共党员，博士，教授，硕士生导师。现任鲁东大学化学与材料科学学院院长、山东高校高性能与功能高分子材料重点实验室主任、山东高校功能材料设计与合成创新团队负责人，是“山东省有突出贡献的中青年专家”和山东省杰出青年科学基金获得者。入选“教育部新世纪优秀人才支持计划”。主要从事高分子化学与物理领域研究。主持国家自然科学基金、山东省科技发展计划项目、山东省自然科学基金等省部级及以上项目 10 余项。发表 SCI 论文 85 篇。主编教材 2 部。授权中国发明专利 13 项。获山东省自然科学奖二等奖 2 项、三等奖 1 项，山东省科技进步奖三等奖 1 项，烟台市技术发明一等奖 1 项，山东高等学校优秀科研成果奖一等奖 1 项。

高善民

博士，教授，硕士生导师，“国务院特殊津贴专家”。鲁东大学教授委员会委员，中国材料研究学会、中国颗粒学会会员。主要从事半导体纳米光催化材料、锂离子电池材料、太阳能电池材料的制备、性能与应用研究。承担国家自然科学基金子课题项目1项、山东省科技攻关项目2项、山东省计委攻关项目1项、山东省中青年科学家科研奖励基金项目1项、山东省教育厅科研计划项目2项、山东省科技发展计划1项、山东省信息产业发展专项资金项目1项，参与国家重点基础研究发展计划（“973计划”）课题、霍英东优秀青年教师基金、国家自然科学基金重点基金各1项。发表论文95篇，申请国家发明专利13项。因在纳米导电涂层材料方面的突出贡献，被授予“中国颗粒学会青年颗粒学奖”“烟台市青年科技奖”等荣誉。

鲁东大学生化大楼（西门）

鲁东大学高低真空扫描电镜

（撰稿人：陶　倩　薛众鑫）

德州学院化学化工学院 材料化学系

一、简 介

德州学院化学化工学院是德州学院办学历史最长的学院之一。

材料化学本科专业于 2006 年设置，现有无机非金属材料、高分子材料 2 个专业方向。

2012 年材料化学专业被确定为德州学院首批综合改革试点专业，2014 年获批“德州学院卓越人才教育培养计划培育”项目，现建有 1 个省级精品课程群“材料化学实验系列课程”，2 个校级精品课程群“材料化学专业基础课系列课程”“实习实训系列课程”。同时依托“配位化学与功能材料”山东省高校重点实验室、德州学院清洁能源研究与技术推广中心、先进材料研究所、粉煤灰研究所、分析测试中心、微纳材料研究所、德州学院化学与化工实验中心等校研究所（中心）开展教学活动。

材料化学系现有专任教师 33 名，其中校级教学名师 3 名，校级教学骨干 3 名，青年教学骨干 1 名，德州学院学科带头人 3 名，中青年学术骨干 2 名，“材料化学系列课程教学团队”为首批校级优秀教学团队。近几年，有 10 人次在学院课堂教学比赛中分获一、二、三等奖。“德州市有突出贡献的中青年专家”3 名，“德州十大杰出青年”2 名，“德州市首届十大科技女杰”1 人，“德州市首届优秀女杰”1 人，“山东省千名知名技术专家”1 名，青岛科技大学兼职硕士生导师 3 名，南京林业大学兼职硕士生导师 1 名。

专任教师中教授比例为 33.3%，副教授比例为 51.52%，博士比例为 54.55%，45 岁以下教师具有博士学位比例为 63.64%，博士后 3 人，国外高级访问学者 1 人。此外，还特聘有丹麦奥尔堡大学岳远征教授、北京理工大学胡长文教授、中国石油大学孙道峰教授、中科院环境科学研究所白英臣研究员、德州中联水泥有限公司总经理孙勇、德州晶华集团董事长田文顺、山东金光集团有限公司副总裁李勋成等 13 人为兼职教授。

本专业现有基础实验室和专业实验室面积达 4000 余平方米，仪器设备总值 1000 余万元。同时，设有专业资料阅览室，为教学科研工作创造了良好条件。

二、历史沿革

德州学院化学化工学院材料化学专业设置于2006年，2012年被确定为德州学院首批综合改革试点专业，2014年获批“德州学院卓越人才教育培养计划培育”项目。

目前5届本科毕业生283名，5届平均考研率32.7%，一次性就业率在98%以上。

现任领导班子成员：

院党委书记：冯立顺

副书记：侯艳玲

院长：张秀玲

副院长：董　岩　吕元琦　刘明成　辛炳炜

材料化学系主任：王新芳

三、主要成绩

积极组织学生参加各类竞赛，在全国大学生节能减排、大学生“挑战杯”等社会实践与科技竞赛活动中获全国三等奖3项，省级一等奖1项、二等奖3项、三等奖5项；在2009年、2010年、2011年、2012年、2013年、2014年6届山东省实验技能大赛中获一、二、三等奖多项；获省级优秀毕业论文2篇。

近五年，科研项目40余项，其中国家级5项，省部级18项；经费总额280余万元；各类科研获奖55项，其中省部级2项；企业横向项目7项，经费总额110余万元。有100余篇论文被SCI、EI收录。为材料领域的人才培养、科技创新和社会服务做出了重要贡献。

四、本单位大事记

2010年，“材料化学系列课程教学团队”入选德州学院优秀教学团队。

2011年，“材料化学实验系列课程”入选“山东省精品课程群”。

2012年，材料化学专业入选为德州学院首批综合改革试点专业。

2012年，“材料化学基础课系列课程群”被评为“校级精品课程群”。

2012年，“材料化学专业实习实训系列课程群”被评为“校级精品课程群”。

2014年，获批“德州学院卓越人才教育培养计划培育”项目。

2014年，“材料化学专业基础课系列课程群”被评为“校级精品课程群”。

五、对行业发展的贡献

材料化学专业作为德州学院首批综合改革试点专业，正逐步成为地方材料行业的人才培养和科学研究基地。

在传统材料方面，粉煤灰研究所研发了利用造纸黑液生产高掺量粉煤灰烧结砖的方法，在多家企业生产和推广应用。为国家建材工业发展做出了重要贡献。

同时，学院注重发展新型材料，促进产业提升。在配位化学与功能材料方向重点围绕配合物生物-电化学活性材料、疏水材料、配合物光学材料、配合物多孔材料等方面开展研究，在配合物多孔材料的吸附功能等方面取得显著进展，促进了新材料产业的快速发展。

六、杰出人才简介

张秀玲

工学博士，教授，德州学院化学化工学院院长、山东省高校配位化学与功能材料重点实验室主任、德州市生物质能源综合利用研究所副所长。长期致力于高校教学及管理与科研工作，现系中国化工教育协会第三届理事、山东省新材料学会理事、青岛科技大学兼职硕士生导师、山东轻工业学院兼职硕士生导师。

近几年，主持国家自然科学基金 2 项，省自然科学基金和科技攻关课题 4 项，市厅级课题 3 项。参与了 2 项国家自然科学基金项目，发表论文 30 余篇，其中有些论文发表在国际一区、二区等刊物上。

2011 年，获山东省高校优秀科研成果二等奖、德州市科学技术奖二等奖；2010 年，被评为“德州市有突出贡献的中青年专家”“德州市首届十大科技女杰”；2008 年，获德州市杰出青年科技创新奖、山东省高等学校优秀科研成果二等奖、山东省自然科学三等奖；2007 年，获山东省高等学校优秀科研成果三等奖；连续 5 年获德州学院科研突出成就奖。

德州学院校园

德州学院行政楼

（撰稿人：王新芳）

100

Shandong Cailiao 100 Jia

科研院所

山东工业陶瓷研究设计院

一、简 介

山东工业陶瓷研究设计院(简称“山东工陶院”)作为唯一的国家级工业陶瓷科研院所,引领着中国先进陶瓷材料技术与产业的发展方向。山东工陶院是国家创新型企业、国家工业陶瓷工程技术研究中心、全国工业陶瓷标准化技术委员会(SAC/TC194)依托单位、国际 ISO/TC206 精细陶瓷技术委员会国内技术归口联络单位、国家建筑材料工业工业陶瓷产品质量监督检验测试中心挂靠单位,也是国内军工重点配套单位之一。

经过几十年的发展,山东工陶院形成了自己独具特色的高性能陶瓷透波材料、陶瓷防/隔热材料、特种陶瓷纤维、功能涂层、先进陶瓷精密加工技术、高温陶瓷膜及装备、工业固废弃物综合利用七大学科,搭建了关键共性技术研发、检测评价、标准及工程化转化的四大创新平台,孵化了微晶氧化铝、熔融石英、高压电瓷及高温陶瓷膜装备四大产业。

截至 2014 年底,山东工陶院共有员工 292 人,资产总额 14450 万元,营业收入 6800 万元,利税 408 万元,利润 370 万元。

山东工陶院拥有一支高素质的专职研发队伍,其中“国务院特殊津贴专家”23 名,大专以上学历技术人员 271 人,研究开发人员 166 人,高级职称技术人员 59 名。多年来我院承担了百余项国家“863 计划”、国家科技攻关和国防科技攻关项目,共荣获国家科技进步奖 6 项,获得省部级科技奖励近百项,拥有专利 93 项,主持制定、修订国家和行业标准 43 项,研制的数十种新型材料、上百种新产品中,有 40 余种被列为国家级新产品,填补了国内空白。这些产品广泛应用于航空、航天、兵器、通信、机械、化工、冶金、新能源和节能环保等领域,为我国高新技术和国防事业的发展做出了积极贡献。

二、历史沿革

山东工陶院的历史可追溯至 1950 年成立的新中国第一个建材科研机构——华北窑业公司研究所,即后来逐渐形成的建筑材料科学研究院。

1970 年 9 月,经国家建设委员会批准,建筑材料科学研究院陶瓷一室、陶瓷原料室和热工室的部分人员组建“陶瓷一队”迁往山东淄博，1971 年 10 月，经山东省革命委员会批准成立山东工业陶瓷研究所。

1985 年 8 月 12 日，经国家建材局批准所改院。

1999 年 7 月 1 日，我院由科研事业单位转制为企业，整体并入中国非金属矿工业总公司(现更名为“中国中材集团有限公司”)。

2004 年，工陶院与中非人工晶体研究院以山东中博先进材料股份有限公司为平台实施战略性资产重组，更名为“中材高新材料股份有限公司”。

2010 年 9 月，更名为“山东工业陶瓷研究设计院有限公司”。

历任主要领导

姓　名	职　务	任职时间
孙继善	所长	1971.10～1977.9
王宇光	所长	1977.9～1980.3
吕林国	所长	1980.3～1983.6
陈达谦	所长	1983.6～1988.11
陈达谦	院长	1988.11～1992.8
张纯彦	院长	1992.8～1993.10
于国波	院长	1993.10～1998.5
余明清	院长	1998.5～2001.3
阎法强	院长	2001.3～2006.8
王耀明	院长	2006.8～2008.3
李　勇	院长	2008.3～2010.10
张乃旺	院长	2010.10～2012.7
李　勇	院长	2012.7 至今

现任领导班子成员：

党委书记：王　忠

院长：李　勇

副院长：程之强　陈学江　彭兆仁　刘文化　吴翠珍　王重海

三、主要成绩

2014 年，山东工陶院被评为“淄博市创新发展 500 强企业”“高新区科技型高成长性企业”。

2013 年，山东工陶院被评为“淄博市创新发展 500 强企业”。

2012 年，山东工陶院《大尺寸高温高压气体净化用陶瓷膜材料制备技术研究》项目获建材联合会科学技术奖科技进步类二等奖、山东省科技进步二等奖。

2011年，山东工陶院被评为“2011年度全国建筑材料行业标准化工作先进单位”。我院3项科技成果分获淄博市科技发明三等奖，淄博市科技进步奖二、三等奖。《大尺寸高温高压气体净化用陶瓷膜材料制备技术研究》获淄博高新区科学技术进步奖一等奖。

2010年，山东工陶院获得淄博高新区企业技术研发中心创新奖一等奖和“淄博高新区2009年度专利工作先进单位”荣誉称号。

2008年，山东工陶院被授予“国家第二批创新性试点企业”。

2007年，山东工陶院被评为淄博市“2006年度工业优秀企业”和“2006年度新材料产业最具成长性企业”称号。

2006年，山东工陶院荣获国家级高新区(淄博)企业创新能力进步奖第一名和淄博市“2005年度工业优秀企业”称号。

四、本单位大事记

1970年9月21日，北京建筑材料研究院陶瓷一室组成山东陶瓷一队，搬迁至淄博瓷厂。

1971年10月7日，陶瓷一队独立，成立山东工业陶瓷研究所，在淄博市新选所址，从淄博瓷厂搬出。

1977年6月3日，将山东工业陶瓷研究所更名为“国家建筑材料工业局山东工业陶瓷研究所”。

1979年9月，国家建筑材料工业局确定我所为工业陶瓷标准化技术归口单位。

1985年8月12日，山东工业陶瓷研究所更名为“国家建材局山东工业陶瓷研究设计院”。

1986年3月，经山东省技术监督局批准，山东省建筑卫生陶瓷及非金属矿产品质量监督检验站成立并挂靠我院。

1991年9月，经国家建筑材料工业局批准，正式成立国家建材局工业陶瓷产品质量监督检测中心并挂靠我院。

1992年9月，经国家技术监督局批准，全国工业陶瓷标准化技术委员会成立并挂靠我院。

1993年，山东省建材协会建陶委员会挂靠我院。

1998年11月6日，山东工陶院设计所获甲级建材设计资质。

2000年10月26日，山东省对外经济贸易委员会颁发我院“中华人民共和国进出口企业资格证书”。

2010年9月，我院整体改制，改制后名称为“山东工业陶瓷研究设计院有限公司”。

2012年9月6日，山东工陶院牵头组建的我国首个以工业陶瓷为主题的产业技术创新战略联盟——山东工业陶瓷产业技术创新战略联盟成立。

五、对行业发展的贡献

山东工陶院具有雄厚的科技开发实力及工程化转化能力，主营业务涉及轻工、能源、环保、航空航天、船舶等多个行业领域。

(一)轻工领域

山东工陶院是国内最早开始研制和规模化生产微晶氧化铝陶瓷材料的企业,具有40多年的研究开发历史和20年的制造经验,拥有自主知识产权,产品质量处于国际先进水平。目前山东工陶院已成为国内生产规模最大的氧化铝陶瓷制造商。

山东工陶院研制的精细熔融石英陶瓷产品,采用振动压力注浆成型、动态注凝成型以及脆性材料冷加工等多项自主开发的专有技术,达到了世界先进水平。山东工陶院是国内第一条石英陶瓷高温辊道制造企业,目前已成为亚洲最大的精细熔融石英陶瓷生产基地。

(二)能源领域

山东工陶院利用完全自主知识产权的注凝成型工艺成功开发了石英陶瓷坩埚成套生产技术,产品各项性能指标达到世界先进水平,推动了陶瓷行业的技术进步,产品替代进口,大大降低了太阳能用多晶硅铸锭成本,使我国多晶硅铸锭技术逐步达到了国际领先水平,满足了光伏多晶硅行业的发展需求,推动了我国新能源产业的快速发展。

(三)环保领域

山东工陶院是国内最早从事多孔陶瓷研究、生产的单位,也是目前国内微孔陶瓷过滤材料领域最大的研发与生产基地,拥有近20项省、部级科研成果和专利技术,引领着国内该材料的发展方向。山东工陶院生产的微孔陶瓷过滤材料产品种类多,性能优异,在高温气体净化及污水、废水深度处理领域得到推广应用。产品广泛应用于石油化工、煤化工、冶炼、有机硅、多晶硅、冶金、水处理等领域。

(四)航空航天、船舶领域

山东工陶院连续承担"六五"到"十二五"重大科技攻关及军工攻关课题、国家高技术发展研究计划课题。生产的配套产品涉及航天、航空、船舶、兵器等多个军工领域。逐步建立起我国军工配套产品的科研生产基地平台,满足我国航空航天及国防军工发展对高性能陶瓷材料新的需求。

国家工业陶瓷工程技术研究中心

山东工业陶瓷研究设计院实验室全景

（撰稿人：高　勇）

中国兵器工业集团第五三研究所

一、简　介

中国兵器工业集团第五三研究所(以下简称“五三所”),属国有事业单位,现隶属于中国兵器工业集团公司,是集团公司唯一从事军用非金属材料研究与应用的专业研究所;同时五三所也是国防科技工业应用化学一级计量站,还是兵器工业非金属材料理化检测中心和国家商品检验检疫局认可的国家级非金属材料商检实验室;是兵器非金属材料情报网网长单位;是国家教委和国务院学位办公室批准招收并授予硕士学位单位,并设非金属材料专业博士后工作站;出版《工程塑料应用》和《化学分析计量》杂志。

五三所获得了“武器装备科研生产许可”“装备承制单位资格”,通过了GJB9001B和GB/T19001质量体系认证,通过二级保密资格认证,化学计量一级站通过了NDLAC的机构认可。

五三所地处山东省济南市,现有人员900余人,其中兵器集团公司首席专家1名、集团公司科技带头人4名,中级技术职称以上人员占60%以上。主要从事先进复合材料、工程塑料、橡胶材料、隐身材料和胶黏剂等非金属材料的研究与开发工作,坚持以军为主、民品为辅,科研与生产并重、军品融合的发展道路。

二、历史沿革

五三所最初成立于1960年,是以二三四厂塑料研究室为基础组建的非金属材料研究所,单位名称为“第一机械工业部非金属材料研究所”(代号“第五三研究所”),1963年变更为“第五机械工业部第五三研究所”,1965年改为“第五机械工业部直属研究所”,1982年变更为“兵器工业部第五三研究所”,1987年变更为“国家机械工业委员会第五三研究所”,1990年更名为“中国兵器工业第五三研究所”,2001年更名为现名称——“中国兵器工业集团第五三研究所”。

历任主要领导

<table>
<tr><th>机构名称</th><th>姓名</th><th>职务</th><th>任职时间</th></tr>
<tr><td>第一机械工业部非金属材料研究所</td><td>邢春明</td><td>副主任</td><td>1960.2～1963.7</td></tr>
<tr><td>第五机械工业部第五三研究所</td><td>刘锡琴</td><td>所长</td><td>1963.7～1965.1</td></tr>
<tr><td rowspan="2">第五机械工业部直属研究所</td><td>徐东吉</td><td>所长</td><td>1965.8～1967.4</td></tr>
<tr><td>李景文</td><td>所长</td><td>1979.3～1984.2</td></tr>
<tr><td>国家机械工业委员会第五三研究所</td><td rowspan="2">区英鸿</td><td rowspan="2">所长</td><td rowspan="2">1984.2～1992.1</td></tr>
<tr><td>中国兵器工业第五三研究所</td></tr>
<tr><td rowspan="2">中国兵器工业第五三研究所</td><td>于子河</td><td>所长</td><td>1992.1～1996.10</td></tr>
<tr><td>陈开来</td><td>所长</td><td>1996.10～2005.1</td></tr>
<tr><td rowspan="2">中国兵器工业集团第五三研究所</td><td>任陵柏</td><td>所长</td><td>2005.1～2010.10</td></tr>
<tr><td>赵宝荣</td><td>所长</td><td>2010.10 至今</td></tr>
</table>

现任领导班子成员：

党委书记：齐晓亮

所长：赵宝荣

常务副所长：李恒春

副所长：邢德林　冯典英　王夕聚　陈方汀　裘理仁

财务总监：张佳光

三、主要成绩

(一)主要荣誉

1.2003 年获中国人民解放军总装备部颁发的“中国首次载人航天飞行荣誉纪念状”。

2.2004 年、2011 年两度被授予“山东省省直机关文明单位”称号。

3.2008 年被山东省总工会授予“山东省劳动关系和谐企业”。

4.五三所党委被中共山东省委省直机关工作委员会授予“2007～2008 年度省直机关先进基层党组织”。

5.2008 年被评为“山东军工十佳先进单位”。

6.五三所获“2007 年度山东省省直人防工作先进单位”和“山东省省直人防工程维护管理先进单位”。

7.五三所被授予“2007 年度集团公司民品科技开发先进单位”。

8.2009 年被授予集团公司“安全质量标准化一级企业(单位)”。

9.2011 年被总装备部南京军事代表局授予华东地区“‘十一五’期间军械装备质量工作先进单位”。

(二)主要科研成果

截至 2014 年,五三所共取得各类科研成果 640 余项,其中获得国家级奖励的成果 28 项(国家发明奖 8 项、国家科技进步奖 11 项、国家科技大会奖 9 项)、省部级奖励的成果 182 项。共申请专利 168 项,2001 年后已授权且有效专利项 75 项。

四、本单位大事记

科研楼是五三所成立后建设的第一座建筑物,位于济南市天桥区新黄路 16 号老所区院内。建设工程于 1960 年开工,1962 年正式交付使用。

1973 年 3 月《兵工塑料》创刊号出版,1975 年 6 月五三所经五机部批准将《兵工塑料》更名为《工程塑料应用》,1978 年 9 月被确定为兵器工业非金属材料专业情报网网刊,1979 年 10 月又确定为中国兵工学会非金属学会会刊。

1985 年 2 月,国家计委和国防科工委批准五三所近期扩建工程设计任务书,1987 年 7 月国家机械委下达《关于五三研究所近期扩建设计任务书的批复》。该项目选址在济南市天桥区田家庄东路 3 号。1988 年 8 月开工,1995 年 9 月基本建成。

1985 年 10 月,兵器工业部科技局下发《关于五二所、五三所承担兵器工业金属非金属理化分析测试中心业务的通知》,决定五三所承担"兵器工业非金属理化分析测试中心"业务,并对任务和职责作了说明;同时兵器工业非金属理化分析测试中心对外可使用业务印章。

1986 年 2 月,兵器工业部根据国防科工委要求,决定由五三所承担兵器工业化学计量一级站的任务。1986 年 11 月,国防科学技术工业委员会标准计量局下达《关于光学、化学计量一级站命名的批复》,命名五三所为"国防科工委化学计量一级站",2007 年 9 月,国防科学技术工业委员会下达"国防科工委关于国防计量技术机构命名的通知",将该站重新命名为"国防科技工业应用化学计量一级站"。

1987 年,在第 36 届布鲁塞尔尤里卡世界发明博览会上,五三所的 GT-401 有机硅烧蚀涂料获得金牌奖;第一发明人、高级工程师孙维钧获布鲁塞尔发明博览会比利时国王颁发的发明者"骑士勋章"。

1990 年 9 月,经国家进出口商品检验局考核,批准五三所为国家商检局认可的实验室。认可实验室名称:国家商检局非金属实验室;批准注册号:国检认字〔1990〕2002 号;印章编号:2002;认可检验领域:非金属材料物理、化学分析。

1999 年 4 月,对外贸易经济合作部外经贸政审函字〔1999〕第 547 号《关于北京空气动力研究所等 6 家科研院所经营进出口业务的复函》中,赋予五三所全资子公司山东三达科技发展公司进出口经营权。

2002 年 4 月 26 日,中国共产党第五三研究所第一次党代会隆重召开。

五、对行业发展的贡献

经过近 60 年的发展,五三所在工程塑料、先进复合材料、隐身材料、橡胶材料、防护材料、胶黏剂与涂料等领域的研究与发展均取得了很大的发展和提高。

在军用工程塑料、复合装甲、透明装甲、二次效应防护材料、复合材料弹托、发动机壳体、隐身材料和密封材料等方面均达到国内领先水平,具有较高的行业地位。

(一)工程塑料

工程塑料是五三所创所专业之一,研制生产的聚烯烃、改性尼龙、聚砜等改性料已广泛应用于军工和汽车、化工、机械等民用领域。

(二)胶黏剂与涂料

胶黏剂也是五三所创所专业之一,研制的光学胶、厌氧胶、聚氨酯胶等胶黏剂已广泛应用于军工和汽车、建筑、制鞋等民用领域;研制的太阳能反射涂料、电磁屏蔽涂料、防腐涂料等已广泛应用于军工和建筑、工业防腐等民用领域。

(三)复合材料

复合材料是五三所技术水平与能力得到快速发展与提高的专业之一,防弹复合材料、缠绕复合材料等已广泛应用于军工和化工、风电等民用领域。

(四)防护产品

五三所依托装甲防护材料技术优势,研制的特种方舱、防弹衣、防弹插板、防弹头盔、防弹玻璃、防刺服等人体防护系列产品已广泛应用于军工和武警、公安等民用领域。建有山东省抗冲击防护材料与制品工程技术研究中心。

衡水中铁建集团与五三所结成合作伙伴关系

中国兵器工业集团第五三研究所正面俯视图（模拟图）

（撰稿人：杨守平）

山东省地质科学研究院

一、简　介

山东省地质科学研究院是山东省国土资源厅直属的全额预算管理事业单位，主要承担国家和省基础性、公益性、战略性地学研究任务，为政府对国土资源勘查、开发、规划、管理、保护和合理利用提供技术支撑，为国民经济和社会发展提供基础地学信息与公益性服务。

目前主要承担基础地质、矿产地质研究与评价、地质环境调查与保护研究、矿产资源管理与评价研究、矿产资源总体规划、土地资源综合利用与规划研究、测试技术方法研究及物质化学成分检测、岩石矿物研究及物质成分测试、矿产综合利用研究等工作，同时承担《山东国土资源》杂志出版、国土资源部济南矿产资源监督检测中心、山东省矿泉水检测中心等职能。建立了山东省金属矿产成矿地质过程与资源利用重点实验室、国土资源部金矿成矿过程与资源利用重点实验室等科研平台，是国家自然科学基金依托单位。

本院现有在职职工169人，其中“国务院特殊津贴专家”2人，“山东省有突出贡献的中青年专家”4人，“泰山学者”特聘专家1人，国土资源部“科技领军人才”1人；教授级高级工程师（工程技术应用研究员）23人，中高级专业技术人员125人；博士10人，硕士50人。

二、历史沿革

山东省地质科学研究院最初成立于1958年，单位名称为“山东省地质局实验室”，1994年与山东省地质科研所合并成立“山东省地质科学实验研究院”，2000年山东省国土资源厅成立以后，划归为山东省国土资源厅直属的全额预算管理事业单位。划归省国土资源厅以后历任主要负责人及任职期限如下：

历任主要领导

姓　名	职　务	任职时间
王君仁	党委书记、院长	2001.9～2007.2
洪　飞	总工程师	
张修阳	纪委书记	
王君仁	党委书记、院长	2007.3～2008.4
洪　飞	总工程师	
王君仁	党委书记、院长	2008.5～2009.4
洪　飞	总工程师	
回寒星	纪委书记	
于学峰	党委书记、院长	2009.4～2014.6
洪　飞	总工程师	
回寒星	纪委书记	
洪　飞	党委书记	2014.6 至今
于学峰	院长	
回寒星	纪委书记	

现任领导班子成员：

党委书记：洪　飞

院长：于学峰

副院长：张增奇　田秀林　毛美桥

纪委书记：回寒星

三、主要成绩

(一)主要荣誉

1. 2010 年，荣获“全国地质勘查行业先进集体”称号。
2. 2010 年，荣获“省级文明单位”称号，并一直保持该项荣誉称号。
3. 2011 年，荣获“全国国土资源系统北方四省抗旱打井找水先进集体”称号。
4. 2011 年，荣获“全国危机矿山接替资源找矿专项先进集体”称号。
5. 2012 年，荣获“全国模范地勘单位”称号。
6. 连续多年被山东省国土资源厅授予“先进集体”“先进基层党组织”等多项荣誉称号。

(二)主要科研成果

截至目前，共取得各类研究成果 1000 多项，获得省部级及省国土资源科学技术奖

200 余项。近 5 年来，获省部级科技进步一等奖 4 项、二等奖 9 项、三等奖 10 项，获山东省国土资源科学技术奖近百项。

四、本单位大事记

1958 年，地质部批准成立山东省地质局实验室，标志着该单位的正式成立。

1994 年，与山东省地质科研所合并成立山东省地质科学实验研究院。

2000 年山东省国土资源厅成立以后，划归为山东省国土资源厅直属的全额预算管理事业单位。

2011 年，建立了山东省金属矿产成矿地质过程与资源利用重点实验室，被国家自然科学基金委批准为“国家自然科学基金依托单位”。

2012 年，建立了国土资源部金矿成矿过程与资源利用重点实验室。

2014 年，建立了山东省地质科学研究院院士工作站。

五、对行业发展的贡献

建院 50 多年来，山东省地质科学研究院以提高对国土资源事业的支撑能力为工作重心，始终围绕国土资源事业的中心任务开展地学研究工作，在基础地质研究、地质矿产勘查、测试技术方法研究、岩石矿物研究、国土资源规划、土地资源研究、地质环境和地质遗迹调查与保护、矿产资源综合利用等方面取得了一批重要成果，为山东省国土资源调查、评价、规划、管理、保护与合理利用提供了重要的科学依据和技术支持。

山东省地质科学研究院办公楼

山东省地质科学研究院邀请业内知名院士参加专题研讨会

（撰稿人：何茂传）

山东省建筑材料工业设计研究院

一、简　介

山东省建筑材料工业设计研究院（山东省建材工业新型材料检测中心）成立于1979年8月，是省属科研设计单位，主要承担水泥工业工程、新型建筑材料工程、非金属矿山工程、建筑工程等咨询设计、工程总承包和建材工业新型材料检测、企业安全生产标准化评审、建材新设备新产品开发及推广应用，水泥及混凝土外加剂、建筑涂料的开发应用等业务。现有职工121人，专业技术人员104人，其中高级工程师41人、工程师33人，注册执业工程师20余人。涉及专业有硅酸盐工程（材料）、无机材料、水泥制品、化学建材、采矿、选矿、安全工程、建筑、结构、总图、设备、环保、供配电、自动化、给排水、暖通、化学分析、工程造价、技术经济等。单位具有计算机等各种设计科研检测设备上百台，配有建筑、结构、节能等专业设计软件，建有设计、管理局域网，计算机设计和出图率达到100%。拥有坚实的设计研究技术基础、先进的软硬件装备设施和健全的质量保证体系。经过30多年的创业和发展，已成为集科研开发、工程设计、工程总包、装备制造、技术咨询、技术服务、建材产品检测、安全标准化评审于一体的综合性省级建材工业科研设计院所。

二、历史沿革

历任主要领导

姓　名	职　务	任职时间
胡福泽	党支部副书记	1980.4～1985.8
李庆华	副院长	
胡永庆	党支部书记	1985.9～1987.3
田林丛	院长	
赵炳一	总工程师	

续表

姓　名	职　务	任职时间
李体健	党支部书记、院长	1987.4～1989.11
赵炳一	总工程师	
姜钧令	党支部书记、院长	1989.12～1992.12
赵炳一	总工程师	
贺风欣	党支部书记、院长	1993.1～1993.10
赵炳一	总工程师	
武继恕	党支部书记、院长	1993.11～1998.3
赵炳一	总工程师	
陈鑫建	党支部书记	1998.4～1999.6
卫　建	院长	
陈鑫建	党总支书记、院长	1997.7～1999.10
陈鑫建	党支部书记	1999.11～2003.10
王文杰	院长	
刘传明	总工程师	
陈鑫建	党支部书记	2003.11～2007.5
靳志刚	总工程师	
陈鑫建	党支部书记	2007.6～2014.7
靳志刚	院长	
刘传明	总工程师	
靳志刚	院长	2014.8 至今
刘传明	总工程师	

三、主要成绩

近年来，我院开创性地完成了钢渣热焖新工艺研发以及设计实践，国内多条钢渣破碎筛分生产线设计运行；钢渣粉不同工艺粉磨工艺装备的设计实践，特别是采用立磨生产钢渣微粉是我们的首创，是我们在利用球磨系统、辊压机加球磨系统生产钢渣微粉投入运行后进行总结、优化、创新后又一项重要的设计成果，它在北金集团年产 60 万吨钢渣微粉项目中的建成投产，标志着我们在钢渣微粉项目上实现了新的突破。2011 年，我们有 5 个矿渣粉和钢铁渣综合利用项目分获国家及省优秀工程设计一、二、三等奖，特别是日钢 480 万吨矿渣粉、240 万吨水泥项目作为我院承担的最大规模设计项目，荣获全国建材行业优秀工程设计一等奖。重庆拉发基 110 万吨矿渣烘干项目是我院 2010 年承担的一项 EP 项目，该项目在 2011 年 10 月顺利建成投产并取得 PAC 证书，标志着我院由单一设计向工程总包迈出了实质性的关键一步。

多年来，我院作为山东省内非金属矿山设计的专业设计单位，非金属矿山项目的设计数量、规模、质量及安全达标、服务水准均位居省内前列。新型建材设计项目也是成绩斐然，2012 年我院承担了国内规模最大、技术装备水平最先进的德州豪门集团年产 300 万立方米的加气混凝土砌块及板材生产线的设计任务，2013 年我院设计完成了呼市金水河阳光实业有限公司 30 万立方米粉煤灰加气 1 亿块粉煤灰蒸压砖项目可研报告和大型水泥制品项目——山水周口大口径输水管的设计项目，均获得了设计优秀奖项。并承担了银座佳宜等一批民建项目的设计工作，发挥了我们民用建筑设计资质的作用。

我院已承担山东省科委和山东省经贸委的重点科技攻关项目数十项，并获得建材部、农业部、山东省、莱芜市、临沂市、聊城市科技进步奖，山东省优质工程奖，JEA 系列膨胀防水剂被山东省建筑学会作为首批推荐产品在全省推广应用。主编的 1994 年建设部列项的山东省标准 DBJ14-BM-94《微膨胀混凝土防水技术应用规程》[并进行 2 次修订(现为 DBJ14-017-2002)]、山东省标准 DBJ14-《混凝土防冻泵送剂》和编著的《高性能混凝土的配制与应用》一书，对行业的发展与产品技术的进步起到了积极的推动作用，在省内推广应用后产生了巨大的经济效益和社会效益。

1985 年来，完成建材科研成果 12 项，有 5 项成果获省级新技术、新产品奖励；编制山东省地方标准 6 项；获省、部级优秀工程设计一、二、三等奖 22 项，优秀工程咨询奖 5 项。近几年来，我院结合行业特点，大力支持发展循环经济，在钢铁渣综合利用方面做出了自身的特色和品牌，通过不断的技术创新，为我国循环经济和节能减排做出了积极的贡献。

山东省建材设计院设计的孟加拉年产30万吨水泥粉磨工程

山东省建材设计院引进的德国POLYSIUS立磨、CP混料机的济南鲁新公司矿渣微粉生产线

（撰稿人：卫 健 姜宪平）

山东省轻工业设计院

一、简　介

山东省轻工业设计院是我国改革开放以来山东省内组建最早的国有设计单位之一，隶属于山东省轻工业协会，属自收自支的全民所有制事业单位。30多年的发展历程取得了辉煌的成就，从单一的工程设计扩展到具有设计、咨询、招标、安全评价、工程监理、项目管理、工程总承包等工程建设的各项业务，具备了承接轻纺行业轻工工程、纺织工程，建筑行业，环境工程（水污染防治工程）、火力发电、农林行业（林产化学），商物粮行业，市政行业等全方位、全过程的服务能力。2014年总资产达3099.29万元，收入为3547.71万元，职工为236人。

目前我院具有国家建设部颁发的轻纺行业、房屋建筑、环境工程3项甲级设计资质；商物粮、火力发电、农林行业、市政给排水工程4项乙级设计资质；规划编制丙级资质；具有国家发改委颁发的甲级咨询资质（含轻纺、建筑行业、环保工程）和国家质监总局颁发的压力管道、压力容器设计资质；具有国家安监总局颁发的危险品安全评价甲级资质。我院下属的山东恒信建设监理有限公司具有建设部颁发的房屋建设、市政工程、电力工程、机电设备安装4项甲级资质，化工石油乙级资质，人防工程丙级资质。山东鲁轻安全卫生技术有限公司具有职业卫生服务机构乙级资质。

我院及公司现有专业技术人员600余人，同时具有各类国家注册人员203人，形成了初、中、高级技术力量的有机结合，为我院奠定了雄厚的人才基础和技术实力。

二、历史沿革

设计院始建于1979年，前身为山东省革委第一轻工业局设计室，1983年8月15日批准成立山东省轻工业设计院。经过30多年的发展，设计院已积累了丰富的轻工设计、咨询经验，是山东省骨干设计、咨询单位。

历任主要领导

姓　名	职　务	任职时间
王　忠	院长	1983.11～1984.9
	党总支书记	1984.1～1984.9
马瑞津	总工程师	1986.5～1992.5
丁永恕	院长	1984.10～1985.4
胡新基	院长	1986.3～1992.6
	党总支书记	1986.5～1987.7
彭锡朴	党总支书记	1987.7～1993.11
	党委书记	1993.12～2002.6
盛永祥	总工程师	1992.6～1996.4
	纪委书记	1993.12～1996.6
高凤娟	院长	1992.6～1998.8
崔棣章	总工程师	1996.4～2002.6
马继高	纪委书记	1996.6～2001.5
	院长	1998.8～2001.5
崔东元	院长	2001.6～2007.7
李　平	党委书记	2004.12～2010.11
隋永建	院长	2007.11～2009.1
马忠汉	院长	2009.1 至今
	党委书记	2012.3 至今
李志勇	总工程师	2009.8～2012.4
赵笑萍	总工程师	2012.4 至今

三、主要成绩

(一)主要荣誉

1991～1996 年，我院每年被山东省第一轻工业厅(一轻厅)评为“先进集体”。

1993～1996 年，我院每年被一轻厅评为“双文明优秀单位”。

1996 年被一轻厅评为“‘八五’固定资产投资先进单位”。

1997 年 12 月，我院被评为“全省一轻系统 CAD 应用先进单位”。

2005 年 1 月，我院被山东省工商行政管理局评为“2004～2005 年度企业年度检验免检企业”。

2010 年，我院被省轻工协会评为“2009 年度先进单位”。

2012 年，我院被省轻工协会评为“2011 年度先进单位”“山东省轻工系统第十批企业文化建设示范单位”。

2013 年，我院被省轻工业协会评为“2012 年度先进单位”。

2014 年，我院被省轻工业协会评为“2013 年度先进集体”“山东省轻工系统企业文化建设示范单位”；被济南市食品工业协会评为“2013 年度济南市食品行业先进企业”。

（二）主要科研成果

2014 年 6 月 25 日，朱仲力、蒋炜、危明、钱子昂、王展法共同发明的一种跨移式薄层双向震动入窑布料机，蒋炜、朱仲力、张建昌、危明、王卫东共同发明的一种多层步进式微环境可调白酒原粮处理设备，曲小男、王卫东、蒋炜、杨猛、钱子昂共同发明的一种多极串联式白酒冷凝器，蒋炜、曲小男、杨猛、张建昌、王卫东共同发明的一种单元组合式蒸馏萃取装置，朱仲力、曲小男、杨猛、张建昌、王展法共同发明的一种单元组合式蒸煮装置均获得专利并进行授权公告。

国家发明奖：我院蔡惠普同志发明的插孔组件的装配设备“回转单叶双曲面簧式插孔装配机”，1983 年获国家发明三等奖。

四、本单位大事记

1984 年 2 月 6 日，山东省建委根据我院的性质和承担的任务，经审查批准，同意更改原省一轻设计室设计证书为国家乙级证书。至此，我院成为独立核算的经济实体，依靠部分事业费和设计收费独立经营。

1986 年 4 月 16 日，鲁一轻财字〔1986〕第 21 号文批复，同意我院自 1986 年起实行技术经济责任制，坚持按劳分配、多劳多得的原则分配酬金。5 月 8 日，我院申请列入收取设计费的单位，并将 1986 年度已拨事业费全部退还。我院从此成为自收自支的事业单位，内部实行企业化管理。

1988 年 6 月 22 日，成立了山东省轻工业泉城贸易公司（后更名为“省一轻科教服务部”），公司对我院实行经营承包。同日，成立山东省轻工科技开发公司（1990 年 6 月该公司撤销）。

1992 年 7 月 21 日，成立山东省轻工业电子技术开发中心，对我院实行经营承包（2013 年委托给省轻工业协会机关服务中心进行经营管理）。

1993 年 2 月 10 日，成立山东省轻工业工程咨询公司，公司隶属我院领导，从 1994 年开始对我院实行技术经营承包。5 月，经国家最高职级评审委员会批准，我院由乙级设计院晋升为轻工甲级设计院。

1995 年 6 月，成立山东省轻工业设计院工程承包部，申报了“工程承包乙级”资质，12 月，经省建委正式批准，取得了资格证书。

1996 年 4 月，山东省工程咨询协会公布我院为工程咨询甲级单位。

2000 年 3 月，组建院市场开发部。同月，组建山东省轻工业设计院工程咨询公司。9

月，成立山东鲁轻工程建设招标代理中心。

2002年4月，成立山东鲁轻工程建设监理中心。8月27日组建安全评价机构，暨山东鲁轻安全评价中心。

2003年5月，山东鲁轻工程建设监理中心更名为“山东鲁轻工程建设监理有限公司”，为国有股份制公司，由我院和山东鲁轻工程建设招标代理中心以现汇出资组建，企业隶属关系不变，经营范围不变。9月，山东鲁轻工程建设监理公司吸收合并济南市轻工业国有资产经营公司直属的济南长城建设监理公司，同时公司名称变更为“山东恒信建设监理有限公司”，我院为该公司的主管单位。

2006年4月，与芬兰雅哥贝利公司组建中外合资公司山东贝利工程咨询有限公司。

2008年3月，组建山东省轻工业设计院项目管理公司。

2009年3月，在四川成都设立山东省轻工业设计院办事处。7月，成立能源设计所(第三工程设计所)。

2010年3月，与山东恒信建设监理有限公司(设计院控股公司)、自然人杨和平(常驻越南的中国人)共同出资成立山东省轻工业设计院越南工程设计咨询有限公司。

2011年5月，将现有的两个设计所改为设计分院，并增设设计分院副总工程师管理岗位;7月，成立设计三分院(即民建设计分院)和环保工程所。

2012年2月，我院与越南友人和在越南的中国朋友共同出资组建公司，名为“中国山东省轻工业设计院越南分院”。

2014年8月1日，成立了驻兰州办事处。

五、对行业发展的贡献

依托雄厚的技术实力，30多年来，我院共承担了国内外大中型工程设计、技术咨询2000多项，其中有70多项荣获省部级优秀设计、咨询奖。2013年12月，我院的“山东龙力生物科技股份有限公司利用现代生物技术酶解工业纤维废渣生产乙醇”项目获得中国轻工业优秀工程设计奖一等奖，“美卓造纸机械(中国)有限公司淄博服务中心”项目获得三等奖。我院在设计、咨询方面已取得了长足进步，为轻工行业的发展起到了有效的推动作用。

山东省轻工业设计院第七届五次职工代表大会

山东省轻工业设计院全景

（撰稿人：袁　晓　许　敏）

山东省冶金科学研究院

一、简　介

山东省冶金科学研究院是从事材料研究、材料分析测试、标准物质/标准样品研制、电气自动化研究的重点科研院所，是隶属于济钢集团的全民所有制企业，下设山东省冶金产品质量监督检验站、标准样品研究所、山东鲁冶瑞宝电气自动化有限公司、《山东冶金》编辑部等单位。

山东省冶金产品质量监督检验站获得了资质认定授权证书、资质认定计量认证证书、实验室认可证书等众多资质。标准样品研究所是国家标样委委员单位和冶金分技术委员会副主任委员单位，冶金标准样品定点研制单位和销售单位，有色金属标准样品定点研制单位和销售单位，通过了ISO9001质量管理体系认证。山东鲁冶瑞宝电气自动化有限公司专门从事工业电气自动化、计算机系统开发、配电设备成套、仪表成套以及三电一体化工程安装调试，现已发展成为全国低压成套设备标准化技术委员会委员单位，中国电气工业协会和山东省电气仪表工业协会会员以及电气传动成套控制设备标准化技术委员会委员单位，2003年6月通过了ISO9001质量管理体系认证、"CCC"认证。研究院承办的《山东冶金》杂志为国家二级期刊，连续多年被评为"国家优秀期刊"。

研究院2014年底总资产16190万元，营业收入13657万元，利税1216万元，利润187万元，合同额12197万元。职工人数449人，其中在职职工224人。

二、历史沿革

山东省冶金科学研究院成立于20世纪60年代初，前身为济南市中心实验站（1961年9月～1966年5月），属济南市科委领导。

1970年4月，济南市中心实验站革委会核心领导小组成立。

1970年7月，更名为"济南市冶金研究所"，划归济南市冶金局领导；同年12月，成立济南市冶金研究所支部委员会。

1975年，更名为"山东省冶金研究所"，划归山东省冶金局领导；该支委会同时划归山东省冶金工业局党组领导。

1985 年，被山东省政府列为第一批改革试点单位，实行自主经营、自负盈亏。

1987 年，与山东省冶金设计院合并为山东省冶金设计研究院；1987 年 6 月成立山东省冶金设计研究院党委，隶属山东省冶金工业总公司党组。

1991 年，恢复原建制，称“山东省冶金研究所”，定编 230 人，单位性质仍为科研事业单位，属山东省冶金总公司领导。

1994 年，更名为“山东省冶金科学研究院”。

1999 年，整体并入济南钢铁集团总公司。

历任主要领导

<table>
<tr><th>机构名称</th><th>起止时间</th><th>姓名</th><th>职务</th><th>任职时间</th><th>备注</th></tr>
<tr><td rowspan="2">济南市中心实验站</td><td rowspan="2">1961.9～1966.5</td><td>鞠玉玺</td><td>主任</td><td>1962.7～1965.8</td><td></td></tr>
<tr><td>颜世珍</td><td>副主任</td><td>1965.8～1967.4</td><td>主持工作</td></tr>
<tr><td rowspan="5">山东省冶金研究所</td><td rowspan="5">1967.4～1987.6</td><td>邵春泽</td><td>副所长</td><td>1967.4～1977.6</td><td>主持工作
1970.4～1977.6 任支部书记</td></tr>
<tr><td>邹化一</td><td>所长</td><td>1977.6～1977.9</td><td></td></tr>
<tr><td>张志歧</td><td>所长</td><td>1977.9～1979.8</td><td rowspan="3">1977.9～1983.7 张志歧任支部书记
1983.8～1987.6 廖金煌任总支书记</td></tr>
<tr><td>黄意真</td><td>所长</td><td>1979.8～1983.8</td></tr>
<tr><td>吴建亚</td><td>所长</td><td>1983.8～1987.6</td></tr>
<tr><td rowspan="2">山东省冶金设计研究院</td><td rowspan="2">1987.6～1991.3</td><td>杜庆河</td><td>院长</td><td>1987.6～1989.9</td><td rowspan="2">1987.6～1991.2 于东锦任党委书记</td></tr>
<tr><td>孙毓国</td><td>院长</td><td>1989.9～1991.3</td></tr>
<tr><td rowspan="2">山东省冶金研究所</td><td rowspan="2">1991.3～1994.5</td><td>田绪宝</td><td>副所长</td><td>1991.3～1992.8</td><td>主持工作同时任党委副书记</td></tr>
<tr><td>王家水</td><td>所长</td><td>1992.8～1994.5</td><td rowspan="2">同时任党委书记</td></tr>
<tr><td rowspan="4">山东省冶金科学研究院</td><td rowspan="4">1994.5 至今</td><td>王家水</td><td>院长</td><td>1994.5～2000.2</td></tr>
<tr><td>刘卫国</td><td>院长</td><td>2000.2～2008.5</td><td rowspan="3">2000.2～2004.9 杜文华任党委书记；2005.7～2009.8 曲春利任党委书记；2009.9 至今王兴强任党委书记</td></tr>
<tr><td>夏征勇</td><td>院长</td><td>2008.5～2009.8</td></tr>
<tr><td>王兴强</td><td>院长</td><td>2009.9 至今</td></tr>
</table>

现任领导班子成员：

党委书记、院长：王兴强

副院长：尤协波

三、主要成绩

山东省冶金科学研究院被国家科学技术委员会确定为国家科技成果重点推广计划项目技术依托单位，连续6年被评为“山东省一类科研院所”，1995年被省政府授予“科教兴鲁”先进集体称号。

1985～2013年，山东省冶金科学研究院共有389项科研项目通过鉴定，其中达到国际先进水平以上82项，国内领先81项，国内先进85项；205项获省冶金总公司以上科技进步奖，其中省部级科技进步奖37项，省冶金科技进步奖142项。有54项科技成果获国家专利，其中发明专利14项，新型实用专利40项；软件著作权6项。

四、本单位大事记

1961年9月，济南市中心实验站成立，这是一个综合性的科学实验服务机构。

1970年7月，划为市冶金工业局领导。

1999年9月，研究院整体并入济南钢铁集团总公司。

2002年，进行了产业结构调整和3项制度改革。

2007年，投资2000多万元建设冶金研究院齐河基地。

2011年，组建新的山东省冶金产品质量监督检验站。

2011年，成立冶金研究院研创中心。

五、对行业发展的贡献

从建立之初的济南市中心实验站到山东省冶金产品质量监督检验站，在材料检测和标准物质/标准样品领域耕耘了50多年，在冶金新材料、新技术、新工艺方面取得了众多科技成果，为山东省乃至全国冶金行业发展，为冶金行业产品质量控制和质量保证做出了重要贡献。

瑞宝电气公司为冶金行业和其他行业电气自动化控制做出了巨大贡献。

山东省冶金科学研究院办公大楼

山东省冶金科学研究院电气自动化控制车间

（撰稿人：郭寿鹏）

山东省科学院新材料研究所

一、简　介

山东省科学院新材料研究所隶属于山东省科学院。研究所始建于1982年，现主要开展高性能金属材料、新型高分子材料、特种无机非金属材料、先进环境材料和能源材料等新材料领域的研究。科研团队中有山东省"泰山学者"岗位3个和4位"泰山学者"特聘专家，"国务院特殊津贴专家"7人，"国家有突出贡献的中青年专家"3人，有2人当选四届全国人大代表，1人当选中国共产党的十七大代表。目前，在我省重点发展的镁铝合金材料、光电子封装材料、碳纳米薄膜材料、陶瓷功能材料以及固体废弃物处置等领域，承担了国家"863计划"、国家科技支撑计划、国际合作重点项目、山东省重大科研项目以及国家和省基金类项目31项。

研究所现拥有山东省黏接材料重点实验室、山东省轻质高强材料设计与制备"泰山学者"岗位、山东省镁产业技术创新战略联盟等多个创新服务平台，是国家科技成果重点推广计划项目技术依托单位，设有省科学院博士后科研工作站新材料分站。先后荣获山东省发明创业三等奖、环保部科技进步三等奖、山东省科技进步二等奖、山东省科技进步三等奖、齐鲁友谊奖、山东化学化工学会科学技术二等奖等科技奖励。

二、历史沿革

历任主要领导

<table>
<tr><th>姓　名</th><th>职　务</th><th>任职时间</th></tr>
<tr><td>王　干</td><td>所长</td><td>1982.1～1986.3</td></tr>
<tr><td>李永显</td><td>党委书记</td><td rowspan="2">1982.1～1986.3</td></tr>
<tr><td>赵良金</td><td>所长</td></tr>
<tr><td>赵良金</td><td>党委书记</td><td rowspan="2">1992.4～1994.3</td></tr>
<tr><td>李兴国</td><td>所长</td></tr>
</table>

续表

<table>
<tr><th>姓　名</th><th>职　务</th><th>任职时间</th></tr>
<tr><td>王新力</td><td>党委书记</td><td rowspan="2">1997.4～2003.3</td></tr>
<tr><td>曹树梁</td><td>所长</td></tr>
<tr><td>曹树梁</td><td>所长</td><td>2003.4～2007.4</td></tr>
<tr><td>李　蔚</td><td>党委书记</td><td rowspan="2">2007.4～2015.4</td></tr>
<tr><td>王绪科</td><td>所长</td></tr>
<tr><td>王绪科</td><td>党委书记</td><td rowspan="2">2015.5 至今</td></tr>
<tr><td>董火民</td><td>所长</td></tr>
</table>

三、主要成绩

先后主持承担国家和省各类科研项目 290 余项，取得国家和省级科研成果 210 余项。获国家发明奖 4 项，其中国家发明二等奖 1 项、三等奖 2 项、四等奖 1 项。获得授权专利 101 项，其中中国发明专利 67 项，拥有美、日、英、法、德等 10 国发明专利。在特种黏结材料、结构与功能陶瓷材料、耐热耐磨金属材料、金属表面薄膜材料以及军工材料等领域取得了一系列原创性研究成果，填补了多项国内空白。

四、本单位大事记

2012 年，我所与山东明顺光电有限公司达成多项科技合作；与中国兵器工业集团第五三研究所达成科技合作；与美国 SHILED 公司共建光电器件封装材料联合实验室。

2013 年，我所与山东兖矿轻合金有限公司签署全面科技合作协议；山东省市政污泥处置工程技术研究中心在所成立；我所与中国重汽公司、兖矿电铝公司达成科技合作。

2014 年，我所参加泰安市岱岳区 2013 校（院）地科技合作推进会并签订合作协议；与临沂沂星公司签署电动汽车轻量化项目协议。

五、对行业发展的贡献

（一）金属材料方面

1. 轻质高强材料

承担和参与国家、省等相关科研项目 40 余项。在镁合金电动客车轻量化、高致密度镁合金压铸技术、汽车用镁合金部件开发、高性能镁合金活塞成分设计与制备工艺、铝合金外场处理技术等方面开展了大量的研究工作。

2.有色及黑色金属材料

主要开展镁铝轻金属材料、耐磨金属材料及摩擦磨损、金属润滑与防护材料的研究和技术开发工作。

(二)表面工程材料

主要研究金属耐磨耐蚀处理技术、环保型表面工程材料、模具模型三维扫描设计与3D打印技术。研究开发的渗硼渗金属、磷化液、切削液、清洗剂、防冻液、化学镀镍、3D打印等优质产品和技术受到企业用户的欢迎,行销全国各地。

(三)晶体材料

主要从事功能晶体材料的生长及其制备表征研究,实验室拥有完整的晶体生长及加工设备,其中使用提拉法生长KTN系列晶体为国际首创,工艺水平已达到产业化生产要求。

(四)高分子材料

实验室先后承担完成国家和省部级科研课题50余项,已在难粘材料的黏结、胶黏剂的制备、光电封装有机硅材料、高分子纳米复合材料、工业污泥的处理和利用等许多关键技术研究方面取得了创新性、突破性的成果。

(五)环境工程材料

研发的污泥低成本高效脱水技术处于国际先进水平,实现污泥机械脱水技术革命性突破,填补了国内外污泥机械脱水工艺技术的空白,探索出了一条适用于中国国情的低成本污泥减量化-资源化利用技术,为引领、支撑环境领域污泥处置产业升级和技术进步做出了应有贡献。

(六)无机非金属材料

该方向拥有陶瓷曲面板、微晶玻璃与陶瓷复合曲面板、钒钛黑瓷及其制品、陶瓷太阳板等,其中陶瓷曲面板获国家技术发明二等奖。

签约济南新材料产业基地

山东省科学院新材料所办公大楼

（撰稿人：李庆刚）

中意粉体热工研究院有限公司

一、简　介

中意粉体热工研究院有限公司院是国家授权批准具有独立对外工程承包资质的单位。本院是专业从事活性石灰工业，轻质重质及纳米碳酸钙工业，水泥工业，精细化工工业，新型建材工业，石膏制品工业，粉体材料工业，工业窑炉、环境保护方面的研究设计机构。是国内最早把粉体与粉体热处理过程作为一门专业学科研究的单位之一。

本院主要业务是承接粉体工程和粉体热学工程应用技术研究开发、工程设计、工程安装、设备成套、工程总承包、技术咨询与服务。主要由电气自动化室、过程研究室、设备研究室、热学工程研究室、共用工程与建筑设计室、工程咨询服务中心组成。

中意重型工业设备有限公司是我院全资的专业进行大型工业装备制造、设备成套的实体公司。公司管理先进、装备优良，通过ISO9001质量管理体系认证，擅长建材工业装备、环保设备、电器及自动化装备等大型工业装备制造，年产能30000吨以上。

二、历史沿革

中意粉体热工研究院有限公司的前身是中意粉体热工研究院，始建于1997年，同年公司更名为“新达科工贸有限公司”，2003年变更为“新星粉体热工研究所”，2004年改为“中意粉体科技有限公司”，2005年变更为“中意粉体热工研究院”，根据企业发展要求，2012年变更为“中意粉体热工研究院有限公司”。

现任领导班子成员：

院长：池金香

总工程师：辛生业

工艺总工程师：李国华

设备总工程师：时建

三、主要成绩

(一)主要荣誉

1.2006 年被认定为“山东省高新技术企业”。
2.2010 年获得 ISO9001 质量管理体系认证。
3.2011 年获得中国石灰协会会员证书。
4.获得南京工业大学材料工程领域工程硕士教学点资质。
5.2012 年获得中国建筑材料联合会石膏协会分会会员证书。
6.2013 年获得 ISO14001 环境管理体系认证。
7.2013 年获得 OHSAS18001 职业健康安全管理体系认证。
8.2013 年中意院“中意重型工业设备有限公司”获得进出口经营权。
9.2015 年中意院“中意重型工业设备有限公司”获得对外承包工程资质。

(二)主要科研成果

1.2004 年获得三步法低能耗工业化生产层状二硅酸钠的方法及装置发明专利证书。
2.2004 年获得生产层状结晶二硅酸钠的新型结晶装置实用新型专利证书。
3.2005 年获得生产层状结晶二硅酸钠的预处理装置实用新型专利证书。
4.2005 年获得悬浮换热烧结结晶法制备层硅的方法及装置发明专利证书。
5.2005 年获得悬浮换热烧结结晶制造层硅的装置实用新型专利证书。
6.2012 年获得 L 型竖式冷却装置实用新型专利证书。
7.2012 年获得一种节能减排型活性石灰生产装置实用新型专利证书。
8.2012 年获得一种新型高效竖式预热器实用新型专利证书。
9.2012 年获得一种节能减排型活性石灰煅烧方法及装置发明专利证书。

四、本单位大事记

2003 年,承建山东顺兴水泥股份有限公司旋窑生产线项目。

2003 年,中意新型工业设备有限公司实验车间交付使用。

2004 年,承建云南盐化股份公司 4000 吨/年层硅项目,主要负责工程设计、主机成套。

2005 年,承建山东胜通集团股份有限公司“10KT/A 高稳定性层状结晶二硅酸钠高新技术产业化示范工程”,负责工程设计。

2006 年,科研楼正式交付使用。

2007 年,承建陕西铜川华山水泥有限责任公司ø 3×48 m 旋窑生产线技术改造项目。

2008 年,承建四川嘉华水泥有限公司 3300 t/d 旋窑生产线震后复建工程。

2009 年,承建新疆高清材料科技发展有限公司一期日产 1000 t 活性石灰生产线项目，主要负责工程设计、主机成套。

2010 年，承建河北唐山永兴白灰有限公司日产 400 t/d 回转窑工业石灰项目。

2011 年，承建新疆阿克苏三五九建材有限公司日产 600 t/d 回转窑活性石灰工程。

2011 年，以工程总承包方式承建新疆托克逊新家园日产 2×1000 t 活性石灰生产线。

2012 年，通过竞标获得国家“973 项目”——“南京工业大学新型温控熟料冷却机项目”的设计生产权。

2012 年，《中意技术》刊物出版，主要介绍了工业生产石灰的方法及主要设备，从热工特性及其对石灰烧成动力学角度进行了分析；从工艺学的角度出发，分析了各种石灰煅烧技术及其设备的工艺学特性。

2013 年，承建俄罗斯制铜公司卡尔塔雷日产 600 t/d 回转窑活性石灰工程。

2013 年 8 月，赋予中意重型工业设备有限公司进出口经营权。一般经营项目：工业设备制造、销售；环保设备销售；自营产品的进出口业务（不含国有贸易管理货物的进出口）。

2015 年，山东省商务厅鲁商字〔2015〕21 号文件，同意赋予泰安中意重型工业设备有限公司对外承包工程资格的批复，代表着公司积极响应国家“走出去”的方针政策，大力扩展海外业务。

五、对行业发展的贡献

开发了中意型新型回转窑工业石灰烧成技术与设备，并建成国内第一条具有完全自主知识产权的日产 1000 吨活性石灰生产线，推动了回转窑石灰技术的发展。

是国内唯一具有新型无磷助洗剂（层硅）工业化生产技术与装备的单位，并获得发明专利。

在国内首次建成六级预热预分解新型干法水泥生产线，绿色煅烧技术实现了窑尾“零排放”煅烧，熟料综合煤耗和电耗是业内最低的，可节约投资 30%以上。

在新型墙体材料方面，为国内众多的纸面石膏板生产线的设计、建设、调试、达产提供了强有力的技术和设备支持。

办公楼图片

4×600 t/d 石灰厂效果图

（撰稿人：陈　雪）

国家陶瓷与耐火材料产品质量监督检验中心

一、简　介

国家陶瓷与耐火材料产品质量监督检验中心经国家质检总局批准筹建，母体单位为淄博市产品质量监督检验所，是一家独立的第三方检测机构。

国家陶瓷与耐火材料产品质量监督检验中心拥有一支技术精湛的专业技术人员队伍，其中有博士3人、硕士8人、高级工程师7人、工程师10人。检验室面积6000 m^2，各种国内外先进检验仪器设备220余台(套)，价值1500万元。

国家陶瓷与耐火材料产品质量监督检验中心除承担国家、省局下达的监督抽查任务外，也接受社会各界委托检验、仲裁检验、工业产品生产许可证发证检验和3C发证检验，国家、行业标准及地方标准的制修订，生产企业新产品研制的型式试验，相关领域产品检测设备的研究开发等工作。能够为企业提供质量技术信息服务、质量认证咨询、检验技术人员培训及技术咨询服务等。

二、历史沿革

国家陶瓷与耐火材料产品质量监督检验中心于2007年6月26日经国家质检总局批准筹建。2008年8月，经国家质检总局验收，通过国家计量认证/审查认可验收、实验室认可三合一评审。2008年9月国家质检总局正式批准成立。

历任主要领导

姓　名	职　务	任职时间
李环亭	主任	2008.8～2010.8
刘宗奎	主任	2010.9～2013.9

三、主要成绩

截至目前，国家陶瓷与耐火材料产品质量监督检验中心已通过国家认可委、国家认监委审查，取得认可/授权的包括209个产品及55大类产品的548个参数及方法。积极进行国际互认工作，能按国外最新先进标准进行检验的项目有102个，可以进行关键项目的检验。

科研方面，国家标准《陶瓷熔块釉化学分析方法》(GB/T16537-2010)获淄博市质量技术监督局科技成果一等奖；检验管理系统获淄博市质量技术监督局科技成果二等奖；《热风炉储热室格子砖物理性能检测方法研究》获得优秀论文奖二等奖，《网络化对质检机构管理的影响》获得优秀论文奖三等奖；中心被评为2011年度“科技兴检先进单位”。

四、对行业发展的贡献

(一)承担上级部门监督抽查任务

国家陶瓷与耐火材料产品质量监督检验中心成立至今，多次承担了国家及省局耐火材料和陶瓷砖产品监督抽查任务。树立了我们国家级质量监督检验中心的良好形象。

(二)技术能力方面

通过培养造就一批从事陶瓷耐火产品检测、研发及标准研究的专业人员，提高了陶瓷耐火产品方面的检测能力。在陶瓷耐火产品检验领域中，我中心是国内设备最齐全、规模最大的实验室。

(三)耐火材料产品生产许可证业务

承担生产许可证产品的检验工作，除了山东省以外，目前业务范围已经覆盖浙江、江苏、辽宁、湖南、北京、上海等省市，为当地的企业及工业产品生产许可证办公室提供产品检验报告，为当地的质量监管工作提供有力保障。

(四)获瓷质砖产品强制性认证实验室资质

我中心获得瓷质砖强制认证实验室资质，可以就近为山东企业提供检测服务，减少了企业大量的费用，同时也能为今后更好地服务地方经济发展做出贡献。

(五)积极拓展新业务

中心采取“走出去”的方针，积极拓展相关产品检测、技术人员培训等工作。为广大耐火材料使用企业如石化、碳素、冶金、化工等行业的相关单位提供技术服务。

（六）产学研共建

先后与山东理工大学、山东职业学院、河南科技大学、武汉科技大学等知名学校签订合作协议，建立正式的合作关系，打造教学科研基地。

（七）文化建设

大力弘扬质检文化，确定了中心文化建设的基本理念，设计徽章和标志，加强网站宣传，并刻录光盘。编辑发行了《陶瓷耐火中心文化手册》，并印刷中英文宣传材料。

（八）加大信息化建设力度

为了增强与同行之间的沟通与交流，更好地服务中国陶瓷耐火事业，中心有专业人员维护运行国家陶瓷与耐火材料产品质量监督检验中心网站，网址为 www.nicrc.com，及时传递陶瓷耐火工作的各方面信息，服务生产企业和用户，促进陶瓷耐火产品的推广与使用，并搭建起了一个客户与中心业务联系的全新平台。

（九）电子化业务管理

为了确保中心电子化业务管理的高效、快捷，2011 年新建设了中心的网络系统。利用最新的 Intranet VPN 技术，在国家陶瓷与耐火中心与淄博市质检所之间通过公网构筑虚拟网，达到互相访问、交换信息的目的。

国家陶瓷与耐火材料产品质量监督检验中心自 2008 年 9 月经国家质检总局批准成立以来，充分发挥监督检验职能，完成了政府部门下达的产品监督检验计划，先后为 400 余家陶瓷耐火材料企业出具质检报告 4000 余份，为近千家企业、用户委托业务进行检验，并帮助其分析产品质量存在的问题，指导其改进、提高产品品质。中心注重发挥人才、技术、设备优势，帮助企业加强质量管理和人才培养，先后为陶瓷、耐火材料企业培养技术人员 500 余名，为提高产品质量打下了坚实基础。帮助企业建立健全产品质量体系，帮助企业建立实验室 30 余个，使企业的质量管理水平有了新的提高。

国家陶瓷与耐火材料产品质量监督检验中心外景

国家陶瓷与耐火材料产品质量监督检验中心外景

（撰稿人：王　东）

Shandong Cailiao 100 Jia

钢铁及有色金属企业

莱芜钢铁集团粉末冶金有限公司

一、简　介

莱芜钢铁集团粉末冶金有限公司(其前身是山东莱芜粉末冶金厂)始建于1987年,2000年8月改制成为莱钢集团有限公司的子公司,2003年11月资产置换到鲁银投资集团股份有限公司。经过20多年的建设、改革和发展,公司现已具备年产10万吨钢铁粉末生产能力,是目前国内规模最大、品种齐全、质量前茅,且唯一拥有还原制粉和雾化制粉生产线的现代化大型钢铁粉末生产企业。

公司主营产品有还原铁粉和水雾化系列钢铁粉末。还原铁粉有FHY100·27、FHY100·25、LRP150、FHY200等10余种牌号;水雾化系列钢铁粉末有纯铁粉、合金钢粉、扩散型合金钢粉、电焊条用粉等。其中,LRP150还原粉被国家经贸委评为"国家级重点新产品",LAP100.29水雾化纯铁粉和LAP100.29A2水雾化合金钢粉被国家科技部评为"国家级重点新产品",FHY200等3种产品被山东经贸委评为"山东省优秀新产品",莱钢牌还原铁粉和水雾化钢铁粉末荣获"山东名牌"称号。公司产品质量均达到国内领先、国际先进水平。公司已通过ISO9002质量体系认证,建立了完善的产品质量保证体系,产品质量稳定可靠,售后服务有保障。公司始终本着"全心全意为用户提高价值创造能力""共赢共享,直到永远"的理念,诚信经营。公司产品畅销国内25个省、市、区,主要分布在重庆、江浙、广东、山东、山西等区域,并出口日本、韩国等国家和地区,国内市场占有率达25%。

公司生产、检试验装备齐全。生产装备主要有168米/176米隧道窑、带式还原电炉、EBT 15 t电弧炉、LF 20 t精炼炉,雾化、脱水、烘干、筛分、合批装置等;检(试)验设备主要有红外碳硫分析仪、直读光谱仪、原子吸收分光光度计、体式显微镜、氢损仪、万能材料试验机、冲击试验机、硬度试验机等,整体装备水平达到了国内领先、国际先进。

公司注重科技创新,成立了山东省粉末冶金工程技术研究中心、山东省粉末冶金重点实验室,并与国内外多家高校、科研院所和重点企业建立了密切的合作关系,聘有多名粉末冶金专家教授,认真实施"产、学、研"一体化运作。

2014年公司钢铁粉末产量91482吨,销量90611吨;公司总资产36680万元,实现营业收入43613万元、利税6800万元、利润3366万元;公司在岗人员578人。

二、历史沿革

莱芜钢铁集团粉末冶金有限公司(其前身是山东莱芜粉末冶金厂)始建于1987年，2000年8月改制成为莱钢集团有限公司的子公司,2003年11月资产置换到鲁银投资集团股份有限公司。

历任主要领导

姓　名	任职时间
赵相堂	1987～1992
崔建民	1992～2014
李普明	2014至今

现任领导班子成员：

董事长、党委书记、经理:李普明

党委副书记、纪委书记、副经理、工会主席:王昌东

副经理:陈建华　袁　勇　张安国

三、主要成绩

1996年公司被山东省科委认定为“山东省高新技术企业”。

2001年公司被认定为“中国专利山东明星企业”。

2001年公司被国家科技部认定为“国家高技术研究发展计划(‘863计划’)成果产业化基地”。

2003年公司被国家科技部认定为“国家新材料产业化基地骨干企业”。

2009年公司被国家科技部认定为“国家级重点高新技术企业”。

四、本单位大事记

1987年,由莱芜市计划委员会批准立项,莱钢第一钢厂综合服务公司与莱芜市第二实业公司以联营方式建成莱芜市粉末冶金厂。

1988年,建成1号隧道窑,完成配套设备安装并进入调试阶段。

1992年,企业更名为“山东莱芜粉末冶金厂”;2号隧道窑建成投产。

1995年,3号隧道窑建成投产。

1996年,被山东省科委认定为“高新技术企业”。

2000年,企业改制为莱芜钢铁集团粉末冶金有限公司;国家高技术研究发展计划(“863计划”)项目《轿车用高性能水雾化粉末材料的规模化生产技术》通过验收。

2001 年，中共莱芜钢铁集团粉末冶金有限公司委员会成立；公司获“中国专利山东明星企业”称号，并被国家科技部认定为“国家高技术研究发展计划（‘863 计划’）成果产业化基地”。

2003 年，《5 万吨轿车用高性能钢铁粉末处理线》《年产 4 万吨水雾化钢铁生粉生产线》项目先后投产；4 号、5 号隧道窑建成投产；经山东省科技厅批准，公司成立山东省粉末冶金工程技术研究中心；公司被国家科技部认定为“国家新材料产业化基地骨干企业”。

2004 年，6 号、7 号隧道窑建成投产。

2006 年，25000 吨海绵铁生产线立项，新征土地 77 亩。

2007 年，公司通过 GB/T19001-2000-ISO9001：2000 质量体系认证。

2008 年，1 号 168 米隧道窑建成投产。

2009 年，2 号 168 米隧道窑建成投产；公司被国家科技部认定为“国家级重点高新技术企业”。

2010 年，公司 15000 吨钢铁粉末精还原及成品处理生产线项目送电投产。

2013 年，公司被认定为“山东省第二批知识产权示范企业”；公司被科技部认定为“特色产业基地龙头骨干企业”；公司新建 3 号、4 号 176 米隧道窑建成投产。

五、对行业发展的贡献

经过 20 多年的研究和发展，公司多项技术成果已经在粉末冶金行业得到了广泛的应用和发展，如大型隧道窑还原技术、水雾化制粉技术等，使得国内高性能粉末冶金产品从无到有，开拓了粉末冶金行业的新局面。

公司牵头联合省内粉末冶金生产和科研单位共 32 家成立了山东省粉末冶金创新产略联盟。该联盟的成立有效地整合了省内粉末冶金行业的技术和生产资源，加强了技术、人才、生产交流，大大提升了省内粉末冶金行业的整体水平。

公司培养了一大批粉末冶金专业工程师、管理和技术骨干，积累了丰富的研究和生产经验，始终在引导省内粉末冶金行业的发展和进步，同时也为粉末冶金行业的持续、快速、健康发展做出了积极贡献。

公司获得 2014 年度山东省科技进步一等奖

莱芜钢铁集团粉末冶金有限公司厂区全景

（撰稿人：巩立国）

山东潍焦控股有限公司

一、简　介

山东潍焦控股有限公司(以下简称“公司”)位于山东省昌乐县,东距“世界风筝都”潍坊市区12公里,西距“中国蓝宝石之乡”昌乐县城9公里,北距济青高速公路4公里、309国道1公里,南临胶济铁路,并有专用货场。海路运输距潍坊港80公里,距青岛港、日照港180公里。地理位置优越,交通十分便利。

公司的前身为昌潍地区朱刘店焦化厂,成立于1971年,是一家以煤化工产业为主,集科、工、贸为一体的国家大型现代化企业集团。公司股权结构为潍坊振兴投资有限公司占64%,潍坊市投资公司(国有)占20%,乳山鑫山贸易有限公司占16%。现拥有潍坊昌乐和枣庄薛城两大产业基地,职工4000余名。截至2014年底,企业总资产为85亿元,主要产品有焦炭、炭黑油、工业萘、改质沥青、苯酐、PBT合成树脂、食品添加剂碳酸氢铵、纯苯、甲醇等40余种,广泛应用于冶金、化工、医药、食品加工等行业领域。公司为山东省人民政府重点扶持的焦化企业之一,2014年,公司被潍坊市委、市政府列为“构建现代产业体系龙头企业”。

2014年,累计生产焦炭284.26万吨、食品碳铵9.37万吨、粗苯精制产品14.71万吨、煤焦油深加工产品52.76万吨,实现销售收入101.4亿元、利税3.11亿元、利润1.17亿元。

二、历史沿革

1971年,昌潍地区革命委员会研究决定,成立昌潍地区朱刘店焦化厂筹建处,建立年产4万吨焦化厂。

1992年8月,企业更名为“山东鸢都化工集团朱刘店焦化厂”。

1997年,企业由工厂制改为公司制,更名为“山东海化集团潍坊振兴焦化有限公司”,同年接管昌乐县化工总厂。

2003年,企业进行股份制改造,完善了法人治理结构,优化了资本结构,理顺了产权关系，形成了责、权、利高度统一的管理格局。

2006 年，企业更名为“潍坊振兴焦化有限公司”。

2007 年，企业更名“山东潍焦集团有限公司”，下设焦化厂、炼铁厂、化工厂、热电厂以及山东杰富意振兴化工有限公司、潍坊振兴日升化工有限公司、潍坊振兴宏泰化工有限公司。

2014 年，组建山东潍焦控股有限公司，设立潍坊振兴焦化有限公司，按照产权清晰、权责分明的原则，理顺了公司内部股权结构，确立了“1＋N”（1 个控股公司＋N 个子公司）的扁平式集团化管理新模式。

历任主要领导

机构名称	起止时间	姓名	职务	任职时间
昌潍地区朱刘店焦化厂	1971.1～1981.9	李学敏	党支部书记	1971.8～1973.1
		杜守礼	党委书记	1973.1～1977.9
		尹兴武	党委书记	1977.8～1981.9
		刘德润	厂长	1978.4～1981.9
潍坊地区朱刘店焦化厂	1981.9～1992.8	尹兴武	党委书记	1981.9～1992.8
		刘德润	厂长	1981.9～1983.12
		刘守文	厂长	1984.10～1992.8
山东鸢都化工集团朱刘店焦化厂	1992.8～1995.6	尹兴武	党委书记	1992.8～1995.6
		刘守文	厂长	1992.8～1995.6
潍坊朱刘店焦化厂	1995.6～1996.10	刘守文	党委书记、厂长	1995.6～1996.10
山东海洋化工集团朱刘店焦化厂	1996.10～1997.10	钟焕然	党委书记、厂长	1996.10～1997.10
山东海洋化工集团潍坊振兴焦化有限公司	1997.10～2006.8	钟焕然	党委书记、经理	1997.10～1998.5
		夏云国	党委书记	1998.5～2000.1
		姜万禄	党委书记	2000.1～2006.12
		夏云国	董事长	2003.9～2006.8
		夏云国	经理	1998.5～2003.9
		周兴华	总经理	2003.9～2006.8
潍坊振兴焦化公司	2006.8～2007.10	姜万禄	党委书记	2005.12～2007.10
		夏云国	董事长	2006.8～2007.10
		周兴华	总经理	2005.9～2007.10

续表

机构名称	起止时间	姓名	职务	任职时间
山东潍焦集团有限公司	2007.10～2014.9	姜万禄	党委书记	2007.10～2011.12
		刘良玉	党委书记	2011.12～2014.9
		夏云国	董事长	2007.10～2011.2
		刘良玉	董事长	2011.3～2014
		周兴华	总经理	2007.10～2011.12
		王读升	总经理	2011.12～2014.9
山东潍焦控股有限公司	2014.9 至今	刘良玉	董事长	2014.9 至今
		王读升	党委书记、总经理	2014.9 至今

现任领导班子成员：

董事长、党委书记：刘良玉

总经理：王读升

副总经理：夏潍平　张德明　王永新　吴磊宗　杨明正　吕　红　王读福

财务总监：苗乃兴

三、主要成绩

近年来，公司按照向煤化工转型发展的思路，由传统炼焦企业发展成煤化工企业集团，也因此荣获“全国炼焦行业效益十佳企业”“全国民营企业(制造业)500强”“中国精细化工(昌乐)产业基地重点企业”“全国守信单位(AAA级)”“环境保护优秀企业”“山东省省级文明单位”“山东省清洁生产先进企业”“山东省节能先进企业”“山东省安全生产工作先进单位”“山东省富民兴鲁劳动奖状”等荣誉称号。

四、本单位大事记

1971年1月，昌潍地区革命委员会决定，在昌乐县朱刘店建立年产4万吨焦化厂，总投资180万元。

1975年2月，“七○”型1号炉投产。1号炉使用2号炉煤气烘炉，节约能源价值万元以上，在潍坊地区首届科学大会上被列为本地区14项重大科技成果之一。

1987年4月，潍坊市举行煤气工程竣工投产大会，焦化厂正式向潍坊市区供应煤气。

1990年1月，焦化厂加入中国金属学会。

1996年10月14日，潍坊朱刘店焦化厂划归山东海洋化工集团有限公司。

2003年10月6日，40万吨/年焦炉正式点火烘炉；12月4日，推出第一孔焦炭。

2004年5月21日，“七○”型焦炉化产回收系统与70万吨/年大化产回收系统合并成功；7月20日，“六六”型焦炉化产回收系统与70万吨/年大化产回收系统合并成功，至此，一个化产系统带八座焦炉，这在全国尚属首家。

2006 年 12 月 11 日，中日合资山东杰富意振兴化工有限公司 30 万吨/年煤焦油深加工项目竣工投产庆典仪式在潍坊鸢飞大酒店隆重举行。

2007 年 10 月 18 日，公司正式更名为“山东潍焦集团有限公司”。

2011 年 10 月 26 日，企业成立 40 周年纪念大会暨 140 t/h 干熄焦项目投产启动仪式在职工俱乐部隆重举行。

2012 年 7 月 20 日，山东海化煤业化工有限公司股权转让签约仪式在枣庄颐正园隆重举行；9 月 28 日，山东潍焦集团薛城能源有限公司揭牌仪式隆重举行；12 月 30 日，《薛城能源循环经济百亿产业园合作协议》签约仪式在枣庄颐正园举行。

2013 年 3 月 5 日，成立山东潍焦集团国际贸易有限公司；6 月 13 日，集团薛城能源公司循环经济百亿产业园项目合作协议签约仪式在枣庄开元凤鸣山庄隆重举行。

2014 年 4 月 12 日，公司被潍坊市委、市政府授予“潍坊市节能降耗标兵企业”荣誉称号。

五、对行业发展的贡献

1. 参与了中国炭黑行业协会组织的 CB 油标准讨论制定，引发了国内炭黑企业的原料变革。

2. 参与了国家标准化委员会无机化工分会组织的食品添加剂碳酸氢铵标准修订。

3. 建成投产的 140 t/h 干熄焦配套余热发电及废水深度处理项目，对行业节能减排、资源综合利用提升起到了很好的示范带动作用。

20 万吨粗苯加氢精制项目落成

山东潍焦集团有限公司全景图

（撰稿人：郝淑艳）

山东省四方技术开发有限公司

一、简 介

山东省四方技术开发有限公司，是隶属济南高新区的民营科技型企业，注册资金3000万元，下设2个全资子公司和1个研发中心。主要从事材料研究并将研究成果用于轧钢高效工模具和关键零部件研发制造，是目前国内钢管及冷弯型钢用高铬合金轧辊等工模具专业生产基地，技术与规模处于行业领军地位。

2014年底总资产8000万元、营业收入8000万元、利税1200万元、利润600万元、主要产品产量2000吨，上述指标均列本行业三甲，职工人数150人。

二、历史沿革

1999年，公司成立于济南高新区，初始注册资金60万元。公司由原山东省冶金科学研究院副院长袁厚之研究员率领部分骨干携带自己的科研成果与山东省商业集团和山东省商会两个法人单位及部分自然人股东共同出资创建。

2007年，经山东省国资委批准，国有股全部退出。原国有股由在册的48位自然人股东按持股比例认购。国有股投资回报达到12.45倍，实现了国有资产保值增值。

2008年，公司注册资金扩股至1000万元。

2010年，公司注册资金扩股至3000万元。

公司创始人、执行董事兼总经理袁厚之研究员任职时间自1999年公司成立至今。

现任领导班子成员：

总经理：袁厚之

副总经理：张 凝 刘行一 冉 震

三、主要成绩

公司是由科技专家领办的“国家级高新技术企业”、中国钢管和冷弯型钢工模具产业技术创新战略联盟理事长单位、国家冶金生产力促进中心高铬辊推广中心的依托单位、中国钢协钢管分会理事单位和冷弯型钢分会理事单位、中国金属学会轧辊学术委员会委员单位，拥有“山东名牌”产品、拥有“山东省著名商标”，承担国家火炬计划，负责主持起草《焊管轧辊》国家标准和《冷弯型钢轧辊》行业标准。

公司自主研发的科研成果获得8项发明专利和4项实用新型专利以及1项德国专利，并成功地实现了产业化。其中“钢管及冷弯型钢用新型轧辊的研制与应用”项目获中国冶金科学技术二等奖、山东省科技进步二等奖、济南市技术发明一等奖、中国钢协冷弯型钢分会技术创新奖和特色品种奖；“大型ERW直缝焊管轧辊”项目列入国家火炬计划，跻身“国家重点新产品”之列，获国家科技型中小企业创新基金和山东省重大节能技术产业化奖励等多项支持。

公司积极引进国际先进管理模式，于2005年通过了质量管理体系ISO9001:2000标准认证、环境管理体系ISO14001:2004标准认证。

公司主导产品“高铬合金钢管矫直辊”已被国内全部大型钢管企业采用，国内市场覆盖面达到80%；“ERW焊管及冷弯型钢用新型高铬合金轧辊”广泛应用于国产轧管机组，支持冶金行业实现了高档轧辊的国产化。公司积极实施“以自主技术换国际市场”战略，创新产品已出口到美国、德国、俄罗斯等国家，出口比例占30%。

四、本单位大事记

1999年12月，公司注册成立。以研制生产具有自主知识产权的以铸代锻钢管矫直辊及轧辊等工模具为主业。公司一经成立就被认定为“国家级高新技术企业”。

2005年，通过了质量管理体系ISO9001:2000标准认证。

2006年，通过了环境管理体系ISO14001:2004标准认证。

2008年，由山东省科技厅批准的山东省自主创新工程/高铬辊生产基地、全资子公司——“山东四方钢管设备制造有限公司”在山东省济北开发区建成投产。

2010年，组建了第二家全资子公司——“山东四方铸造有限公司”。

2013年，经济南市科技局批准设立济南市钢管及冷弯型钢用工模具工程技术研究中心。

2013年，公司“ERW焊管轧辊”项目被科技部认定为“国家重点新产品”。

2013年，经中国产学研合作促进会批准，山东四方公司联合国内20多家从事钢管和冷弯型钢工模具研发及应用的主流企业、大学、科研机构共同发起了“中国钢管和冷弯型钢工模具产业技术创新战略联盟”，并担任联盟理事长单位。

2013年，公司被评为“济南市著名商标”和“济南名牌”。

2014年，公司被评为“山东省著名商标”和“山东名牌”。

2014年，公司与世界冶金装备制造领军企业德国西马克-梅尔公司签订9套大型ERW焊管轧辊大额订单，为俄罗斯天然气工业股份公司提供整套焊管设备关键配件。

2014年，四方公司承担主持起草《焊接钢管轧辊》国家标准和《冷弯型钢轧辊》行业标准任务。

五、对行业发展的贡献

四方公司首创的系列高铬合金新材料和“以铸代锻”新技术，具有耐激冷激热、抗裂耐磨、节能节材等突出特性，产品技术水平和使用寿命达到德国、美国、日本等国际最高档次锻钢轧辊的先进水平，是国产锻造轧辊的2～3倍，比国内外同类产品锻造工艺生产可节能节材70%和40%，彻底颠覆了传统教科书轧辊材质和制造理论，形成了自主知识产权，为打造“中国创造”知名民族品牌，实施“走出去”战略依托钢企国外建厂奠定了基础。

新型轧辊技术得到国内外用户的广泛认可，已累计新增销售收入逾10亿元，出口创汇5000万美元。产品替代进口每年可为国内用户节省数千万美元的外汇支出；超高的使用寿命和性能每年为用户降低备件成本约1亿元，用户因提高轧机作业率和成品率而增产增效约15亿元。2013年起，产品被国际轧钢装备设计制造领军企业的德国西马克公司大量采用订购，实现了用自主创新技术换国际市场的逆转，为引领行业发展，由钢铁大国向钢铁强国迈进做出贡献。

四方公司实现了以铸代锻、近终成型、减少机切等创新工艺，比国内外传统的锻造工艺节能70%、节材40%。对我国节能减排事业做出贡献。

四方公司联合20余家单位发起成立了“中国钢管和冷弯型钢工模具产业技术创新战略联盟”。联盟通过整合产学研用产业链的创新力量，加强成员间的产、学、研、用合作与交流，在钢管和冷弯型钢用工模具产业前沿领域进行共同攻关与协同创新，加强联盟成员单位科技成果转化，取得了多项创新成果，促进了联盟成员单位共同发展，提升了我国制造钢管及冷弯型钢用工模具产业的整体创新能力和产业水平。

四方公司产品出口到美国、德国、俄罗斯等国家

中国钢管和冷弯型钢工模具产业技术创新战略联盟成立大会

（撰稿人：牟大立）

阳谷祥光铜业有限公司

一、简　介

(一)企业经营管理等基本情况

阳谷祥光铜业有限公司是世界单系统产能最大的铜冶炼厂,位于中国首家铜产业国家级生态工业示范园区——阳谷祥光生态工业园,成立于2005年1月,注册资本47.3亿元,员工1520人。2014年度总资产190亿元,营业收入325亿元,利税31亿元。

祥光铜业是中国有色金属行业唯一的一个"国家环境友好工程"。企业先后被国家发改委列入第一批符合《铜冶炼行业准入条件》的7家企业之一,被国家商务部、海关总署列入获准铜精矿加工贸易的7家企业之一,被国家工信部、科技部、财政部联合评定为第一批"资源节约型和环境友好型试点企业",被国家工信部评定为"有色金属行业能效及环保标杆企业""国家级信息化和工业化深度融合示范企业"。公司ISO9001质量管理体系、ISO14001环境管理体系、OHSA18001职业健康安全管理体系、GB/T23331-2009能源管理体系均已通过中国质量认证中心的权威认证。

祥光铜业技术装备力量雄厚。公司拥有世界一流的技术装备力量,在国内率先引进采用了世界先进的闪速熔炼和闪速吹炼铜冶炼生产技术工艺,投资1.38亿美元购置了美国、芬兰、德国等发达国家数台(套)高智能化、高效率的先进生产线设备,建设了国内首条国内技术最先进、环保、节能、高效的铜冶炼生产线。

祥光铜业产品质量优良。公司主要产品阴极铜、黄金、白银、硫酸和铂、钯、铋、碲、铼、硒等稀贵稀散金属均为国家重要的物质资源,是工业生产和科技信息产业发展不可缺少的原料。"祥光"牌高纯阴极铜已经取得上海期货交易所(SHFE)和伦敦金属交易所(LME)的双注册,被国家质监总局批准为中国第一批生态原产地保护产品,是"山东名牌"产品,2012年荣获第四届山东省省长质量奖。产品销售以华北、华中和华东地区为主线辐射全国,部分产品远销海外,2014年实现出口创汇2.04亿美元。

祥光铜业注重先进、节能、高效新技术的研发及工业化应用,建有国家认可实验室,并分别被山东省科技厅、山东省发改委认定为"山东省铜冶炼及稀散贵金属提取工程技术研究中心”和“山东省铜冶炼清洁生产、综合利用工程实验室”。2013 年 11 月，国家发改委、科技部、财政部、海关总署、税务总局 5 部委联合发布公告，公司被正式评定为“国家认定企业技术中心”。

(二)企业在行业中的地位和作用

目前，企业已形成年产阴极铜 60 万吨、黄金 20 吨、白银 600 吨、硫酸 180 万吨和稀贵稀散金属 1000 吨的生产能力；主导产品阴极铜销售网络以华北、华中和华东地区为主线辐射全国，部分产品远销海外，2014 年度，阴极铜产量 43.7 万吨，市场占有率约 10%。公司以快速的发展、优质的产品赢得了国内外客户的认可和普遍赞誉，在同行业发展中有着重要的地位和领军作用。

(三)企业在本产业领域技术创新中的作用和竞争能力

祥光铜业承担的科研项目“旋浮一步炼铜关键技术”和“节能、高效、强化电解平行流技术”被列入山东省攻克一批关键技术的重点任务。《山东省六大传统产业转型升级指导计划》还明确指出山东省政府将支持阳谷祥光铜业发展为铜冶炼加工及再生铜加工的大型铜业集团，使之成为山东省冶金行业的骨干企业；并将重点培育祥光生态工业园走集约发展模式，形成有色金属采选、冶炼、深加工的产业集群。

祥光铜业“粗铜自氧化还原精炼技术”被列入《国家重点节能技术推广目录》。该技术成功实现了工业转化，节能减排效果显著，若该技术在铜冶炼行业得到广泛推广，可为行业节能减排起到积极作用。

二、历史沿革

2005 年 1 月 6 日，阳谷祥光铜业有限公司成立。

2007 年 12 月 21 日，山东祥光集团有限公司成立。

2009 年 10 月 29 日，新凤祥控股集团有限责任公司成立。

现任领导班子成员：

董事长：刘学景

总裁：刘志光

副总裁：周松林

三、主要成绩

近年来，祥光铜业先后承担了国家国际科技合作项目、国家发改委重点节能技术专项等 11 项国家、省、市级大型科研课题，申请专利 90 多项，授权专利 74 项，其中授权发明专利 34 项(其中国际发明 14 项)、软件著作权 3 项；主持和参与制定国家、行业标准 20 余项，已发布实施 17 项；多项技术成果通过山东省科技厅组织的科技成果鉴定，项目成果整体达到国际领先水平；先后获国家科技进步二等奖 1 项，中国专利奖金奖 1 项，山东省技术发明一等奖 1 项，山东省科技进步一等奖 1 项，中国有色金属工业科学技术奖一等奖 3 项、二等奖 1 项、三等奖 2 项，中国专利优秀奖 1 项，山东省专利一等奖 2 项，聊城市科技进步一等奖 3 项。

四、本单位大事记

2005 年 9 月 19 日，祥光铜业年产 40 万吨阴极铜(一期 20 万吨)主体工程奠基仪式举行。

2007 年 6 月 18 日，祥光铜业一期工程点火成功。

2007 年 11 月 29 日，祥光铜业先进“闪速”铜冶炼项目投产庆典隆重举行。

2009 年 3 月 2 日，祥光铜业被国家商务部、海关总署列入获准铜精矿加工贸易的 7 家企业之一。

2009 年 6 月 19 日，祥光铜业年产 40 万吨阴极铜二期(20 万吨)工程开工仪式举行。

2009 年 7 月 19 日，祥光铜业顺利产出第一批高品质黄金。

2009 年 12 月 10 日，“祥光”牌高纯阴极铜在上海期货交易所成功注册。

2011 年 4 月 26 日，祥光铜业年产 40 万吨阴极铜工程全面建成投产。

2011 年 7 月 20 日，“祥光”(XGC)牌阴极铜在伦敦金属交易所成功注册。

2012 年 10 月 22 日，祥光牌阴极铜被国家质检总局评定为“生态原产地保护产品”。

2013 年 1 月 11 日，祥光铜业荣获第四届山东省省长质量奖。

2013 年 1 月 23 日，祥光铜业被工信部评为“国家级信息化和工业化深度融合示范企业”。

2015 年 1 月 14 日，祥光铜业“粗铜自氧化还原精炼技术”入选《国家重点节能低碳技术推广目录(2014 年本，节能部分)》。

五、对行业发展的贡献

祥光技术填补了世界铜冶炼技术的一项空白，在世界上第一个实现了超强旋浮智能冶炼和自热冶炼，打破了国外对闪速炼铜核心技术近 60 年的垄断，使我国铜冶炼技术提升到世界的前列，同时为国家节约了大量外汇。技术成果在祥光成功实现了工业转化，各项技术经济指标均优于世界先进的同类冶炼厂，得到了国内外同行业专家的高度认可，多家企业纷纷派技术专家前来实地生产调研，目前已同包括加拿大艾丰豪、中国黄金等 6 家国内外知名企业完成了技术输出，实现了我国由技术引进国变为技术输出国的重大突破。技术的成功应用提升了中国在世界铜冶炼行业的核心竞争力，对推动中国有色冶金技术和装备的发展，提升铜冶炼行业整体技术和节能环保水平具有重大意义。

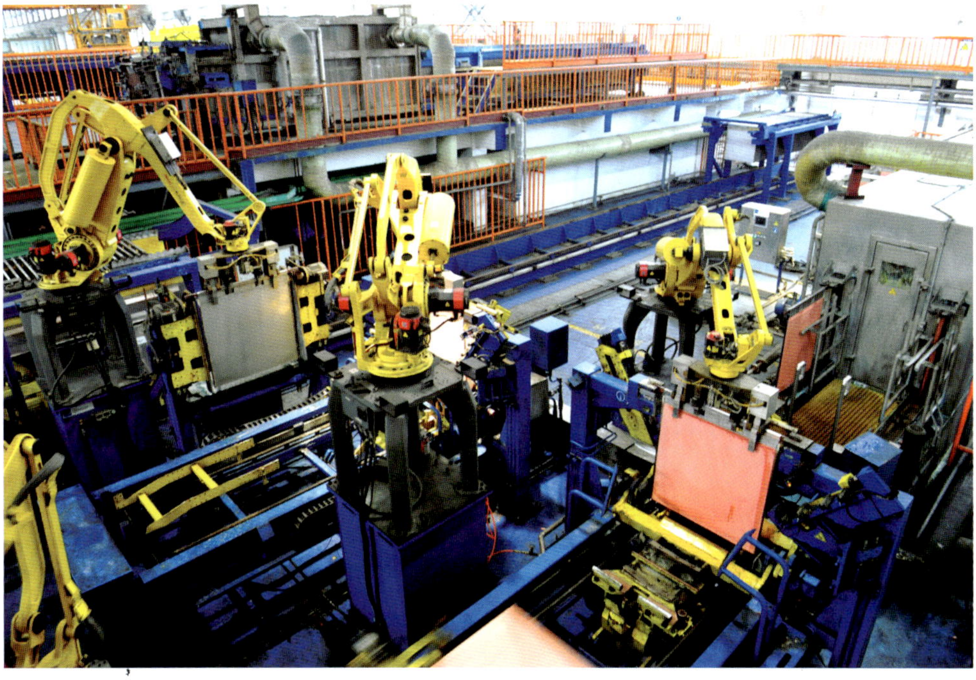

阳谷祥光铜业有限公司电解车间剥片机组

阳谷祥光铜业有限公司全景图

（撰稿人：陈迎武）

山东慧敏科技开发有限公司

一、简　介

山东慧敏科技开发有限公司成立于2001年，原是济钢集团的子公司，2003年改制为民营科技企业，法人代表周惠敏。我公司是山东省科技厅、财政厅、国地税局认定的“高新技术企业”，山东省科技厅、知识产权局认定的“中国专利山东明星企业”。

公司主要从事高辐射节能环保材料的开发、生产、销售；节能技术的开发与服务等。公司自主研发的高辐射覆层技术创造性地将高辐射覆层材料应用于蓄热体表面，开创了利用高发射率材料强化辐射传热的先河，被专家誉为是一项“集冶金、材料、化工为一体的多学科交叉的创新技术”“炼铁节能技术的一项突破”“将会成为世界炼铁行业的必用技术”。该技术曾获国家中小企业创新基金和国家科技支撑计划项目支持，现已在国内外60余家钢铁企业的408座高炉热风炉和焦炉上应用。累计实现节约焦炭192.73万吨，节约资金60.23亿元，减少二氧化碳排放462.55万吨。

公司现有职工62人，截至2014年底，公司总资产12882万元，营业收入3634万元，利税623万元，利润380万元，每年用农民工约7000个工日。建有年产1500吨“杰能王”纳微米高温红外节能涂料的自动化生产线。

董事长周惠敏是工程技术应用研究员，“国务院特殊津贴专家”，山东省人大十二届常委。

二、历史沿革

公司成立于2001年，原是济南钢铁集团的子公司，2003年改制为民营科技企业，周惠敏任董事长至今。

现任领导班子成员：

董事长兼总经理：周惠敏

常务副总经理：王家水

副总经理：刘庆华　胡江宁　刘新华　田凤军　王连杰

总经理助理：田凤敏

三、主要成绩

10余年来，慧敏科技公司主要致力于强化工业炉窑辐射传热技术和蓄热体覆层材料的研究，主要科研成果有：先后承担科技部项目2项、国家发改委项目1项、省市科研课题5项。获得国家发明专利4项、实用新型专利1项、俄罗斯专利1项、日本专利1项。获中华全国工商业联合会科学技术奖一等奖、山东省政府节能奖、山东省科技进步二等奖、济南市技术发明一等奖等。核心技术高辐射覆层技术列入国家重点节能低碳技术推广目录和山东省政府组织实施的重大节能技术“三个节能100项”，入选中国钢铁行业节能环保“钢铁好技术”。公司作为主要起草单位起草的1项国家标准、2项冶金行业标准已经发布实施，起草的2项国家标准、1项冶金行业标准已经通过审定。产品“杰能王”纳微米高温红外节能涂料为“国家重点新产品”和“山东名牌”产品。

公司成立以来，荣获多项荣誉，主要有：全国优秀民营科技企业“民营科技发展贡献奖”“山东省民营企业就业和社会保障先进单位”“山东最具发展潜力民营企业”“山东省创新型民营企业”“十佳儒商单位”“济南市节能先进企业”“济南市战略性新兴产业明星企业”“济南市文明诚信企业”等。公司党支部连续7年被评为“山东省工商联民营企业先进党组织”。

四、本单位大事记

2001年1月，公司注册成立，隶属济钢子公司，2003年改制为民营科技企业。

2004年2月，我公司“杰能王”纳微米高温红外节能涂料在山东耐火材料公司实验室做升降温实验并在莱钢1880立方米高炉热风炉上应用。

2005年4月，我公司通过ISO9000认证。

2005年9月，“杰能王”纳微米高温红外节能涂料被认定为“高新技术产品”。

2005年9月，我公司成立工会委员会，由王家水副总经理担任工会主席。

2005年11月，我公司成立党支部，王家水任党支部书记，隶属于山东省工商联直属机关党委。

2008年8月，我公司对山东石横特钢新建1号焦炉施用“杰能王”纳微米高温红外节能涂料，这是节能涂料首次在焦炉上应用。

2010年8月，我公司自主研发的高辐射覆层技术产品成功应用到ArcelorMittal集团所属的加拿大Dofasco钢铁厂高炉热风炉，这标志着我公司的技术产品正式进入国际钢铁市场。

2010年9月，公司在济南高新区建设新生产基地。该建设项目占地58亩，总投资1.3亿元，建成年产1500吨的蓄热体覆层材料自动化生产示范线，2014年6月已建成投产。

2011年8月，我公司通过节能服务公司备案审核，正式成为在国家发改委、财政部备案的节能服务公司。

2013 年 1 月，我公司董事长周惠敏当选潍坊市人大代表并选为山东省第十二届人大常务委员、人大财政经济委员会委员。

2013 年 11 月，高辐射覆层技术入选中国钢铁行业节能环保“钢铁好技术”。

2013 年 12 月，我公司新型无铬红外辐射节能涂料研制成功。

五、对行业发展的贡献

公司自主研发的高辐射覆层技术是世界范围内首次将高发射率材料覆层涂覆于蓄热体表面，以提高蓄热体传热效率的节能技术，开创了利用高发射率材料强化蓄热体传热的先河，被专家誉为是蓄热体传热技术一项革命性的突破。该技术为炼铁、焦化、石化、热电等行业的节能开辟了一条新的有效的途径。

高辐射覆层技术获得国家发明专利 7 项，俄罗斯、日本专利各 1 项，列入“十二五”国家科技支撑计划项目、国家发改委中央预算内投资计划项目、《国家重点节能低碳技术推广目录》、国家《战略性新兴产业重点产品和服务指导目录》、国家《固定资产投资项目节能评估和审查工作指南(2014 年本)》，列入国务院国发〔2013〕30 号文件重点技术领域(强化辐射传热节能技术集成、蓄热体材料研发)。

高辐射覆层技术在热风炉应用，可降低煤气消耗 5%以上，减少二氧化碳排放 2.4 千克/吨铁；在焦炉上应用节能 3%以上。目前，该技术已在国内外 60 余家钢铁企业的 408 座高炉热风炉和焦炉上应用。经统计，累计实现节约焦炭 192.73 万吨，节约资金 60.23 亿元，减少二氧化碳排放 462.55 万吨。

公司年产 1500 吨覆层材料的自动化生产线

公司承担“十二五”国家科技支撑计划课题验收会

（撰稿人：翟延飞）

山东冶金机械厂有限公司

一、简 介

山东冶金机械厂有限公司坐落于淄博市张店区南定镇新村路1号，始建于1953年1月，先后隶属于山东冶金工业总公司和山东钢铁集团淄博张钢有限公司管理。厂区占地面积37万平方米，资产总额40220万元。现有职工1000余人，其中各类专业技术人员200余人，包括机械设计、机械工艺、铸造、锻造、金属结构、热处理、理化检测、电气自动化、计算机、土建等十几个专业，拥有一支专业配套、素质良好、经验丰富的工程技术队伍，具有较强的设计配套和技术研发能力。下设机械加工、铸造、压力容器及电气自动化、工程安装等5个分厂。拥有各种大中型设备500多台，可为冶金、石油、橡胶、轮胎、矿山、造船、焦化、耐火、建材、化工、能源、陶瓷等行业提供各种成套设备和备件。2007年取得中国船级社、挪威船级社、德国船级社、英国船级社、日本船级社铸钢锚和船用铸钢件的工厂认可证书。2015年取得美国石油协会（API）泥浆泵生产资格。各类产品覆盖全国并远销国外10多个国家及地区。

2014年现价工业总产值1.55亿元；机电产品总产量13897吨。

二、历史沿革

1953～2014年，山东冶金机械厂有限公司大体可分为5个历史发展阶段：

1953～1957年，为企业初创阶段。主要为501厂建设和维修服务。

1958～1994年，为计划经济阶段。由于直属于省冶金总公司领导，企业以为省冶金总公司直属单位服务为主，每年都会有一批指令性生产计划下达到工厂，基本能够满足企业的生产需要。此阶段后期社会经济向市场经济转变，企业开始加强经营力量，不断增加市场自主订货比例。轧机、转炉产品开始走出山东省，矫直机出口印度。在计划经济色彩比较浓厚的氛围下，企业经营效益比较稳定。

1995～1997年为企业困难阶段。随着国家确立社会主义市场经济的基本框架，全国企业加快转型进入市场经济阶段。由于经济发展过热，国家实行宏观调控，抑制通货膨胀，减少货币投放，缩小基建规模，增加企业上缴税金，企业外部运行环境恶劣。而此时企业内部管理粗放愈发暴露出了问题的严重性，质量工期得不到保证，客户大量流失，企业内部资金紧张、开工不足，正常生产难以为继。企业经济效益急转直下，职工工资拖欠严重，人心不稳，纪律涣散。企业一蹶不振，处于停产半停产状态，濒临破产的边缘。山东省冶金总公司连续两次调整厂级领导班子，总公司领导多次到厂指导工作。1997 年在党的十五大召开以后，经省总公司批准，10 月 16 日起企业并入张钢总厂。通过输入管理理念、实施企业内部改革与整顿，企业面貌焕然一新，干部职工重新树立起振兴企业的信心。

1998～2004 年，为企业恢复和整顿阶段。按照总厂部署，实施“三部战略”和“四项整顿”。通过实施以上措施，再加上总厂实施投资拉动策略，企业扭亏为盈，并逐步走上健康发展的轨道。

2005～2014 年，为企业振兴和加快发展阶段，其中 2008 年遭遇金融危机冲击，企业摆脱其带来的不利影响并继续发展。在这期间，企业加大基础建设和设备投入，企业竞争力不断增强，保持了快速稳定的发展：2006 年工业总产值突破 2 亿元大关，2008 年在金融危机全面爆发的不利形势下仍完成产值 2.37 亿元，2010 年完成产值 2.9 亿元。2012 年完成现价工业总产值 3.4942 亿元，创企业历史最高。

2014 年，由于经济需求放缓，产值产量有所回落。企业新上多台大中型数控设备，加快运营转型节奏，企业平稳健康发展。

现任领导班子成员：

党委书记、总经理：宗作波

党委副书记、副总经理、工会主席：孙建波

副总经理：李子刚　王庆海

三、主要成绩

1987 年，与北京钢铁学院联合试制的 GY 型短应力线轧机获得省级标准；直径 300 轧机获“省优”产品；购置 3 台重型机床，填补省冶金系统 5 米直径齿轮加工的空白。

1999 年 10 月，通过 ISO9002 国际质量体系认证。

2002 年 7 月 6 日，《两段式煤气化技术的研究与应用》通过山东省科学技术厅的科技成果鉴定。2003 年 10 月 31 日，获 2003 年山东省冶金科技进步二等奖。

2004 年，入选《中国质量万里行》“2004 年质量稳定合格企业”。

2005 年 11 月 14～16 日，中国船级社船用铸钢件工厂认可审核组对厂质量管理体系和船用铸钢件的生产能力进行了审核并通过。

2007 年 9 月 17 日，挪威、英国劳氏、德国劳氏、日本及中国船级社派出验船师到厂进行验收并获得通过。

2008 年，市、区安检局组织专家对厂安全达标工作进行验收，顺利获得淄博市市级安全质量标准化达标单位资质。

2015 年 4 月，公司获得美国石油协会（API）泥浆泵生产资质。

四、本单位大事记

1986 年 4 月 27 日，签约引进美国波兹波罗公司紧凑式轧机。11 月 10 日，取得一、二类压力容器制造许可证。

1989 年 4 月 15 日，与济钢首次签订 3 套 25 吨顶底复合吹转炉制造合同。

1991 年 1 月 17 日，与江苏武进钢厂签订生产直径 500 毫米、直径 400 毫米轧机生产合同。

1993 年，与天津铁厂签订 2 座 30 吨转炉生产制作合同。

1997 年 10 月 16 日，企业并入张钢总厂。

2003 年 4 月 13 日，与邯郸纵横钢铁首次签订生产 900 吨混铁炉合同。6 月 19 日，与江苏金沙港钢铁首次签订生产 36 平方米平面烧结机合同。9 月 5 日，与张钢金盛炼钢首次签订生产 50 吨转炉合同。9 月 30 日，与张钢金盛炼钢首次签订生产五机五流连铸机合同。

2005 年 4 月 19 日，与联峰钢铁（张家港）有限公司首次签订生产 80 吨转炉合同。

2007 年 10 月 10 日，与张店钢铁总厂首次签订生产 120 吨转炉合同。

2008 年 5 月 16 日，全厂包括离退休职工在内 1475 人共为四川汶川地震灾区人民捐款 86552 元。6 月 15 日，与辛集市澳森钢铁有限公司首次签订生产 1300 吨混铁炉合同。

2009 年 4 月 29 日，与迁安市九江线材有限公司首次签订生产 152 平方米平面烧结机合同。

2010 年 1 月 17 日，与新绛县高义冶炼有限公司首次签订生产 126 平方米带式烧结机合同。4 月 10 日，与联峰钢铁（张家港）有限公司首次签订生产 150 吨转炉合同。

五、对行业发展的贡献

山东冶金机械厂有限公司是山东省最大的独立冶金机械设备专业生产厂，公司自成立以来，致力于为冶金、石油、橡胶、轮胎、矿山、造船、焦化、耐火、建材、化工、能源、陶瓷等行业提供各种成套设备和备件。多年来，公司先后承接了几千套国内国际设备订单，为钢铁等多行业的不断持续发展提供了优质设备，尤其是率先开发生产的煤气炉设备为国家节约能源、降低污染做出了突出贡献，公司生产的优良设备受到了用户的广泛好评。

山东冶金机械厂 120 吨转炉发货出厂

山东冶金机械厂装配现场

（撰稿人：孙立新）

Shandong Cailiao 100 Jia

化工企业

山东大易化工有限公司

一、简　介

山东大易化工有限公司是一家研发、生产、销售有机硅产品的高新技术企业。公司现注册资本2000万元，位于山东省莱阳市丹崖西路1号（莱穴路西），公司拥有标准化厂房12座，占地面积6万多平方米，现有固定资产9000万元，正式员工120人，大专以上学历56人，其中直接从事新产品新技术研究开发的人员30人，高级工程师6人。2014年产品销售收入达15000万元，利税1500万元；年出口创汇20万美元。

公司自成立以来，始终坚持科技发展战略，不断提升企业自主创新能力，使企业的技术水平和整体实力有了大幅度提高，成为中国北方重要的有机硅科研和生产基地。

公司先后与山东大学、浙江大学、北京石油化工研究院、齐鲁石化研究院、北京航空研究院、烟台大学等多所高校、科研机构建立密切的合作关系，多次承担国家科技攻关项目任务。使大易化工的有机硅产品形成了生产一代、储备一代、研究开发一代的良性循环发展格局，从而保证了大易有机硅产品的技术水平始终保持在国内同行业的领先水平。目前公司生产规模、产品种类、经济效益位居国内同行业前五名，山东省第一。公司每年用于科研人员的创新奖励不低于50万元，大大推动了公司的科技创新工作，公司有机研发中心以每年不低于5个新产品的发展速度迅速扩大，公司开发的氨纶油剂、有机硅表面活性剂、MQ硅树脂、改性硅油等产品各项性能指标已达到国际领先水平。

二、历史沿革

山东大易化工有限公司始建于1991年3月，1998年改制为"莱阳大易化工有限公司"，2004年更名为"山东大易化工有限公司"。主要负责人孙会易。

现任领导班子成员：

董事长、总经理：孙会易

财务总监：黄灵芝

总工程师：孙会易

副总经理：孙大超

（注：公司自成立以来，领导班子未变更过。）

三、主要成绩

公司先后荣获“ISO9001：2000认证企业”“山东省高新技术企业”“山东省著名商标”“烟台市文明单位”“烟台市重合同守信用企业”“烟台市劳动关系和谐AAA企业”等荣誉称号。公司董事长、总经理孙会易当选为中国氟硅协会副理事长。

1. 公司早期研发的复合发用硅油、氨基硅油项目获山东省科技成果鉴定证书。

2. 2006年与烟台大学合作申报农药专用助剂的开发及应用项目。

3. DY-103氨纶纺丝油剂于2009年获山东省科技成果鉴定，2011年10月该项目获烟台市科技进步二等奖；目前公司主导产品氨纶油剂，国内市场占有率排名第一。

4. 2013年通过科技查新的项目有：苯基硅树脂项目、环氧改性硅树脂项目、丙烯酸改性硅树脂项目、电子级乙烯基硅油项目、电子级含氢硅油项目、球型硅树脂微粉项目、新工艺MQ硅树脂项目。

5. 公司拥有3项国家专利，其中发明专利2项，实用新型专利1项。自主研发的有机硅表面活性剂项目已列入国家火炬计划项目。

四、本单位大事记

1. 1991年3月26日，莱阳鲁东化工厂成立。

2. 1998年9月29日，莱阳鲁东化工厂改制为“莱阳大易化工有限公司”。

3. 2004年10月，莱阳大易化工有限公司更名为“山东大易化工有限公司”。

4. 2009年10月，山东大易化工企业技术中心成立。

5. 2013年10月，烟台市政府审批为烟台市级企业技术中心。

6. 1996年11月22日，复合发用硅油项目获山东省科技成果鉴定证书：鲁科成鉴字〔1996〕第468号。

7. 1996年11月22日，氨基硅油项目获山东省科技成果鉴定证书：鲁科成鉴字〔1996〕第469号。

8. 2009年12月2日，DY-103氨纶纺丝油剂项目获山东省科技成果鉴定证书：鲁科成鉴字〔2009〕第909号。

9. 2009年10月，万吨级废旧硅橡胶综合利用项目获烟台市循环经济专项资金。

10. 2011年10月，DY-103氨纶纺丝油剂项目获烟台市科技进步二等奖。

五、对行业发展的贡献

1. 早年开发的复合发用硅油填补了国内空白，使洗发水在改善头发的干、湿梳理性，增加光泽及柔软头发方面的品质得以全面提升。在洗发水行业的市场占有率达20%。

2. 为烟草包装行业开发的铝箔纸保护剂，使卷烟生产功效提高6倍。该产品在国内30%的卷烟厂得到应用。

3. 开发的氨纶油剂系列产品，一举代替进口，已经成为中国氨纶油剂第一品牌。特别是DY-103氨纶油剂通过了省级科技成果鉴定，鉴定委员会一致认为：该产品达到了国际同类产品先进水平。在氨纶油剂市场中占国产油剂的60%以上。

4. MQ硅树脂系列产品多而性能独特，是硅树脂中的一枝新秀，这些功能性新材料在国内独具特色。其在消泡剂行业、脱模剂行业、硅橡胶行业、压敏胶行业中的应用已经日渐成熟。

5. 最新推出的合成革浆料脱水防潮剂、合成革印花纸模脱模剂，替代进口，打破了进口产品对中国市场的垄断。

6. 有机硅表面活性剂系列产品、涂料湿润分散剂、纸餐盒防粘防水涂料、聚氨酯脱模剂系列产品等一大批高技术含量的新产品，处于国内领先水平。

7. 应用于不同行业的消泡剂系列、脱模剂系列及其他改性硅油在市场上占有20%的份额。

8. 为科研院所、高等院校科研课题量身定做特殊的有机硅材料，多次承担山东省科技攻关项目。

山东大易化工有限公司正门

山东大易化工有限公司电子级乙烯基硅油生产车间一角

（撰稿人：孙景香）

潍坊市宏源防水材料有限公司

一、简　介

潍坊市宏源防水材料有限公司坐落于山东省寿光市台头镇政府西 2000 米，注册资金 9000 万元，拥有员工 900 余名，是一家集科研、生产、设计、销售、服务于一体，集技术、品质、服务于一身的新型技术密集型企业，是专业防水材料、防水技术供应商，主要生产、销售防水材料。宏源防水下辖潍坊宏源总部、潍坊宏源防水工程有限公司和四川宏源、江苏宏源、吉林宏源、广东宏源 4 大生产基地。

经过多年的实践和努力，宏源防水已经成功晋升到行业骨干企业的行列，实现了品种全覆盖、功能全满足的产品链，产品同时出口到东南亚、欧洲、美洲以及非洲等地区。公司主要产品产量及各项经济指标位于国内同行业前茅，2014 年底公司总资产达 56564 万元，营业收入 59978 万元，利税 3000 余万元，综合实力居国内同行业前三强，山东省首位，其中公司生产的改性沥青系列防水卷材产销量位居全省第一。公司是“国家级高新技术企业”，防水行业唯一一家“国家住宅产业化基地”。

二、历史沿革

宏源防水的前身是寿光市国利油毡厂，早期主要生产油毡类产品。1998 年 8 月 28 日，宏源防水公司成立，并率先引进了先进的防水卷材生产线。产品于 1999 年在同行业中率先通过了省级专家鉴定，并列入山东省新产品新技术项目计划。

现任领导班子成员：

总裁：郑贤国

总经理：金仲文

副总经理：隋银堂　张全胜　栾　斌

总工程师：易　斐

三、主要成绩

公司通过了ISO9001国际质量管理体系认证、ISO14001环境管理体系认证、职业健康安全管理体系认证及CRCC认证、康居产品认证，具有完善的质量保证体系和完备的售后服务体系。公司技术中心被认定为“山东省认定企业技术中心”和“省级工程技术研究中心”；“宏源”商标被评为“山东省著名商标”和“中国驰名商标”。

公司先后被授予“国家住宅产业化基地”“国家火炬计划重点高新技术企业”“中国建材行业500强”“全国保障性住房建设用材优秀供应商”“中国建筑防水行业知名品牌产品”“中国建筑防水行业质量金奖”“中国建筑防水行业技术进步一等奖”“中国建筑防水行业十大领军企业”“全国房地产总工优选品牌产品”“山东省高新技术企业”“低碳山东贡献单位”“中国专利山东明星企业”“山东省清洁生产先进单位”“山东材料行业优势企业”“山东省产学研合作创新一等奖”“山东名牌”“山东省中小企业一企一技术研发中心”等多项荣誉称号。

四、本单位大事记

1998年8月28日，潍坊市宏源防水材料有限公司正式成立。

1999年8月，在同行业中率先通过了山东省经贸委组织的专家鉴定，并列入山东省新产品新技术项目计划。

2004年9月，宏源公司弹性体改性沥青防水卷材被国家质检总局评为“国家免检产品”。

2005年，宏源公司被授予“全国建材系统AAA级龙头企业”；并获得“中国建筑防水行业质量奖”。

2006年5月，公司新上的国内首条三元乙丙硫化加长(22.6米)橡胶生产线投产，年产量达到300万平方米。

2007年9月26日，宏源公司弹性体改性沥青防水卷材和聚乙烯丙纶复合防水卷材两种防水产品被评为“山东名牌”。

2011年12月，宏源公司生产的弹性体改性沥青防水卷材被中国建筑防水协会授予“中国建筑防水行业知名品牌产品”。

2012年3月，我公司新的员工会所和研发大楼投入使用。

2012年12月，公司组建的山东省高分子防水建筑材料工程技术研究中心得到山东省科学技术厅的批复。

2013年4月，公司与中国建筑材料科学研究总院苏州防水研究院合作成立的中国建筑材料科学研究总院苏州防水院潍坊宏源防水材料有限公司研发应用中心以及与中国建筑科学研究院建筑材料研究所合作成立的建研建材宏源防水技术与装备研发中心先后投入使用，在产学研合作方面迈出了重要的一步。

2014年12月，在建筑防水协会年会上我公司共获得全国建筑防水行业职业技能大赛冠军等9项殊荣。

五、对行业发展的贡献

宏源防水经过多年的努力，已发展成为国内知名防水企业。公司目前拥有处于国内领先水平的自动化生产线 31 条，投巨资建设了标准化生产车间 25 座，分别生产改性沥青防水材料系列、自粘防水材料系列、高分子防水材料系列、防水涂料系列、高铁专用防水材料系列 5 大系列几百个品种，实现了行业内为数不多的品种全覆盖、功能全满足的产品链，并具备卷材 1000 万平方米、涂料 2 万吨的仓储能力。

宏源公司是“国家级高新技术企业”“山东省高新技术企业”“山东省认定企业技术中心”，并建有省级工程技术研究中心，近年来公司已有增强型聚氯乙烯(PVC)防水卷材等 8 项成果通过山东省科技厅组织的科技成果鉴定，弹性体改性沥青(SBS)防水卷材等 19 项成果通过了山东省经信委组织的新产品新技术鉴定，17 项成果被列入山东省技术创新项目计划，公司已被国家专利局授权专利 19 项，共参编国家标准、行业标准 24 项。

建研建材宏源防水技术与装备实验基地揭牌仪式

宏源防水材料有限公司潍坊公司厂区

（撰稿人：王祥生）

青岛大洋灯塔防水有限公司

一、简　介

青岛大洋灯塔防水有限公司是国内集科研开发、生产销售、工程施工与技术服务于一体的专业化防水公司，迄今已有 40 余年的历史。公司注册资金 1272 万元。截至 2014 年底，青岛大洋灯塔防水有限公司共有员工 110 人，资产总额约 7454 万元，营业收入约 8695 万元，年利税约 589 万元，利润约 287 万元，灯塔牌防水卷材年产量达 436 万平方米，在建筑防水行业中名列第 6 名。

二、历史沿革

公司成立于 1998 年 11 月，是由颐中集团与青岛市建材一厂（现青岛大洋涂料厂）合资创建，名称为“颐中（青岛）化学建材有限公司”，总投资 2000 万元。

1998 年 7 月至 2012 年 3 月，公司名称为“颐中（青岛）化学建材有限公司”。

2012 年 4 月至今，公司名称变更为“青岛大洋灯塔防水有限公司”。

历任主要领导

<table>
<tr><th>机构名称</th><th>姓名</th><th>职务</th><th>任职时间</th></tr>
<tr><td rowspan="6">颐中（青岛）化学建材有限公司</td><td>赵培才</td><td>董事长</td><td rowspan="2">1998.7～1999.9</td></tr>
<tr><td>张胜元</td><td>总经理</td></tr>
<tr><td>裴建军</td><td>董事长</td><td rowspan="2">1999.9～2003.3</td></tr>
<tr><td>张胜元</td><td>总经理</td></tr>
<tr><td>裴建军</td><td>董事长</td><td rowspan="2">2003.4～2012.3</td></tr>
<tr><td>宋新华</td><td>总经理</td></tr>
<tr><td rowspan="2">青岛大洋灯塔防水有限公司</td><td>崔常钰</td><td>董事长</td><td rowspan="2">1998.7～1999.9</td></tr>
<tr><td>戚永光</td><td>总经理</td></tr>
</table>

现任领导班子成员：

董事长：崔常钰

总经理：戚永光

副总经理兼工会主席：李冠中

副总经理：张金元

三、主要成绩

公司自1999年成立以来，除建成上马改性沥青防水卷材、单组分聚氨酯防水涂料、聚乙烯防水丙纶防水卷材产品项目外，2001年还推出了油毡瓦；2005年研制出水泥渗透结晶型防水涂料；2008年研发了双组分聚氨酯防水涂料、聚合物水泥防水涂料；2009年，研制了自粘卷材、种植屋面耐根穿刺防水卷材；2010年，研发了益胶泥、LQT防水涂料；2011年，研发了湿铺/预铺防水卷材等。2011年9月，公司产品通过了CTC产品认证，并被中国建筑防水协会授予"企业信用评价AAA级信用企业"称号。

公司是中国建筑防水协会常务理事单位、山东省建设科技协会常务理事单位、山东建筑学会防水专业委员会副主任委员单位，山东省建筑防水综合实力十强企业之一。

四、本单位大事记

公司成立伊始，即承担着国家"九五"重点新技术推广项目，具有国际20世纪90年代先进技术水平，承担年产500万平方米全国首条改性沥青防水卷材示范线建设任务。

1999年1月示范线正式投产。公司在生产经营过程中引入了ISO9002质量认证体系和ISO14000环境管理体系管理模式，产品质量及环保评估一次性通过验收监测。1999年3月，示范线通过了山东省科委组织的专家鉴定。9月又通过了由国家经贸委、建设部、国家建材局及有关专家参与的鉴定验收。

2000年，灯塔牌防水卷材被山东省建设厅授予"化学建材产品30强"称号，被青岛市政府、市科委授予"高新技术产品"称号，并获科技进步二等奖。

2000年，灯塔牌商标分别被山东省和青岛市工商局授予"山东省著名商标"和"青岛市著名商标"称号，并保持至今。

2001年，灯塔牌防水卷材被中国建筑材料企业管理协会认定为"中国绿色建材"，列为全国住宅小区与智能建筑推荐产品；公司获得中国质量检验协会颁发的《企业质量检验机构合格证书》，并被列为全国"打假扶优重点保护企业"。

2001年，公司进行横向产品开发，自行设计上马了灯塔牌聚乙烯丙纶复合防水卷材生产线，并试产成功通过了鉴定。

2001年，公司通过了中国质量协会质保中心ISO9002质量管理体系认证。

2002年，公司与清华化工学院技术合作，共同开发了新兴绿色环保型产品——年产3000吨单组分聚氨酯防水涂料项目，并确定产品商标为"颐合"牌。

2003年，灯塔牌防水卷材被青岛市授予首届"十大最具潜力品牌"称号。

2003 年 8 月，公司年产 3000 吨单组分聚氨酯防水涂料项目通过了青岛市科技局组织的技术鉴定。

2004 年，公司荣获中国建筑防水协会颁发的全国防水行业先进企业管理奖、科技创新奖和质量奖。

2005 年，公司被推举为中国建筑防水协会副理事长单位。

公司灯塔牌防水卷材自 2003～2007 年连续被青岛市消费者协会授予“放心满意产品”称号；自 2005 年至今，公司及灯塔牌卷材连年被青岛市建委授予“十佳建材企业”和“建材十大品牌”称号。

2007 年，公司灯塔牌防水卷材分别被山东省、青岛市质量技术监督局授予“山东名牌”和“青岛名牌”称号，并保持至今。

2007 年，成为“青岛市清洁生产达标企业”，并成为“青岛市环境友好企业”。

2012 年 3 月，根据国家烟草局相关政策文件规定，公司合资方之一颐中集团实行股份转让，由另一合资方青岛大洋涂料厂全额收购，正式标志企业改制完成，由合资股份制改制为法人独资制。公司名称由原“颐中（青岛）化学建材有限公司”更名为“青岛大洋灯塔防水有限公司”。

2014 年 8 月，公司适应市场需求量，投资 200 余万元建设多功能高分子复合防水卷材生产线，产能达到 360 万平方米，已实现产销 160 万平方米。

五、对行业发展的贡献

企业承担着国家级重点技术改造项目——年产 500 万平方米改性沥青防水卷材示范线，1998 年 11 月，实现了一次性点火投产、试车告捷，取得了近乎完美的成功，开创了 SBS 改性沥青防水卷材生产装备国产化的新时代。

1999 年 3 月，示范线成套技术装备通过了鉴定委员会的技术鉴定。鉴定结论表明，该成套装备在消化吸收各引进生产线技术装备的基础上，有较大的创新提高，采用了多项自主创新技术，具有机构简洁、自动化水平高、更换品种方便、装机功率小、生产能耗低等特点，国产化率达 90％以上；经济适用，运行平稳可靠，成套装备整体居国内领先水平。

青岛大洋灯塔防水公司正门

青岛大洋灯塔防水卷材生产线

（撰稿人：李冠中）

100

Shandong Cailiao 100 Jia

水泥企业

鲁南中联水泥有限公司

一、简　介

鲁南中联水泥有限公司(以下简称“鲁南中联”)是国家重点扶植的大型水泥集团之一——中国联合水泥集团旗下的核心企业，是中国建材股份有限公司上市体成员企业。公司拥有3条新型干法水泥生产线，日产熟料10000吨，同时全资控股菏泽中联水泥有限公司。公司是全国水泥行业中首家通过ISO9001质量体系、ISO14001环境管理体系、ISO10012计量体系3项国际认证的企业。

截至2014年底，鲁南中联水泥有限公司共有员工1100人，资产总额约30亿元，年利税约2.9亿元，年产熟料达310吨，水泥330万吨。

二、历史沿革

鲁南中联水泥有限公司的前身——鲁南水泥厂于1984年立项，始建于1987年。1989年6月15日，山东省政府批准正式成立鲁南水泥厂。

1998年底鲁南水泥厂改制成立了山东鲁南水泥有限公司，成为中国建材材料集团有限公司水泥业务平台——中国联合水泥集团有限公司旗下的核心企业。

2004年10月，山东鲁南水泥有限公司进行公司分立，成立了中联鲁宏水泥有限责任公司，2006年更名为“鲁南中联水泥有限公司”。

历任主要领导

姓　名	职　务	任职时间
秦修伟	厂长	1990.7～1992.5
肖乐章	厂长	1992.5～1997.6
崔星太	厂长	1997.7～1999.12
刘家驹	总经理	2000.1～2001.2
张金栋	总经理	2001.3～2004.9

续表

姓　名	职　务	任职时间
袁亮国	总经理	2004.10～2007.10
冯耀银	总经理	2007.11～2009.5
佟立金	总经理	2009.6～2011.9
冯耀银	总经理	2011.10～2012.11
王克东	总经理	2012.11～2013.9
宁连敏	总经理	2013.10～2013.11
杨　军	总经理	2013.12～2015.3
王克东	总经理	2015.4至今

2014年公司领导班子成员：

总经理：杨　军

财务总监：田　梅

党委副书记：张桂革

副总经理：张　伟　裴忠亚

工会主席：刘晓东

总经理助理：于德泉

三、主要成绩

公司产品获得过众多荣誉："中华水泥精品""国家推荐建材产品""国家AAA级信誉产品"，连年被中国消费者协会推荐认定为"消费者信得过产品"，名列"全国水泥行业十佳品牌"。

公司多次被评为"环保优秀企业"。

四、本单位大事记

1981年4月16日，枣庄市长办公室会议研究决定成立山东省鲁南水泥厂筹建处。

1984年8月24日，国家建材局将国家直属企业鲁南水泥厂下放给山东省。

1987年7月4日，国家计委正式批准鲁南水泥厂开工建设。

1988年10月25日，山东省新闻出版局下达了关于同意创办《鲁南水泥报》的批复。

1989年6月15日，山东省人民政府办公厅批准正式成立鲁南水泥厂。

1989年10月1日，中共山东省委组织部批复建立中共鲁南水泥厂委员会。

1990年9月29日，1号窑点火烘窑，10月1日投料。

1991年5月25日3时15分，2号窑点火，16时55分投料。

1994年3月30日，鲁南水泥厂正式通过国家验收。

1999 年 1 月，山东省人民政府正式同意中国新型建筑材料等企业对鲁南水泥厂实施联合兼并，原鲁南水泥厂改制成立山东鲁南水泥有限公司。

1999 年 9 月 17 日，公司取得企业法人营业执照，山东鲁南水泥有限公司正式成立。

2001 年 12 月底，国家建筑材料测试中心鲁南水泥与混凝土检验室挂牌成立。

2004 年 11 月 11 日，举行中联鲁宏水泥有限责任公司揭牌暨 5000 t/d 熟料生产线技改工程竣工点火仪式。

2009 年 9 月 16 日，公司 1 号、2 号熟料生产线技改项目正式启动。

2012 年 11 月，由公司组织申报的 8 项专利，获得国家知识产权局专利授权。

2014 年 1 月，公司被评为“山东省循环经济示范单位”。

2014 年 2 月，公司获“山东省绿化模范单位”荣誉称号。

2014 年 6 月，公司获得中国质量认证中心和中国建材检验认证中心联合颁发的首批“低碳产品认证证书”。

五、对行业发展的贡献

鲁南中联水泥有限公司以科学发展观为统领，秉承中国建材集团“善用资源，服务建设”的核心理念，坚持对外以满足客户需求为导向、对内以满足员工需求为导向的“双元导向”，致力创建资源节约型、环境友好型、创新绩效型、社会责任型水泥企业。

国家建筑材料测试中心鲁南水泥砼检验室设在公司，是建材与相关产品研发与检验基地，公司依靠完备的质量保证体系及控制手段保证了硅酸盐水泥熟料及水泥产品的高品质。

鲁南中联厂景 1

鲁南中联厂景 2

（撰稿人：张桂苹）

曲阜中联水泥有限公司

一、简　介

曲阜中联水泥有限公司是中国混凝土外加剂专用基准水泥唯一指定生产单位，现拥有2条日产2500吨新型干法水泥生产线、1条日产1000吨特种水泥生产线和装机容量9MW的纯低温余热发电系统，水泥及熟料年生产能力300万吨，是济宁市规模最大的水泥生产企业，是“中国专利山东明星企业”。公司生产的“CUCC中联”牌系列水泥产品深受广大消费者欢迎，并广泛应用于南浦大桥、京福高速公路、京沪高速公路、京沪高速铁路等国家重点工程建设。

二、历史沿革

曲阜中联水泥有限公司前身是山东曲阜水泥厂，于1958年6月成立，1960年5月1日竣工投产，1962年4月12日停产，1964年5月划归济宁地区工业局领导，恢复生产。1997年3月8日变更为“曲阜鲁城建材有限公司”，1997年6月17日变更为“山东金塔王集团有限公司”，2002年4月23日变更为“山东金塔王有限公司”，2004年1月13日变更为“山东金鲁城有限公司”，2008年与中国联合水泥集团有限公司签订合作协议，中国联合水泥占股份的90%，曲阜市政府占股份的10%，2008年3月8日更名为“曲阜中联水泥有限公司”。

1958～1988年期间，孔令慕、李传珍、姚广馨、孙明堂、赵存岱、冯文山、刘来荣、孟宪义、黄义森先后任支部书记；孔令慕、高永春、王莪菁、孟宪义、王元庆先后任厂长。1988年9月孙建成任厂长，1997年6月兼任党委书记至今；1995年王元庆任副书记，2002年12月贾正玉接任副书记至今。

现任领导班子成员：

董事长：孙建成

总经理：贾正玉

副总经理：朱应新

财务总监:张玉洋
工会主席:颜志刚
总经理助理:陈华东　袁井平

三、本单位大事记

1958年6月,由山东省、济宁地区、曲阜县共同投资160万元,由曲阜县管理兴建水泥厂,是山东省决定兴建全省8个年产3.2万吨的水泥厂之一。

1960年5月1日,竣工投产,同时定名为"地方国营山东曲阜水泥厂"。

1964年5月,划归济宁地区工业局领导,并投资40万元,恢复生产。

1967年划归曲阜县领导,8月成立革命委员会,俞守喜任厂革委会主任(1967年8月～1971年3月)。1968～1970年,正常生产。

1978年,因资金困难停建,收归济宁地区行署领导。

1980年,继续施工一期工程,又划归曲阜县领导。11月,召开第一届一次职代会。

1983年10月,一期工程竣工投产。

1984年6月23日～8月21日,产品由325#水泥升级生产425#水泥。

1986年,开始实行厂长负责制。

1988年9月,孙建成任厂长,实行经济承包责任制,当年实现扭亏为赢。

1992年2月,全黑生料工艺试烧一次成功。

1994年12月21日,公司被评为"中国专利山东明星企业","鲁城牌"425#R普通硅酸盐水泥获"中国名牌"产品称号。

1995年1月,山东省商品出口检验局颁发了水泥出口商品质量许可证。

1997年11月21日,曲阜市水泥厂兼并铁道部第十一工程局鲁中水泥厂暨山东金塔王集团成立仪式在济宁经纬大厦举行。

1998年10月8日,山东金塔王股份有限公司创立暨首届股东代表大会隆重召开。

2002年8月16日,泰安市鲁城水泥有限公司建设开工。

2007年5月21日,全国硫铝酸盐水泥新技术推广暨国标宣贯会在曲阜隆重召开。

2008年初,公司正式加入中国联合水泥有限公司。

2009年5月,公司被评为"济宁市改革开放30年优秀企业"。

2011年3月16日,公司成为全国基准水泥唯一指定生产单位。

2012年4月,曲阜中联水泥有限公司被评为"全国安全文化建设示范企业""2011年度山东省节能先进企业"。

2013年2月,曲阜中联水泥有限公司被评为"山东省建筑材料行业技术革新先进企业"。

2013年4月,曲阜中联水泥有限公司被中华全国总工会授予"全国五一劳动奖状"。

2013年9月,曲阜中联水泥有限公司被评为"2011～2012年度山东材料行业优势企业"。

2013年11月27日,山东金鲁城工程材料公司荣获"第三届(2013年度)低碳山东贡献单位”荣誉称号。

2014 年 6 月，公司顺利获得全国首批“低碳产品认证证书”。

2014 年 11 月 20 日，我公司被授予环渤海地区建材行业 2014 年度“诚信企业”以及环渤海地区建材行业 2014 年度“知名品牌”。

2014 年 11 月，公司成为中国水泥协会特种水泥分会 2012～2016 年副理事长单位。

四、对行业发展的贡献

1. 曲阜中联水泥有限公司拥有济宁市建设最早的新型干法水泥生产线，带领了济宁市新型水泥的快速发展。

2. 曲阜中联水泥有限公司下属企业山东金鲁城工程材料有限公司是全国规模最大、设备及工艺水平最高的快硬硫铝酸盐水泥生产企业。公司通过与中国建材研究院技术合作，成功研发出快硬硫铝酸盐水泥窑外预分解技术，该技术取得了国家级技术专利，填补了我国特种水泥生产技术的一项空白，并在国内广泛推广。

3. 公司注重安全管理，荣获“全国安全文化建设示范企业”，为我国水泥企业安全标准化建设提供了可借鉴的经验。

4. 公司一直注重质量管理，2011 年公司成功生产出基准水泥。因为基准水泥对各项指标有着近乎苛刻的要求，多年以来，一直由法国拉法基水泥质量控制系统生产线进行生产，公司这一重大突破和成就的取得，标志着公司的生产技术和生产工艺达到国际一流水平，公司也成为全国基准水泥唯一指定生产单位。

曲阜中联 2500 吨窑尾电收尘设备

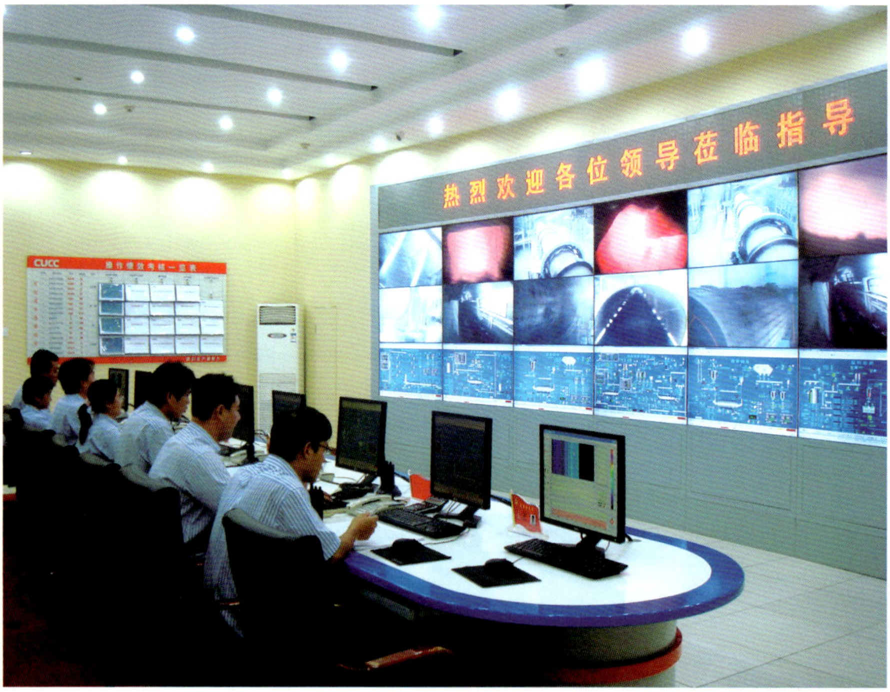

曲阜中联水泥生产中心控制室

（撰稿人：陈祥振）

沂南中联水泥有限公司

一、简　介

沂南中联水泥有限公司是国务院国资委管理的“世界500强企业”中国建材集团水泥业务平台——中国联合水泥集团有限公司旗下的全资子公司，是中国建材在香港H股上市体成员企业。

沂南中联拥有一条配套9MW低温余热发电的4500 t/d熟料新型干法水泥生产线，采用世界先进的集散控制系统和管控一体化系统，以及水泥行业先进制造技术，基本实现全线设备运行无人值守，技术装备达到国内外先进水平。同时，沂南中联创新节能环保理念，对生产线各扬尘点配备高效袋式除尘器110套，严格控制粉尘排放，实施厂区园林绿化，致力打造绿色低碳、清洁生产、循环发展示范水泥企业。

2014年底员工265人，总资产8.8亿元，产品总量为180余万吨。

二、历史沿革

2009年12月30日，中国联合水泥集团有限公司与沂南县人民政府签订合作协议书，正式确定由中国联合水泥集团有限公司投资建设山东丰元水泥有限公司4500 t/d熟料新型干法水泥生产线项目。

2010年9月1日，成立沂南中联水泥有限公司董事会，任命于光民同志为本公司总经理，任命马运成同志为沂南中联财务负责人。同日成立沂南中联监事会。

2010年9月20日，完成公司名称变更，由山东丰元水泥有限公司变更为“沂南中联水泥有限公司”，沂南中联水泥有限公司取得《企业法人营业执照》，公司注册资本增加到2亿元，实收资本4000万元，中国联合水泥集团有限公司控股95%，沂南县城市国有资产运营有限公司控股5%。

现任领导班子成员：

党委书记、总经理：于光民

副总经理：刘相奎

财务负责人：胡　鹏

副总经理、工会主席：冯　林

三、主要成绩

公司自成立以来先后被授予“全国质量诚信优秀企业”“全国质量检验稳定合格产品”“2013年度全省水泥品质指标大对比优胜单位”“临沂市民信得过单位”“2014年认定市级企业技术中心”等多项荣誉，同时《以流程优化的精细化管理打造综合性水泥示范企业》一文荣获全国建材企业管理现代化创新成果一等奖；《基于流程优化的精细化管理》一文荣获第二十八届山东省企业管理现代化创新成果二等奖；《水泥企业设备运行动态管理及能源精益管理系统》一文荣获2014年中国建材集团“西南水泥杯”技术革新奖一等奖；《面向水泥行业升级版能源优化精益管控系统的研究与应用》一文荣获水泥行业两化融合促进节能降耗应用经验及成果论文奖一等奖。

四、本单位大事记

2009年12月30日，中国联合水泥集团有限公司与沂南县人民政府签订合作协议书，正式确定由中国联合水泥集团有限公司投资建设山东丰元水泥有限公司4500 t/d熟料新型干法水泥生产线项目。

2010年9月1日，沂南中联水泥有限公司董事会和监事会成立。

2010年9月20日，由山东丰元水泥有限公司变更为“沂南中联水泥有限公司”。

2010年9月30日，沂南中联取得税务登记证，税务登记证名称由山东丰元水泥有限公司变更为“沂南中联水泥有限公司”。

2011年2月10日，项目核准通知书的企业名称变更为“沂南中联水泥有限公司”。

2011年11月30日，《沂南县张家峪子矿矿产资源开发利用方案》通过山东省国土资源厅专家评审。

2012年2月25日，《沂南县张家峪子矿采矿权价款评估报告》通过山东省国土资源厅专家评审。

2012年7月16日，沂南中联新型干法水泥生产线项目全面开工建设。

2012年11月22日，取得山东省国土厅地环处关于沂南中联张家峪子矿《矿山地质环境保护和综合治理方案》报告批复。

2013年4月27日，沂南中联水泥磨成功磨出水泥。

2013年5月2日，沂南中联第一批水泥成品出库装车。

2013年5月18日上午11时16分，沂南中联4500 t/d熟料新型干法水泥生产线点火成功。

2013年9月27日，沂南中联水泥有限公司4500 t/d新型干法熟料水泥生产线配套余热发电项目完成验收工作，基本具备余热发电并网条件。

2013年11月22日，召开“CUCC”中联牌水泥注册商标授权水泥企业核查评审会议，沂南中联顺利通过“CUCC”中联牌水泥注册商标授权。

2014年3月5日，公司顺利通过临沂市安监局职业危害控制效果评价报告的验收。

2014年3月14日，沂南中联组织4500 t/d熟料新型干法水泥生产线及配套低温余热发电工程竣工验收工作。

2014年4月11日，中国共产党沂南中联水泥有限公司委员会成立。

2014年5月14日，沂南中联通过了矿山项目竣工验收工作。

2014年7月16日，沂南中联隆重召开工会第一届会员代表大会。

2014年9月5日，沂南中联4500 t/d熟料新型干法水泥生产线项目安全设施通过省安监局验收。

2014年11月5日，沂南中联顺利通过并网安全性评价专家查评。

2014年11月19日，沂南中联顺利通过清洁生产审核评估验收。

五、对行业发展的贡献

沂南中联水泥有限公司作为央企集团下属企业，传承中国建材集团“善用资源，服务建设”的企业使命，倡导“创新、绩效、和谐、责任”的核心价值观，实施技术创新、科学管理、人才战略，全力打造“装备自动化、操作精细化、管理信息化、管控一体化”的国际一流现代化水泥企业。自投产以来，沂南中联水泥有限公司高度重视安全、环保、节能降耗、资源综合利用，打破传统水泥行业发展，以低排放、低消耗、低污染为特征的经济发展模式，在行业内做出突出贡献。

沂南中联水泥有限公司

沂南中联水泥有限公司厂区俯瞰(效果图)

(撰稿人:武秋洁)

济宁中联水泥有限公司

一、简　介

济宁中联水泥有限公司(以下简称"济宁中联")是中国联合水泥集团的全资子公司和中国建材股份有限公司水泥业务板块的成员企业,隶属"世界500强企业"中国建材集团,1997年7月建成投产,建有一条日产7200吨级新型干法熟料生产线,拥有独立优质石灰石矿山和采矿权。公司的生产设备全套引进具有国际先进水平的POLYSIUS(伯利休斯)公司技术,主机设备在法国制造。公司生产的熟料全部采用科学的配料工艺、先进的煅烧技术,公司对熟料生产过程全程监控、严格质量管理,确保出厂熟料合格,可年产优质熟料270万吨。

截至2014年底,济宁中联水泥有限公司共有员工400人,资产总额约21亿元,年营业收入约5.5亿元,年利税约1.2亿元,年利润约0.76亿元,年产能达270万吨。

二、历史沿革

济宁中联水泥有限公司前身为大宇水泥(山东)有限公司,原由韩国株式会社大宇国际于1993年10月独资设立,1997年7月建成投产,2011年8月,中国联合水泥集团有限公司收购大宇国际株式会社所持大宇水泥(山东)有限公司100%股权,大宇水泥(山东)有限公司更名为"济宁中联水泥有限公司",成为中国联合水泥的全资子公司和中国建材股份有限公司水泥业务板块的成员企业。2012～2013年,孙建成担任总经理;2013年至今,由贾正玉担任总经理。

现任领导班子成员:

总经理:贾正玉

副总经理:陈兴龙

副总经理、工会主席:魏振超

财务总监:张玉洋

三、主要成绩

1998 年 2 月，山东省外资工作领导小组授予“1997 年度优秀外商投资企业”。

2000 年 3 月，济宁市地质矿产局授予“1999 年度缴纳矿山资源补偿费先进单位”。

2000 年，山东省对外贸易经济合作厅授予“山东省进出口百强企业”。

2001 年 4 月，济宁市人民政府授予“济宁市外商投资先进企业”。

2003 年 3 月，济宁市安全生产委员会办公室授予“2002 年度济宁市安全生产先进单位”。

2006 年 4 月，济宁市总工会授予“信得过基层工会暨模范职工之家”称号。

2006 年 9 月，中华全国总工会授予“全国双爱双评先进企业”。

2007 年 1 月，山东省安全生产监督管理局授予金属非金属矿山“安全标准化二级企业”。

2007 年 3 月，济宁市水利局授予“2006 年度全市水资源管理先进集体”。

2007 年 12 月，山东省精神文明建设委员会办公室、山东省环境保护局授予省级“绿色社区”。

2008 年 4 月，中华全国总工会授予“模范职工之家”。

2009 年 7 月，济宁市总工会授予“五一劳动奖状”。

2009 年 9 月，山东省建筑材料工业协会授予“山东省水泥行业质量管理先进单位”。

2009 年 12 月，济宁市劳动和社会保障局授予“济宁市遵守劳动保障法律法规规范化企业”；济宁市总工会授予“模范职工之家”。

2010 年 11 月，中国建筑材料流通协会授予“建材下乡推进工作试点单位”。

2011 年 10 月，中华人民共和国济宁海关授予“海关 A 类企业”。

2013 年 2 月 27 日，公司荣获“山东省建筑材料行业技术革新先进企业”称号。

2013 年 9 月，公司荣获“2011～2012 年度山东材料行业优势企业”。

2014 年 1 月 21 日，公司被授予“泗水县高校毕业生就业见习基地”称号。

2014 年 3 月 6 日，公司荣获泗水县“2013 年度慈善捐赠先进单位”荣誉称号。

2014 年 3 月 13 日，公司被泗水县总工会授予“工会工作先进单位”荣誉称号。

2014 年 11 月，公司荣获全国工会“职工书屋”示范点荣誉称号。

2014 年 11 月 1 日，公司顺利通过“省级安全文化建设示范企业”验收。

四、本单位大事记

2011 年 4 月，中国联合水泥集团成功收购大宇水泥 100％股权。

2011 年 8 月 9 日，中国联合水泥集团有限公司（以下简称“中国联合水泥”）与大宇国际株式会社（以下简称“大宇国际”）签署了《关于大宇水泥（山东）有限公司的股权转让协议》，该协议约定，中国联合水泥收购大宇国际持有的大宇水泥 100％股权。

2012 年 4 月 17 日，公司由外资企业变更为内资企业，同意大宇国际株式会社将其持有的大宇水泥（山东）有限公司 100%股权转让给中国联合水泥集团有限公司。

2012 年 5 月 8 月，公司进行了工商登记变更手续。

2012 年 6 月 26 日，公司名称由“大宇水泥（山东）有限公司”更名为“济宁中联水泥有限公司”。

2012 年 10 月，公司通过了国家安全、环保、卫生三体系认证。

2013 年 3 月 28 日，我公司与中国联合水泥集团有限公司正式签署《商标使用许可合同》，成功获得集团总部关于使用“CUCC”商标的授权。

2013 年 5 月 16 日，公司达标通过“市级安全文化建设示范企业”考核。

2014 年 1 月 16 日上午 11 时 26 分，公司余热发电项目一次性并网成功。

2014 年 3 月 20 日，公司成立党的群众路线教育实践活动领导小组，孙建成同志任组长。

五、对行业发展的贡献

济宁中联水泥有限公司秉承中国联合水泥“善用资源，服务建设”的企业使命，大力发展循环经济，强化节能减排措施，加大节能投资力度，始终坚持走可持续发展之路，着重于发展绿色循环经济，以建设环境友好型及资源节约型企业为己任，实现经济效益、环境效益与社会效益的良性统一。通过窑筒体辐射热项目、喷煤管改造项目、提升机改造项目、电收尘改造项目和余热发电等多项技改项目，促使公司在发展循环经济的道路上做出了极大贡献。

济宁中联水泥有限公司

济宁中联水泥有限公司厂区

（撰稿人：孟鲁俊）

青州中联水泥有限公司

一、简　介

青州中联水泥有限公司是中国联合水泥集团公司旗下的全资子公司，注册资本金3亿元。项目始建于2004年，一期6000 t/d水泥熟料生产线并配套纯低温余热发电系统总投资7.4亿元并于2007年2月投产；二期6000 t/d水泥熟料生产线并配套纯低温余热发电系统于2014年12月全部竣工，项目总投资6.2亿元。公司相继通过了质量、环境、职业健康与安全、能源管理体系认证，是山东省首家通过工信部“水泥行业准入条件”的水泥制造企业。公司年产优质熟料372万吨，水泥200万吨，发电11200万千瓦时，商品混凝土90万立方米，另配套建设全资子公司青岛中联水泥有限公司，年产水泥200万吨，青州中联水泥有限公司是山东省最大的旋窑水泥熟料生产基地，是集综合利用、循环经济、绿色环保为一体的新型建材企业。

2014年底员工人数414人，资产17.23亿元，营业收入5.88亿元。

二、历史沿革

2004年2月公司注册成立，总经理杜纪俊，法人代表张金栋。

历任主要领导

姓　名	职　务	任职时间
张金栋	董事长	2004.2～2007.7
杜纪俊	总经理	
冯耀银	董事长	2007.8～2013.9
杜纪俊	总经理	
冯耀银	董事长	2013.10～2015.3
吕凤奇	总经理	

续表

姓　名	职　务	任职时间
孙建成	董事长	2015.4至今
吕凤奇	总经理	

现任领导班子成员：

董事长：孙建成

总经理：吕凤奇

副总经理：初龙才　常　琳　苏　伟

三、主要成绩

青州中联水泥有限公司始终秉承“善用资源，服务建设”的核心理念，一直向客户提供高品质的、稳定的、一致性的产品和优质的服务，企业核心竞争力稳步增强。先后荣获“改革开放30年山东省建材工业最具影响力企业”“潍坊市工业百强企业”“青州市杰出贡献企业”“青州市环境保护先进单位”“青州市安全生产先进单位”“青州市节能减排先进单位”等荣誉称号。

四、本单位大事记

2004年2月，在青州市工商局注册，注册资本金10000万元。

2004年8月，全资子公司青岛中联水泥有限公司注册成立，注册资本金3000万元。

2006年12月14日，公司名称由“青州中联鲁宏水泥有限公司”变更为“青州中联水泥有限公司”。

2006年12月28日，一期工程6000 t/d水泥熟料生产线竣工，举行盛大的竣工仪式。

2007年2月6日，一期工程6000 t/d水泥熟料生产线点火升温，2月23日系统投料试生产，4月27日～4月30日完成72小时达产达标。

2007年4月，一期年产100万吨水泥磨投产。

2007年5月，子公司青岛中联一期水泥磨竣工投产，2012年8月，二期水泥磨竣工投产，两台水泥磨系统共投入1.5亿元，年产能200万吨。

2007年10月29日，公司类型由有限责任公司变更为有限责任公司(国有控股)，股东发起人由中联鲁宏水泥有限公司变更为中国联合水泥有限责任公司。2012年12月9日变更为中国联合水泥集团有限公司。

2008年5月，一期配套余热发电项目开始试调试，2008年8月7日一次并网发电成功，2008年11月6日正式并网发电。

2009年10月进行窑头余风再循环改造；添加了回转窑余热供暖装置。

2010年7月，窑头AQC余热锅炉余风再循环系统改造，每年多发电960万千瓦时。

2011年10月，添加余热锅炉过热器爆燃吹灰系统。

2012 年 5 月，对 1 号窑尾收尘器进行技术革新。

2012 年 6 月，对水泥空压机系统改造。

2013 年 1 月，对石灰石取料机改造。

2013 年 6 月，投资 275 万元，建设 6000 t/d 脱硝工程，有效地减少了窑尾烟气污染。

2014 年 2 月，对粉磨系统进行技术改造。

2014 年 2 月，利用检修期间对产能不足皮带改造。

2014 年 2 月，改造石灰石取料机。改造后，石灰石的供料量可满足两条 6000 t/d 熟料生产线的需求。

2014 年 5 月 14 日，二期 6000 t/d 熟料生产线竣工点火，8 月底经过 72 小时考核达标达产。

2014 年 5 月 4 日，变更经营范围，增加水泥混凝土的制造、销售。

2014 年 7 月 9 日，年产 90 万立方米商砼站投入使用。

2014 年 12 月 19 日，二期余热发电项目竣工调试，2015 年 2 月底进行了 72 小时考核。

五、对行业发展的贡献

公司在企业的质量管理上一直执行高于、严于国家标准的企业内控标准，严格控制每个质量工序，确保出厂水泥熟料合格率 100%，富裕强度合格率 100%。所生产的"CUCC"牌水泥具有安全性稳定，凝结时间适中，早期、后期富余强度高，和易性、耐磨性、可塑性、均匀性优良等特点，高强度等级水泥凝结硬化快，耐冻性、抗渗性好，低强度等级水泥还具有水化热低的特点，公司产品广泛应用于青临高速公路、海青铁路、南水北调工程，寿光巨能特钢、寿光神化电厂、寿光一中、潍坊教育学院、潍坊体育中心、青州体育中心、青州会展中心等重点工程，深受广大用户信赖。

青州中联水泥有限公司厂区

青州中联水泥有限公司厂区

（撰稿人：吕风奇）

山东山铝水泥有限公司

一、简　介

山东山铝水泥有限公司固定资产投资6亿元。公司主要生产经营“山铝”牌52.5、42.5、32.5系列普通硅酸盐水泥、复合硅酸盐水泥，年产规模达400万吨，发电8000万千瓦时，是集综合利用、循环经济、绿色环保为一体的新型建材企业。

2014年底公司员工418人，资产6.3亿元，营业收入7.55亿元，年利税10342万元，本年度实现年利润6026万元，水泥产量317万吨。

二、历史沿革

山东山铝水泥有限公司前身是山东铝业公司水泥厂，原山东铝业公司水泥厂始建于1958年，采取湿法水泥生产工艺，利用铝工业废渣——赤泥和石灰石尾矿生产高品质水泥。2002年，山东铝业公司响应国家水泥产业调整政策和淄博市“环境立市”战略号召，以新型干法水泥生产线淘汰落后的湿法工艺生产线，由山东铝业公司控股、员工入股，成立山东山铝水泥有限公司。

2002年12月，山东山铝水泥有限公司筹备成立，选举刘庆科为董事长，聘任于健为总经理，陈常杰、张建业为副总经理，牟世波为董事会秘书。

2003年11月，选举于健为副董事长，聘任陈常杰为总经理。

2006年1月，原董事长刘庆科退休，山东铝业公司经理王再云任董事长。

2008年9月，张建业副总经理主持日常工作。

2009年2月，牟世波任党委副书记。

2009年11月，聘任张建业为总经理。

2012年2月，牟世波任党委书记。

2013年5月，免去王再云董事长职务，王全家任董事长。

2014年4月，张建业任山东铝业公司总经理助理兼山东山铝水泥有限公司总经理。

现任领导班子成员：

董事长：王全家

党委书记：牟世波

总经理：张建业

副总经理：巩庆刚　薛　峰

三、主要成绩

山铝水泥有着50年的品牌培育历程，曾荣获“部优”“国家银质奖”“山东名牌”“国家免检产品”等称号，被中国水泥协会列为向全国消费者推荐产品。公司先后被授予“山东省散装水泥工作先进单位”“改革开放30年山东省建材工业最具影响力企业”“全国水泥行业节能减排达标竞赛活动先进集体”“山东省创建学习型党组织示范企业”“淄博市劳动关系和谐企业”“振兴淄博劳动奖状”“淄博先锋基层党组织”“山东省水泥行业质量管理先进单位”“环渤海地区建材行业诚信企业”“中央企业先进集体”等许多荣誉称号。

四、本单位大事记

2002年12月30日，山东山铝水泥有限公司创立大会在山铝宾馆会议楼召开，选出第一届董事会(13人)、监事会(9人)成员。

2003年1月29日，在淄博市工商局进行工商注册，注册资本10057万元。

2003年5月28日，山东山铝水泥有限公司东营分公司举行奠基仪式。

2003年9月28日，山东山铝水泥有限公司举行点火投产仪式。

2003年10月19日，1号生产线投料。

2003年10月28日，山东山铝水泥有限公司党委成立。

2003年10月30日，山东山铝水泥有限公司工会委员会成立。

2004年5月28日，东营分公司举行投产仪式。

2007年7月2日，二期工程奠基。

2007年11月20日，东营分公司租赁给胜利水泥厂经营。

2008年，余热发电项目经省经贸委立项、备案。

2008年11月15日，二期工程点火。

2008年11月22日，二号生产线投料。

2009年3月21日，举行余热发电项目奠基仪式。

2009年5月8日，余热发电工程开工建设，南京凯盛公司总承包。

2009年8月20日，拟将东营分公司厂房、设备、土地使用权等资产进行处置变现。

2009年10月，与东营市胜铝水泥有限公司签订资产转让协议。

2009年12月，实行“大科室、大区域、大班组”管理体制改革，对8个管理科室合并精简，重新组合为4个；8个车间和2个管理科室，合并为6个生产单位。

2010年2月24日，余热发电项目建成投产。

2011 年 9 月 7 日，水泥公司 1 号生料粉磨系统提产改造开工。

2012 年 3 月 16 日，1 号生料磨技改项目建成投产，联动试车成功，18 日投料生产。

2012 年 6 月，对袋装水泥装车系统进行改造，改造后大幅降低发货时间。

2012 年 10 月，散装发货系统改造开工建设。

2012 年 12 月，对水泥散装发货系统进行更新改造，新建水泥散装库 3 个，水泥储存库底由皮带输送改为斜槽输送。同时对 2 号水泥磨进行了技术升级改造，产能提高 100%。

2013 年 2 月 27 日，公司散装发货系统改造完成。

2013 年 7 月 3 日，中铝山东企业 2013 年水泥中控操作员技能竞赛在水泥公司举行。

2013 年 7 月 26 日，公司 2 号水泥磨提产改造项目顺利投用。

2013 年 9 月 9 日，水泥日产突破 1 万吨，创出公司投产 10 年来最好水平。

2014 年 1 月，对 1 号水泥磨及 1 号窑系统进行了技术革新。

五、对行业发展的贡献

山东山铝水泥有限公司自投产以来，高举综合利用旗帜，发挥综合利用优势，形成综合利用特色，为行业资源综合利用、节能减排发挥了积极作用。

“山铝”牌水泥具有质量稳定、早期强度高、凝结时间适中、抗冻融性能好、抗硫酸盐及抗海水侵蚀性能好、水化热低、耐磨性好等特点。广泛应用于济青高速公路、青岛胶州湾隧道、胶州湾跨海大桥、青岛港、平度电气化铁路、黄河大桥、东营港、黄骅港、津汕高速公路、青岛胶济铁路客运专线、德龙烟铁路、青龙高速、大型发电厂等国家重点工程，并出口俄罗斯，获得客户一致好评。

山东山铝水泥有限公司厂区

山东山铝水泥有限公司中控楼

（撰稿人：丁明新）

丛林集团有限公司

一、简 介

丛林集团是集轨道交通型材、轻量化汽车及零部件、特种船舶、人行天桥、铝模板工程、水泥、发电、胶带、球墨铸铁管及管件等于一体的综合性国家级企业集团。公司拥有国家级企业技术中心、国家级实验室、博士后科研工作站、山东省工业铝型材工程技术研究中心和山东省泰山学者岗位等科研机构，是中国制造业 500 强。现有员工 5000 余人，固定资产 159 亿元。2014 年实现主营业务收入 269 亿元，利税 28 亿元，利润 29 亿元。

二、历史沿革

1982 年，丛林集团创始人张修基先生贷款 210 万元自行筹建 4.4 万吨水泥生产线，成立黄县诸由水泥厂。

1992 年，龙口市诸由水泥厂、龙口市塑胶带厂、龙口市西河阳橡塑制品厂、龙口市诸由纸袋厂、诸由水泥厂建筑队和车队 6 家企业联合成立中国山东龙口丛林集团公司。

1993 年，山东省体改委文件，同意以龙口丛林集团公司为核心，组建成立山东丛林集团公司。

2005 年，经山东省工商行政管理局核准同意，公司名称变更为“山东丛林集团有限公司”。

2009 年，经国家工商行政管理总局核准同意，公司名称最终变更为“丛林集团有限公司”。

历任主要领导：

机构名称	起止时间	姓名	职务	任职时间
黄县诸由水泥厂	1982～1992	张修基	厂长	1982～1992
中国山东龙口丛林集团公司	1992～1993	张修基	总裁	1992～1993

续表

机构名称	起止时间	姓名	职务	任职时间
山东丛林集团公司	1993～2005	张修基	总裁	1993～2002
		苏振佳	总裁助理	1995～2004
		张培良	总经理	2000～2002
			总裁	2002～2005
山东丛林集团有限公司	2005～2009	张培良	总裁	2005～2009
		苏振佳	副总裁	2005～2008
			执行总裁	2008～2009
丛林集团有限公司	2009 至今	张培良	总裁	2009～2014
			董事局主席	2014 至今
		苏振佳	执行总裁	2014 至今
			总裁	2009～2014
		王　刚	副总裁	2009～2014
			执行总裁	2014 至今

三、主要成绩

多年来，丛林集团始终坚持科技兴企、创新发展，曾先后荣获“全国有色金属行业先进集体”“中国重点骨干模具企业”“全国建材行业先进集体”“山东百强企业”“山东省诚信企业”等诸多荣誉。先后承担国家科研项目 23 项，主持和参与起草国家、行业标准 50 余项，完成省级科技成果鉴定 26 项，累计申请国家专利 800 多项，获省部级科技进步奖和中国工业大奖 11 项，荣获“中国名牌”“国家免检产品”“中国驰名商标”等荣誉称号。2008 年，丛林集团被确定为“山东省首批创新型试点企业”，2009 年被认定为“国家创新型企业”。

四、本单位大事记

1982 年，黄县诸由水泥厂成立。

1991 年，龙口市塑胶带厂建成投产，当年销往 6 个国家和地区。

1992 年，龙口市丛林铝材有限公司成立，年产建筑型材 7000 吨。

1993 年，建自备热电厂，装机容量 1.2 万千瓦。

1996 年，建龙口市丛林球墨铸铁管有限公司，年产 DN80～2600 mm 球管 15 万吨。

1997 年，建龙口市丛林管件制造有限责任公司，年产 DN80～1600 mm 管件 1.5 万吨。

1998 年，建龙口市丛林机械制造有限公司，配套开发各种规格挤压模具等。投资

2000 万元成立山东丛林集团有限公司技术研究开发中心。

2000 年，成立山东省工业铝型材工程技术研究中心。

2003 年，建龙口市丛林中德车体系统工程有限公司。

2011 年，丛林集团与日本轻金属株式会、日本福禄好富株式会、伊藤忠（中国）集团有限公司合资成立山东丛林福禄好富汽车有限公司。

2012 年，丛林集团获批组建有色金属行业工程研究中心。山东日轻丛林汽车零部件有限公司开所仪式隆重举行。

2013 年，丛林集团与芬兰凯瓦铝合金船舶有限公司合资成立山东丛林凯瓦铝合金船舶有限公司；集团公司与德国 PML 公司合资成立的山东丛林——迈尔铝合金结构工程有限公司举行隆重开业仪式。

2014 年，成立龙口市丛林铝模板工程技术有限公司。

2014 年，丛林集团成立董事局，张培良任董事局主席，苏振佳、姜建栋任董事局副主席。

五、对行业发展的贡献

2002 年，丛林集团投资 3 亿元成功研制出拥有完全自主知识产权的世界首台万吨油压双动铝挤压机，结束了我国大型挤压机和大型铝型材长期依赖进口的历史。

2007 年，时速 200 千米的“和谐号”52 列动车组正式投入运营。在这项重点工程中，丛林集团承担了 37 列高速列车车体型材的自主研制与开发工作，打破了该产品完全依赖进口的局面，为我国高速列车制造一跃跨入世界领先水平做出了重要贡献。

2012 年，丛林集团与中国汽车工程研究院、中国重汽集团研发中心共同合作，开发出具有自主知识产权的铝合金轻量化半挂车生产技术，填补了国内空白。轻量化效果显著（减重 35%，节油 20%以上），节能减排效益、增加运输效益明显。

2013 年，引进并消化吸收国际先进的铝合金工作船的结构设计方案、选材标准等技术，研制成功的全铝合金轻量化工作艇、游艇，处于国内领先水平，具有重量轻、耐腐蚀、抗冲击等特点，可广泛应用于海面巡逻、消防救生、抢险救灾、海面油污清理和海上观光旅游等，促进了我国船舶工业的结构调整和转型升级。

同时，引进 PML 公司的技术与经验，针对铝合金天桥、大型建筑结构等铝合金轻质结构工程的研发和生产，引领了我国建筑和桥梁领域绿色环保的新理念。

丛林车体——德国 FOOKE 五轴龙门数控加工中心

丛林集团

（撰稿人：潘瑞雪）

山东重山集团

一、简　介

山东重山集团始建于 1976 年，下辖鲁中水泥、鲁蒙水泥、黄骅三阳新材、重山热电、重山铝业、中硼新材、特普化工、重山光电 8 个经济实体。集团公司工业布局合理，技术装备先进，员工 1700 余人，截至 2014 年，集团公司总资产已达到 8.86 亿元，2014 年实现销售收入 9.6 亿元，上缴利税 1.29 亿元。集团公司的主导产品为普通硅酸盐水泥，设计产能 360 万吨，名列山东省前 10 名。注册商标“重山牌”。公司先后通过了 ISO9001 质量管理体系、ISO14001 环境管理体系和 ISO18001 职业健康安全管理体系、能源管理体系、测量管理体系 AAA 认证和企业标准化 AA 级认证，2012 年公司率先开展了清洁生产审核，并顺利通过，2013 年通过能源管理体系认证，是山东省水泥骨干企业。

二、历史沿革

集团公司是在原村办企业——南韩水泥厂的基础上不断发展壮大成立的。1976 年南韩水泥厂成立，经过多年的发展，2002 年改制为淄博鲁中水泥有限公司；2002～2009 年公司先后又投资成立了重山热电、重山铝业公司，并于 2009 年注册成立山东重山集团有限公司；2011 年，投资控股赤峰鲁蒙特种水泥有限公司；2011 年启动了山东省首个水泥窑协同处置废弃物示范项目；2012 年联合天津大学成立了中硼新材料有限公司；2013 年以来先后成立了特普装备公司、特普化工公司。2014 年、2015 年又先后投资黄骅三阳新材料有限公司，成立了重山光电有限公司，积极探索研究光电新材料。

集团公司自 2002 年改制为淄博鲁中水泥有限公司以来，李学同志任总经理，在 2003～2008 年期间李学同志任淄博鲁中水泥有限公司董事长。2002 年、2009 年集团又投资成立了重山热电、重山铝业公司，2009 年成立山东重山集团有限公司，李学同志担任集团公司董事长至今。

现任领导班子成员：

董事长：李　学

总经理:许　辉
副总经理:许博文
常委委员兼运营中心总经理:王　谦
常委委员兼财务中心总经理:王新峰
常委委员兼发展中心总经理:李　哲
常委委员兼营销中心总经理:王善喜

三、主要成绩

(一)国家级荣誉

2012年起,连年被评为“中国建材企业500强”“中国民营建材企业100强”“中国建材最具成长性企业100强”“水泥产品质量对比验证检验先进单位”。董事长李学同志先后荣获了“全国用户满意杰出管理者”“全国建材行业优秀企业家”等荣誉称号。

(二)省级荣誉

自2000年以来连年被评为“全省水泥品质指标检验大对比全合格单位”;“十二五”期间先后被评为“山东省最具影响力企业”“山东省建材工业节能减排与资源综合利用十佳典范企业”“山东省花园式单位”“山东省重合同守信用单位”“山东省管理创新先进单位”“山东省企校合作培养人才先进单位”“山东省清洁生产先进单位”“山东省‘三上’企业统计工作规范化五星级单位”;公司产品先后多次被授予“山东省著名商标”和“山东名牌”。董事长李学先后荣获了“山东省富民兴鲁劳动奖章”“改革开放30年山东省建材工业优秀企业家”“山东省优秀经营管理者”“低碳山东功勋人物”“山东省建材工业‘十一五’节能减排与资源综合利用十大功勋企业家”等荣誉称号。

(三)市级荣誉

自2000年以来连年被评为“淄博市百强工业企业”“淄博市十佳和谐企业”“淄博市纳税百强企业”“淄博市节能先进企业”“淄博市优秀民营企业”“淄博市劳动保障诚信单位”等荣誉。董事长李学先后荣获了“淄博市劳动模范”“淄博市优秀市人大代表”“淄博市十大杰出民营企业领军人物”等荣誉称号。

四、本单位大事记

1976年,南韩水泥厂创建成立。
1993年,更名为“淄博鲁中水泥有限公司”。
2002年,改制为淄博鲁中水泥有限公司。
2004年,投资建设淄博鲁中水泥有限公司热电厂。
2006年,投资建设山东重山铝业有限公司。

2008～2009 年，投资建设日产 5000 吨新型干法水泥熟料示范生产线。

2009 年，山东重山集团有限公司成功注册。

2011 年，控股内蒙古鲁蒙特种水泥有限公司。

2012 年 7 月，硼同位素中试基地项目落成。

2012 年 12 月，成立山东特普化工技术有限公司。

2014 年 3 月，成立山东重山光电材料有限公司。

2014 年 9 月，投资黄骅三阳新材料有限公司。

五、对行业发展的贡献

公司在同行业间率先提出了先进的环保理念，并得到了各级政府及社会的广泛肯定，成为"中美合作斯德哥尔摩公约履约示范企业"，并相继在北京、成都、淄博召开了"中美水泥窑项目成果推广会"。并在 2011 年重山集团联合国际一流的环保科技公司和中国最权威的科研单位，启动山东省首个水泥窑协同处置废弃物示范项目，代表中国的民营企业走向了国际舞台，向世界展示了集团 30 余载的发展成就。

2014 年参与了海工硅酸盐水泥(GB/T 31289-2014)标准的制定，为进一步规范水泥行业的标准做出了积极的贡献。

企业在快速发展的同时，以"成已达人，仁爱忧民"为慈善理念，在环保、教育、慈善等方面，积极践行着企业的社会责任，累计公益捐款达 500 余万元。长期以来，公司在创造经济效益的同时更注重社会效益和社会责任。公司不断创新发展带动了南韩社区的建设，在加快社区配套的同时，2011 年又投资建成了山东省首家农村廉租房安居工程，实现"老有所养，老有所乐，少有所学，学有所用"，成为名副其实的省级文明村。

山东重山集团鲁蒙特种水泥有限公司

山东重山集团全景

（撰稿人：张　威）

肥城米山水泥有限公司

一、简　介

肥城米山水泥有限公司占地面积54万平方米，员工1353人，注册资金4500万元，资产总额61989万元，经营范围为建材设备、水泥制品及五金配件。下设东厂和西厂2个分厂，拥有日产4000吨和2000吨2条新型干法回转窑熟料水泥生产线，主要生产52.5、42.5级普通硅酸盐水泥及32.5R、32.5复合硅酸盐水泥，年生产能力260万吨，熟料产能列全国建材行业第329位、全国水泥行业第87位、全省水泥行业第6位。2014年度生产水泥220万吨，实现营业收入43197万元、利税5298万元、利润1389万元。

二、历史沿革

1968年11月，地方国营肥城市水泥厂建厂后主要是以粉碎石灰石为主的石料厂，1970年上了一台土立窑开始生产水泥，1978年将土立窑技术改造为机立窑，年产量2万吨；1983年达产6万吨火山灰水泥；1986年实施第二期技术改造增上一台机立窑，1987年2台机立窑年产量13万吨，后又经过3次技术改造新上5台机立窑，1996年7台机立窑年熟料生产能力66.4万吨。自1995年企业经营开始滑坡，至2003年年仅生产普通水泥59万吨，特别是2001年后企业的生产经营举步维艰，于2003年6月依法破产。2003年12月25日，肥城市政府与上海汇功国际贸易有限公司达成资产转让的协议，成立肥城米山水泥有限公司。

历任主要领导

机构名称	起止时间	姓名	职务	任职时间
肥城县石料厂	1968.11～1971.2	武炳山	党支部书记	1968.11～1970.2
		武炳山	党支部书记、厂长	1970.3～1971.2

续表

机构名称	起止时间	姓名	职务	任职时间
肥城县建材厂	1971.3～1972.1	武炳山	党支部书记、厂长	1971.3～1972.1
肥城县水泥厂	1972.2～1991.12	武炳山	党支部书记、厂长	1972.2～1975.4
		孙远亭	党支部书记	1978.4～1983.2
		于宪玉	厂长	1978.4～1983.2
		于宪玉	党总支书记	1983.2～1984.11
		冯汝政	厂长	1983.2～1988.1
		杨建国	党总支书记	1984.11～1988.1
		冯汝政	党委书记、厂长	1988.1～1991.12
肥城市水泥厂	1992.1～1995.12	冯汝政	党委书记、厂长	1992.1～1995.12
山东肥城水泥股份有限公司	1996.1～2002.4	冯汝政	党委书记	1996.1～1999.8
		李光亮	董事长、总经理	1996.1～1999.8
		李光亮	董事长、党委书记、总经理	1999.8～2002.4
肥城米山水泥有限公司	2002.5～2003.11	杨瑞波	法人代表、党委书记、总经理	2002.4～2003.11
肥城米山水泥有限公司	2003.12至今	邓来弘	法人代表、董事长	2003.12～2008.12
		邓来祥	党委书记、总经理、副董事长	2003.12～2008.12
		邓来祥	法人代表、董事长、党委书记	2009.1～2013.2
		荆玉忠	总经理	2009.1～2013.2
		邓来祥	法人代表、董事长、党委书记、总经理	2013.3～2014.4
		邓来祥	董事长	2014.5至今
		王建国	法人代表、党委书记、总经理	2014.5至今

现任领导班子成员：

董事长：邓来祥

法人代表、党委书记、总经理：王建国

副总经理：王志军

党委副书记、工会主席：姚金钟

技术总监:赵同宝

项目总监:李　勇

三、主要荣誉

公司先后被评为"全国水泥质量行业检查评比优胜企业""省级节能先进单位""省级先进企业""国家二级企业""山东省重合同守信用企业""山东省水泥制造业综合实力百强企业""中国专利山东明星企业""高新技术企业""改革开放30年山东省建材工业最具影响力企业""山东省清洁生产先进单位""山东省顾客满意企业"等称号;产品被评为"山东省优质产品""部优产品""山东省质量免检产品""国家免检产品"等称号;并多次获得山东省科技进步二等奖、三等奖等奖项,多次获得国家实用新型专利证书。

四、本单位大事记

1986年实施二期技改,新上一条8.8万吨立窑熟料生产线,熟料产量达到17.6万吨。

1990年实施三期技改,研发使用了微机控制核子秤技术,使生料合格率由40%提升到90%以上;同时增上一条8.8万吨立窑熟料生产线,熟料产量达到26.4万吨。

1992年,在肥城高新技术开发区建设的肥城市建材设备厂投产;在肥城王瓜店镇新镇村南建设4条年产10万吨立窑熟料生产线,1996年全部投产后,公司达到了66.4万吨立窑熟料的生产规模。

2005年11月,改制后的米山公司新上一条日产2000吨熟料新型干法回转窑生产线。

2006年9月1日,同济大学—米山公司水泥基材料研发及实践基地签字揭牌仪式在公司举行。

2008年3月,建设规模为日产4000吨熟料新型干法回转窑及纯低温余热发电项目。

2009年7月10日,同济大学—米山公司研究生科研实习基地揭牌仪式在公司举行。

2011年3月,公司恢复建设日产4000吨熟料新型干法回转窑及纯低温余热发电项目。2012年5月,项目竣工投产,成为全省水泥行业"转方式、调结构"的成功典范。

米山水泥公司4000吨熟料项目竣工剪彩

米山水泥公司厂貌

（撰稿人：郭　雷）

山东沂源沂阳水泥有限公司

一、简　介

山东沂源沂阳水泥有限公司生产工艺先进，技术力量雄厚，新上的水泥粉磨设备、设施均采用了目前国内比较先进的技术和设备，质量稳定、品质优良，能够满足不同用户的需求，是沂源县唯一一家被国家、山东省保留的水泥生产企业，公司生产的“鲁源”牌水泥先后被授予“山东省优质产品”“山东省免检产品”“国家绿色环保建材”“国家建材推荐产品”等荣誉称号。

截至2014年底，山东沂源沂阳水泥有限公司共有员工240人，资产总额约8500万元，生产32.5、42.5等级水泥62万吨，实现营业收入1.2亿元，实现利税1500万元，利润700万元。

二、历史沿革

山东沂源沂阳水泥有限公司前身为国营沂源第二水泥厂，始建于1976年，是由几家军工企业投资建成，当时是立窑企业，生产设备简陋，技术人员匮乏，产品单一，环境污染严重，年设计产量仅为0.8万吨，1985年根据国家当时政策，大力发展技术改造，生产规模达到4.4万吨的生产能力，1992年开始，生产规模达到10万吨，1993年新上2条年产10万吨的机立窑水泥生产线，总体规模达到30万吨生产能力。

2009年根据国家行业发展政策和国家淘汰落后产能有关规定，经山东省经信委批准，拆除机立窑和原有水泥磨机改建水泥粉磨站，年设计产量100万吨，2007年企业变更为现名称“山东沂源沂阳水泥有限公司”。

历任主要领导

机构名称	起止年限	姓名	职务	任职时间
1976～1981	石桥水泥厂	单长贵	厂长	1976～1978
		张兴忠	副厂长	1976～1980
		王妙田	副厂长	1976～1981

续表

机构名称	起止年限	姓名	职务	任职时间
沂源第二水泥厂	1981～2007	王可臣	厂长	1981～1989
		张家臣	副厂长	1981～1980
		徐成云	副厂长	1981～1990
		张兴忠	副厂长	1981～1985
		封明成	厂长	1989～1992
		陈安法	副厂长	1990～2007
山东沂源沂阳水泥有限公司	2007 至今	陈安法	董事长、总经理	2007 至今
		郭庆训	副总经理	2007 至今
		杨泉城	副总经理	2007 至今

三、主要成绩

1999 年 8 月，中国建筑材料工业协会授予“国家建材推荐产品”。

2003 年 10 月，国家建筑材料测试中心授予“国家绿色环保建材”。

2004 年 11 月，山东省质量技术监督局授予“山东省免检产品”。

2005 年 8 月，山东省建材工业协会授予“山东省建材工业百强品牌”。

2011 年 7 月，山东省工业协会授予“山东省建材工业节能减排与资源综合利用十佳典范企业”。

2007～2012 年度获得“山东材料行业优势企业”。

2013 年 12 月，山东省建材工业协会授予“山东省建材工业品牌综合竞争力十强企业”。

四、本单位大事记

1985 年 3 月，0.8 吨水泥生产线技术改造为 4.4 万吨。

1992 年 5 月，4.4 万吨水泥生产线技术改造为 10 万吨。

1993 年 5 月，新上年产 10 万吨生产线 2 条。

1993 年 8 月，企业实施股份制改造，是沂源县第一家国营企业股份制改造，企业名称由国营沂源第二水泥厂变更为“淄博鲁沂水泥股份有限公司”。

1995 年 6 月，由淄博鲁沂水泥有限公司和沂源县水泥厂、沂源县芦芽水泥厂等 3 家县属国有水泥厂组建沂源蓝天建材集团有限公司。

1998 年 2 月，集团公司撤销各成员企业分立，成立沂源鲁源水泥有限公司。

2007 年 6 月，企业名称变更为“山东沂源沂阳水泥有限公司”。

2009 年 6 月，机立窑生产线拆除，开始改建水泥粉磨站。

2013 年 2 月，新上商品混凝土生产项目。

2014 年 3 月，商品混凝土项目建成投产。

五、对行业发展的贡献

为加快企业发展，充分发挥公司技术、产品、市场优势，加大新产品研发力度，2012 年新研发矿山充填专用胶固粉产品和矿渣粉磨项目，2013 年投资 1 亿元新上年产 30 万立方米商品混凝土和年产 30 万吨干混砂浆项目，一期工程年产 30 万立方米混凝土项目已投产，并取得了较好的经济效益；二期工程年产 30 万吨干混砂浆项目正在考察之中，计划 2016 年投产，形成以水泥生产为主导产业，集矿渣粉、商品混凝土、干混砂浆、胶固粉等新型建材多元化发展的基地。

山东沂源沂阳水泥公司办公楼

山东沂源沂阳水泥公司粉磨车间

（撰稿人：沈照虎）

100

Shandong Cailiao 100 Jia

混凝土企业

济南鲁冠混凝土有限责任公司

一、简　介

济南鲁冠混凝土有限责任公司，前身为国有企业——济南第一建材厂，1999年底改制为现代化的股份制民营企业。2009年6月从事预拌干混砂浆的生产，是山东省建站最早、规模一流的预拌混凝土生产企业和山东省首家标准化、规模化的干混砂浆专业生产厂家。

公司目前拥有3个生产基地，通过ISO9001质量管理体系、ISO14001环境管理体系和OHSAS18001职业健康安全管理体系认证，具有预拌商品混凝土专业承包贰级资质，是济南市同行业唯一的“济南市现代混凝土及砂浆工程技术研究中心”，坚持集约化、精细化、绿色环保和可持续发展之路，以丰富的经验、雄厚的规模、专业的团队、严格的管理打造核心竞争力。

2014年，公司预拌混凝土产量192万立方米，列济南市同行业第一位，山东省同行业第二位；预拌干混砂浆产量12万吨，在济南市和山东省行业内领先。2014年底，公司员工400人，其中专业技术人员60余人；资产9000余万元；2014年实现营业收入近4亿元，实现利税近3000万元，利润良好。

二、历史沿革

济南第一建材厂1986年6月在市中区建设路84号的厂区安装了2台1 m^3 立轴强制式搅拌机，建成了山东省第一座商品混凝土搅拌站。

1999年底，济南市建材局对济南第一建材厂实施企业改制，1999年12月，于天刚当选为改制后公司的董事长和总经理。2000年初春，原济南第一建材厂搅拌站拆除，迁至市中区七贤镇前龙窝村原济南水泥制品厂院内，改制企业在此建设了2台90 m^3/h 机组及配套设施，同时，注册成立了济南鲁冠混凝土有限责任公司。

2002年，济南山水集团实施“腾笼换业”，原济南水泥制品厂全面停产、整体搬迁，公司实施“东进西迁”战略，在历城区临港开发南区征地50亩，设立了临港分公司。

2003 年 1 月，在市中区党家街道办事处展西村租用土地 30 亩，进行原济南水泥制品厂院内 2 套 90 m^3/h 机组的迁建，3 月 12 日投产，形成西部生产基地。

2004 年底，在章丘市明水经济开发区赭山工业园征地 50 亩，2005 年 7 月设立了章丘分公司。公司形成了三站鼎立、区域辐射的格局。

历任主要领导

姓　名	职　务	任职时间
于天刚	董事长	1999.12 至今
	党支部书记	2005.6 至今
	总经理	1999.12～2013.12
王存杰	常务副总经理	1999.12～2013.12
	总经理	2014.1 至今
官留玉	副总工程师	2007.4～2010.4
	总工程师	2010.5 至今
王　宇	副总工程师	2007.4～2010.4
	总工程师	2010.5 至今
蔡雪娟	公司监事	1999.12 至今

三、主要成绩

(一)主要荣誉

公司先后被评为“发展民营经济先进企业”“高新技术企业”“济南市预拌混凝土行业诚信企业”“山东材料行业优势企业”“第二届至第五届山东省混凝土行业优秀企业”“济南市安全生产先进单位”“发展散装水泥工作先进单位”“第二届、第三届山东省混凝土新技术应用先进单位”“全国预拌砂浆生产及相关设备制造示范企业”“中国混凝土行业优秀企业”“低碳山东贡献单位”“先进民营企业”“济南市清洁生产先进单位”“中国混凝土行业绿色生产示范企业”等称号；获得山东省预拌混凝土推广与应用特别贡献奖等奖项。

(二)主要科研成果

2005 年，自主研发的高性能混凝土用外加剂被认定为“济南市高新技术产品”。

2006 年，细骨料免振捣混凝土、C20 高黏性自密实混凝土、C30 陶粒混凝土、P.O42.5R水泥配制 C55 混凝土等一大批新产品研发成功。

2009 年，“复合机制砂在干混砂浆的研究与应用”技术成果，被授予山东省建筑业技术进步二等奖。

2013 年 11 月，“利用机制砂制备干混砂浆生产技术”通过济南市科技局组织的专家鉴定验收，被评议为“国际先进水平”。

四、本单位大事记

2006 年年初，实行公司领导干部问责制。

2006 年 7 月 1 日，公司内部报纸——《鲁冠快报》创刊。

2006 年，公司预拌混凝土产量首次突破 100 万立方米，2011 年突破 160 万立方米，2014 年突破 190 万立方米。

2008 年“5.12”汶川地震发生后，以公司名义并发动全体干部员工为灾区踊跃捐款，并派出运输车和驾驶员驰援北川县擂鼓镇，获得援川过渡性安置住房建设总指挥部表扬，被授予“抗震救灾无私奉献”锦旗。

2010 年 11 月 17 日，被济南市安全生产监督管理局列入直管监督管理生产经营单位名单。2012 年 3 月，获得济南市安全生产标准化（建材）证书。

2012 年 5 月，被济南市科技局批复组建济南市现代混凝土及砂浆工程技术研究中心。

五、对行业发展的贡献

1. 顺应潮流，敢为人先，为山东省首条预拌商品混凝土搅拌生产线和首条标准化、规模化预拌干混砂浆生产线的缔造者，示范带动了上述两种建筑新材料在济南市和山东省内的快速推广和普及。

2. 率先研发、掌握和在济南市建筑工程中使用了自密实免振捣混凝土、轻骨料陶粒混凝土、清水混凝土、大体积混凝土、彩色混凝土等各种特殊混凝土的制备技术，推动了混凝土技术进步。

3. 在济南市同行业率先通过质量管理体系、环境管理体系、职业健康安全管理体系“三标一体化”体系认证，推动了行业内部基础管理的加强。

济南鲁冠混凝土有限责任公司生产线之一

山东省内首家商品混凝土生产线——济南第一建材厂混凝土集中搅拌站

（撰稿人：官留玉）

青岛中联混凝土工程有限公司

一、简　介

青岛中联混凝土工程有限公司是国务院国资委管理的大型建材央企——中国建筑材料集团有限公司旗下的中国联合水泥集团有限公司的全资子公司，是集商品混凝土生产、加工、销售于一体的专业型国有企业。

公司成立于1995年，目前注册资本1亿元人民币，注册地为青岛经济技术开发区薛家岛办事处连江路安子码头北侧，拥有员工600余人。

公司的主导产品为商品混凝土，具备商品混凝土专业承包贰级资质，年设计产能1000万立方米以上。截至2014年底，公司总资产达11.34亿元，商砼供应能力覆盖整个青岛市区、胶南、胶州、即墨、平度、高密、高新区、城阳、崂山及开发区。

二、历史沿革

1995年5月1日，青岛荣昌置业股份有限公司商品混凝土经营分公司成立。主要负责人为：

总经理：高卫清（1995年5月～1998年3月）

1998年11月24日，公司更名为“青岛荣昌置业集团股份有限公司混凝土工程分公司”。主要负责人为：

董事长：高伟（1998年4月～2008年3月）

总经理：卞东杰（1998年4月～2008年3月）

2002年3月4日，公司更名为“青岛荣昌基础建设工程有限公司”。主要负责人为：

董事长：高伟（1998年4月～2008年3月）

总经理：卞东杰（1998年4月～2008年3月）

2003年，公司归属信达投资有限公司管理。

2005年8月，公司更名为“青岛信达荣昌基础建设工程有限公司”。主要负责人为：

董事长：卞东杰（2008年4月～2012年2月）

总经理：刘伟（2008年4月～2009年3月）

甄世明（2009年4月至今）

2011年3月，公司正式进入中国联合水泥集团有限公司，主要负责人为：

董事长：冯耀银（2012年3月～2015年4月）

2011年8月29日，公司更名为“青岛中联混凝土工程有限公司”。

执行董事：刘尊科（2015年4月至今）

现任领导班子成员：

党支部书记、总经理：甄世明

副总经理：张岩峰

财务负责人：杨洪敏

工会主席、党支部副书记：魏希卿

三、主要成绩

公司多次被评为“中国混凝土行业优秀企业”“山东省混凝土行业优秀企业”“山东省混凝土新技术应用先进单位”“山东省预拌混凝土AAAAA级信用企业”，并被评为“中国混凝土行业绿色生产示范企业”称号。

四、本公司大事记

1996年3月，公司取得“建筑施工企业预拌混凝土贰级”资质证书。

2001年5月31日，公司获得山东省建筑工程管理局“建筑施工企业试验室三级（含预拌）”资质证书。

2001年，公司开展ISO9002质量体系认证，是青岛市首家专项通过ISO9002质量体系专项认证的预拌混凝土企业。

2002年6月18日，预拌混凝土企业资质重新评定，公司获“建筑业企业预拌混凝土贰级”资质证书。

2002年，成立试验中心，试验检测设备进一步完善，技术力量进一步加强。

2003年，公司产值突破亿元大关。

2004年10～11月，对开发区搅拌站控制室进行改造，在青岛市同行业中率先实现中央控制。

2005年6～7月，开发区搅拌站除尘设施、喷淋设施、砂石分离设施分批到位，基本实现无尘生产。

2006年12月3日，公司完成年产量百万立方米，位居青岛市同行业首位。

2011年3月，公司正式进入中国联合水泥集团有限公司。

2012年9月，联合重组了青岛岳兴混凝土工程有限公司、青岛中岳荣昌基础建设工程有限公司、青岛瑞孚建材有限公司3家混凝土公司。

2013年10月，公司建成青岛市首个全封闭环保型搅拌站。

2013年10月，公司成功承办了“山东省混凝土行业经验交流暨现场观摩会”。

2014年10月，《人民日报》海外版发表了题为《青岛中联混凝土：争做混凝土行业绿色先行者》的整版专题报道，对公司在混凝土绿色生产方面的成就给予了高度肯定。

五、对行业发展的贡献

多年来，公司在积极推广应用新技术、新工艺的基础上，形成了自己独特的绿色混凝土生产管理模式，积极响应国家政策导向，致力创建“创新驱动型、质量效益型、制造服务型、社会责任型”混凝土企业。以实现混凝土产品绿色化为目标，通过各种措施减少混凝土生产及运输对环境的影响。

公司与青岛理工大学等科研院校联合研究国家“十一五”科技支撑计划子课题——《建筑垃圾制备混凝土再生骨料》。从2005年开始进行人工建筑材料替代天然资源的研究与应用。2008年，公司顺利通过资源综合利用项目认定。2011年，公司在青岛同行业中率先通过清洁生产认定。2013年，公司在青岛市同行业中率先建设了环保型搅拌站。2014年，公司被评为全国首批“中国混凝土行业绿色生产示范企业”。

公司先后参与编制《混凝土和砂浆用再生细骨料》(GB/T25176-2010)、《混凝土用再生粗骨料》(GB/T25177-2010)、《再生骨料应用技术规程》(JGJ/T240-2011)等标准。

青岛中联混凝土公司环保站实景图

山东省混凝土行业经验交流暨现场观摩会(2013 年)

(撰稿人:李永江)

济宁中联混凝土有限公司

一、简　介

济宁中联混凝土有限公司是中国建材集团（央企）下属的中国联合水泥集团有限公司的子公司，是由原济宁华能混凝土工程有限公司、济宁市鸿基建工混凝土有限公司、济宁汇源众合混凝土有限公司、山东济宁汇汲商品混凝土有限公司、济宁市圳源混凝土有限公司、汶上县聚人砼业有限公司、嘉祥城祥混凝土有限公司、嘉祥永固混凝土有限公司等88家具有叁级资质的预拌混凝土公司通过资产重组成立的区域性大型国有预拌混凝土生产企业。公司总部位于山东省济宁市高新区同济路北首路东，法定代表人刘尊科。

2014年底，公司总资产7.4亿元，当年实现营业收入4.5亿元，上缴税金3200多万元，在册职工480人，皆居济宁地区同行业之首。公司设立市场营销部、生产技术部、资产财务部、综合部等职能管理部门，在济宁高新区、嘉祥县、汶上县设立了3个分公司，协同处理公司各项管理活动。

二、历史沿革

2005年3月，济宁华能混凝土工程有限公司成立，2012年以资产重组的方式加入了济宁中联混凝土有限公司，并以公司骨干为班底组建了新的管理团队。

2012年10月22日，济宁市鸿基建工混凝土有限公司加入济宁中联混凝土有限公司。

2012年10月30日，汶上县聚人砼业有限公司加入济宁中联混凝土有限公司。

2012年11月1日，山东济宁汇汲商品混凝土有限公司加入济宁中联混凝土有限公司。

2012年11月7日，济宁市圳源混凝土有限公司加入济宁中联混凝土有限公司。

2013年3月7日，济宁永固建工商品混凝土有限公司加入济宁中联混凝土有限公司。

2013年3月13日，济宁诚祥建筑材料有限公司加入济宁中联混凝土有限公司。

2013年4月15日，济宁市汇源众和混凝土有限责任公司加入济宁中联混凝土有限公司。

2014年2月，济宁中联混凝土有限公司获得“安全、质量、环保”三体系认证证书。

2014年9月28日，济宁中联混凝土有限公司取得“预拌商品混凝土专业承包贰级”资质证书，成为济宁市区第一家具有贰级资质的混凝土公司。在进行资产重组的同时，济宁中联混凝土有限公司对先前老旧的生产站点进行了标准化改造，厂区面貌环境为之一新。

2015年初，以济宁中联混凝土公司为班底组建了新的管理平台，担负济宁、金乡、梁山3个独立法人公司的管理职能，管理上的整合有利于济宁中联合理运用当前资源，更好地服务于地方经济建设。

历任主要领导

机构名称	起止时间	姓名	职务	任职时间
济宁华能	2005.3～2012.12	于　虎	董事长	2005.3～2012.12
		付　强	总经理	2005.3～2012.12
济宁中联混凝土有限公司	2012.12～2015.4	孙建成	董事长	2012.10～2015.4
		付　强	总经理	2012.12～2015.4
		刘厚宝	财务总监	2012.12～2015.4
		宋瑞旭	总工程师	2012.12～2015.4
济宁中联混凝土管理平台	2015.4至今	刘尊科	董事长	2015.4至今
		付　强	总经理	2015.4至今
		刘厚宝	财务总监	2015.4至今
		宋瑞旭	总工程师	2015.4至今
济宁中联混凝土有限公司	2015.4至今	姜舜禹	公司负责人	2015.4至今
金乡中联混凝土有限公司	2015.4至今	丁复伟	公司负责人	2015.4至今
梁山中联混凝土有限公司	2015.4至今	尹义朋	公司负责人	2015.4至今

现任领导班子成员：

董事长：刘尊科

总经理：付　强

总工程师：宋瑞旭

财务总监：刘厚宝

生产副总：翟恩伶

销售副总:孔　冰
采购副总:孔祥明

三、主要成绩

2013 年 7 月,获中国联合水泥山东运营管理区 2013 年上半年“先进单位”荣誉。
2014 年 1 月,获中国联合水泥淮海运营管理区 2013 年度“先进单位”荣誉。
2014 年 7 月,获中国联合水泥淮海运营管理区 2014 年上半年“先进单位”荣誉。

四、对行业发展的贡献

1. 在济宁地区,济宁中联混凝土有限公司率先完成了混凝土搅拌站的标准化改造,引导了行业生产管理向标准化、规范化的方向发展。

2. 作为国有企业,公司实施人才培养战略并鼓励科技创新,引领了济宁地区铁尾矿砂等原材料在预拌混凝土中的应用,解决了铁矿厂的排放问题,在保证产品质量的同时创造了巨大的社会效益和经济效益;引领了济宁地区新型湿拌砂浆材料的应用,为施工现场的绿色环保做出了积极贡献。

3. 在进行生产站点标准化改造和管理的基础上,济宁中联混凝土有限公司投入资金进行了绿色环保站的建设,封闭砂石料仓,升级收尘设备,避免了粉尘排放对环境的污染;建设废水浆液回收设备,避免了废弃物的排放。

济宁中联混凝土有限公司(诚祥站)

济宁中联混凝土有限公司(华能站)

(撰稿人:宋瑞旭)

Shandong Cailiao 100 Jia

外加剂企业

山东宏艺科技股份有限公司

一、简介

山东宏艺科技股份有限公司是一家为水泥和混凝土工业节能、减排、增效服务的国家重点高新技术企业，拥有贵州宏艺科技有限公司、桦川宏艺科技有限公司、尧柏宏艺外加剂有限公司、湖北宏艺统领科技有限责任公司4家子公司以及浙江、兰州、云南等5个外部生产基地。公司建立了国家级企业技术中心、博士后科研工作站、院士工作站和山东省特种水泥外加剂工程技术研究中心等行业独有的科技创新平台。在同行业率先通过ISO9001质量管理体系、ISO14001环境管理体系、OHSAS18001职业健康安全管理体系"三体系"认证，产品质量认证，防冻剂及混凝土外加剂CCC认证。高效复合水泥助磨剂被评为"国家重点新产品""山东名牌""中国水泥行业重点推荐产品"等，"宏艺"商标被认定为"中国驰名商标"。公司注册资本6600万元，资产总额4.17亿元，职工300余人。2014年，实现销售收入2.24亿元、利润2363万元，上缴各类税费1532万元。综合经济实力居国内同行业前列。

二、历史沿革

1999年5月，山东宏艺科技有限公司设立。2009年9月，公司改制，整体变更为"山东宏艺科技股份有限公司"。2013年6月，子公司贵州宏艺科技有限公司成立。2013年8月，子公司西安尧柏宏艺外加剂有限公司成立。2013年8月，子公司桦川宏艺科技有限公司成立。2015年1月，子公司湖北宏艺统领科技有限责任公司成立。

现任领导班子成员：

董事长兼总经理：赵洪义

党支部书记：郁万军

市场总监：尤作杨

副总经理：魏树林　张　辉　宋炳田

财务总监:李世伟

副总经理、贵州宏艺科技有限公司总经理:罗书占

副总经理、湖北宏艺统领科技有限责任公司总经理:汪　亚

三、主要成绩

公司先后被评为“山东省高新技术企业”“国家重点高新技术企业”“山东省优秀民营科技企业”“中国专利山东明星企业”“2008 山东省建材工业十大自主创新品牌企业”“2009 年中国建材 500 强企业”“省级文明单位”“全国建材行业 AAA 级信用企业”“山东省第八届消费者满意单位”“山东省产学研合作创新突出贡献单位”“全国建材行业先进集体”等称号。

先后参与 3 项国家级标准、3 项行业标准制定工作;承担完成了 3 项科技部创新基金项目、3 项国家火炬计划项目、1 项国家新产品计划项目、30 余项省市科技攻关计划项目及重大科技成果转化项目;荣获省部级奖项 10 项、市级科技奖项 40 余项,授权专利 40 项,其中发明专利 35 项、实用新型专利 5 项。

2000 年 4 月,“HY 高效复合水泥添加剂”被中国水泥协会评为“重点推荐产品”。

2003 年 4 月,“磷石膏基高效复合水泥工艺外加剂”获临沂市科技进步三等奖。

2003 年 12 月,公司获得中国建材工业发展研究突出贡献奖。

2004 年 7 月,公司研制的“HY-I 型高效复合水泥添加剂”获“国家重点新产品”称号。

2007 年 9 月,“HY-I 型高效复合水泥助磨剂”获山东省重大节能成果奖。

2009 年 1 月,“HY 液体无氯型高效复合水泥助磨剂”获山东省科技进步三等奖。

2010 年 1 月,公司研发的“低环境负荷水泥制备技术”获山东省科技进步三等奖。

2010 年 11 月,公司被中国科协、国家发改委、科技部、国务院国资委授予“2009～2010 年度全国‘讲理想、比贡献’活动先进集体”荣誉称号。

2010 年 12 月,“高性能水泥混凝土发泡剂的制备与应用”项目获淮海科学技术奖一等奖。

2011 年 1 月,公司承担的“工业废渣在水泥工业中的超值利用研究”项目获山东省科技进步二等奖。

2011 年 4 月,“HY 型多功能高效燃煤助燃剂”获山东省优秀节能成果奖。

2011 年 12 月,公司获 2011 年度临沂市市长质量奖。

2012 年 4 月,公司在中国水泥网组织的“2011 中国水泥助磨剂企业排行榜”十强评选活动中荣膺榜首。

2014 年 1 月,“助磨剂分子/官能团组合设计及功能型液体水泥助磨剂的研究与应用”项目荣获全国建材行业科技进步二等奖。

2014 年 1 月,“缓释型改性聚醚类聚羧酸高效减水剂开发”项目荣获全国建材行业技术革新奖二等奖。

四、本单位大事记

1999 年 5 月，公司成立。

2003 年 8 月，公司与国家建筑材料行业生产力促进中心合作组建的“国家建筑材料行业生产力促进中心节能分中心”在本公司设立并挂牌。

2005 年 12 月，公司技术中心被山东省经贸委认定为“山东省认定企业技术中心”。

2008 年 6 月 13 日，公司技术中心被批准为“山东省重点企业技术中心”。

2008 年 6 月，公司“液体高效复合水泥助磨剂研发项目”被山东省财政厅列为“2008 年企业自主创新及技术进步专项资金(第一批)预算指标项目”。

2008 年 12 月 24 日，公司被山东省科技厅批准设立山东省特种水泥外加剂工程技术研究中心。

2010 年 8 月，公司被国家人力资源和社会保障部批准设立博士后科研工作站。

2010 年 9 月，公司被山东省科技厅批准建设院士工作站。

2010 年 11 月，公司技术中心被国家发改委、科技部、财政部、海关总署、国家税务总局联合认定为“国家认定企业技术中心”。

2013 年 5 月，公司主办的“第四届先进水泥混凝土技术与可持续发展国际论坛”召开。

2014 年 4 月，公司产品打入越南市场。

五、对行业发展的贡献

山东宏艺科技股份有限公司是国内较早从事水泥助磨剂研发生产的科技企业，拥有一流的研发平台，不断创新进取，在水泥助磨剂技术与产品研发方面做了大量工作，不仅突破了许多技术难题，而且还形成了一整套理论体系，引领带动了中国水泥助磨剂产业的发展，推动了水泥工业技术革命。

在促进行业健康发展方面，公司积极参与行业标准、国家标准起草修订工作，先后参与了《机械化水泥立窑热工测量方法》(JC/T731-2009)、《机械化水泥立窑热工计算》(JC/T732-2009)、《水泥生料球性能测定方法》(JC/T455-2009)3 项行业标准和《水泥助磨剂》(GB/T26748-2011)、《海工硅酸盐水泥》《水泥的命名、定义和术语》3 项国家标准的制定工作。

山东宏艺科技股份有限公司办公区

山东宏艺科技股份有限公司生产区

（撰稿人：赵维龙）

山东众森科技股份有限公司

一、简介

山东众森科技股份有限公司是一家在国内较早从事节能环保产品的研发、生产、销售的科技型企业，注册资金5000万元人民币。主要经营业务为水泥助磨剂、混凝土外加剂、节煤剂、复合掺合料。

公司总部位于济南，试验室和主要生产基地位于济南长清区崮山工业园，为了方便向各地市场就近提供产品和服务，公司目前在山东济南、河南平顶山、四川彭山、广西南宁、浙江湖州、湖南郴州等地建有生产基地，并设有多个办事处，助磨剂年生产能力25万吨，掺合料年生产能力120万吨。拥有300余家长期客户，产品覆盖大部分国内市场。

公司现有员工204人，本科以上学历专业技术人员186人，其中中高级职称人员38人、教授级高级工程师2人，“国务院特殊津贴专家”2人。

二、历史沿革

济南众森建材科技有限公司创建于2004年，2006年6月以前为济南众森建材科技有限公司，2006年6月更名为“山东众森建材科技有限公司”，2012年12月更名为“山东众森科技股份有限公司”。

公司2014年底领导班子成员：

董事长兼总经理：于吉涛

副总经理：郭文倩

技术总监：张大同

（注：2004年公司成立以来一直未变更过。）

三、主要成绩

山东众森是国标GB/T26748-2011《水泥助磨剂》起草单位之一，中国水泥协会水泥助磨剂分会副会长单位；2008 年，公司被授予“山东省建材行业十大自主创新品牌企业”，荣获山东省节能新技术新产品奖，董事长兼总经理于吉涛被评为“山东建材行业节能减排先进个人”；2009 年 12 月，山东省名牌战略推进委员会和山东省质量技术监督局联合授予众森水泥助磨剂“山东名牌”称号；2010 年，山东众森科技股份有限公司技术中心被济南市经信委、济南市科技局、济南市财政局联合认定为“济南市认定企业技术中心”；2011 年，公司技术改造项目获得国家级中小企业发展专项资金的支持，“众森”商标被山东省工商行政管理局认定为“山东省著名商标”；2012 年，公司被济南市经济与信息化委员会评为“济南市环保节能示范企业”，被山东省中小企业办认定为“山东省中小企业一企一技术研发中心”，通过 ISO9000 认证；2013 年，通过 CTC 产品质量认证，公司企业技术中心被山东省经济与信息化委员会认定为“山东省认定企业技术中心”，公司被山东省科技厅认定为“高新技术企业”。

四、本单位大事记

2004 年，济南众森建材科技有限公司成立。

2006 年 6 月，正式更名为“山东众森建材科技有限公司”。

2005 年，公司助磨剂产品产量为 5 万吨，销售额突破 5000 万元。

2006 年，河南平顶山生产基地投产，公司销售额翻番。

2007 年，产品全线升级换代，业内率先实现了由粉体向液体的成功转型。

2008 年 10 月，于吉涛总裁被山东省建筑材料工业协会评为“2008 年山东省建材科技优秀企业家”。

2008 年，四川及辽宁生产基地投产，销售额创历史新高。

2009 年 11 月，在国家水泥质量监督检验中心组织的“首次全国水泥助磨剂生产企业水泥品质指标检验大对比”中，公司获一等奖。

2009 年 11 月，众森科技被天瑞集团评为“2009 年度诚信供应商”。

2010 年 4 月，众森水泥助磨剂被中国建筑材料企业管理协会评为“2009 年度水泥助磨剂十大科技创新产品”。

2010 年 5 月，于吉涛总裁被山东省材料学科群评为“2009 年度山东省材料学科群先进工作者”。

2010 年 7 月，广西生产基地建成投产，公司开始了南方地区的战略布局。

2010 年 9 月，众森科技研发的“大掺量石灰石专用助磨剂”取得成功。

2010 年 10 月，众森科技与广西大学联合成立水泥节能技术产学研中心。

2010 年 12 月，“众森”商标被济南工商行政管理局评为“济南市著名商标”。

2011 年 2 月，众森科技被驻地政府评为“2010 年度纳税贡献先进单位”。

2011 年 9 月，“大掺量石灰石专用助磨剂”通过省级鉴定，评定结论为处于国际领先水平。

2011 年 9 月，福建生产基地投产，公司产品效果在南方地区得到客户的广泛肯定。

2012 年 4 月，众森科技研发的大掺量石灰石专用助磨剂产品出口海外。

2012 年 7 月，众森科技通过 ISO9001 质量认证。

2012 年 11 月，山东众森建材科技有限公司更名为“山东众森科技股份有限公司”。

2012 年 12 月，“水泥 28 天增强专用助磨剂”通过省级鉴定，评定结论为处于国际领先水平。

2013 年 6 月，由众森股份发起的“水泥与混凝土用碳酸盐粉体材料产业技术创新战略联盟”成立。

2014 年 1 月，公司第二大主打产品“复合掺合料”成功生产。

2014 年 7 月，湖南郴州掺合料生产基地建设完成。

2014 年 9 月，广西扶绥掺合料生产基地建设完成。

2014 年 11 月，浙江湖州掺合料生产基地建设完成。

五、对行业发展的贡献

公司于 2007 年率先实现粉体转液体。近几年来公司积极组织研发，开发了一系列质优价廉的新产品，引领了行业进步。2011 年公司参与水泥助磨剂国标的编写工作，为助磨剂国标的确定提出了很多有建设性的意见。

公司不断突破自我，2014 年研发成功的复合掺合料，填补了掺合料行业的空白，目前起草了 2 部复合掺合料企业标准，参与起草行业复合掺合料标准。推动了复合掺合料行业的发展。

山东众森科技股份有限公司正门

水泥与混凝土用碳酸盐粉体材料产业技术创新战略联盟成立

（撰稿人：唐樱燕）

山东三特水泥助磨剂有限公司

一、简介

山东三特水泥助磨剂有限公司是我国较早从事水泥助磨剂生产、科研、新产品开发、信息交流于一体的大型股份制企业。公司拥有中、高级科技人员30余人，建有一流的技术研发中心、完善的实验检测设备、现代化的生产工艺线，确保了产品质量的稳定性，并有严谨的企业管理、踏实的做事风格和完善的市场服务体系，从而更好地为广大客户服务。

公司主导产品“鲁人”牌ST系列水泥助磨剂，年生产能力30万吨，其中液剂10万吨，粉剂20万吨，“鲁人”牌产品为国家专利发明产品，且符合GB/T26748-2011国家标准。“鲁人”牌ST系列水泥助磨增强剂通过产品质量认证，先后被授予“中国名优品牌”“中国著名商标”“中国绿色建材产品”等60多项殊荣。公司设有水泥助磨剂研究所、水泥助磨剂实验中心、生产基地3大职能机构。

目前公司产品已覆盖全国20个省市自治区，在全国各地设有公司的办事机构20处，省外生产公司3家。

我公司为股份制企业，2014年公司总资产9800万元，营业收入1.2亿元，利税1100万元，主要产品为水泥助磨增强剂，在行业中排名居前十，职工人数共160人。

二、发展沿革

山东三特水泥助磨剂有限公司成立于2002年2月，原名是“临沂市三特科技开发有限公司”。

李圣先从公司成立至今一直任主要负责人。

现任领导班子成员：

董事长：李圣先

总经理：贾　谊

副总经理：李贤先

总工程师：许延亭

三、主要成绩

（一）主要荣誉

公司被评为“2012年全国水泥助磨剂网络调查评选十强企业”“中国水泥助磨剂十强企业”、中国水泥协会理事单位、中国水泥协会助磨剂分会副会长单位、“中国讲诚信、守合同、重质量典范企业”、中国质量检验协会建材专业委员会团体会员单位、“2013年中国水泥助磨剂行业质量管理先进企业”“山东省建材工业品牌综合竞争力十强企业”“全国商誉最佳民营企业”等；公司产品被评为“CCTV黄金展位合作伙伴”“中国消费市场购物放心信用品牌”“中国驰名品牌”“中国著名商标”“中国名优品牌”“中国绿色建材产品”“全国水泥助磨剂百家优秀企业上榜品牌”等。

（二）科研成果

山东三特水泥助磨剂有限公司在科技知识及科研项目方面投入巨大的人力、财力。“鲁人”牌系列水泥助磨剂为国家发明专利产品。

2006年7月，临沂市知识产权局和临沂市文明协会授予临沂市优秀专利奖一等奖。

四、本单位大事记

2002年2月公司成立，2002年3月取得《企业法人营业执照》，同时，上报国家商标局注册产品商标为“鲁人”牌。

2003年6月，扩建了化验室，完善了生产控制、化学分析、物理检验三室建设，保证了产品质量和科技研发的有力进行。

2003年，我公司生产的水泥增强剂获得第三届亚洲国际新技术新产品博览会金奖。

2004年2月，ST系列增强剂产品向国家商标局注册了“鲁人”牌商标。目前，已成为助磨剂产品的驰名商标。

2004年8月，山东省质量技术监督局、临沂市质量技术监督局批准了我公司上报的《关于一种水泥增强剂的企业执行标准》（Q/LST001-2004），并颁发了《山东省企业产品执行标准登记证书》，从此，我公司的产品水泥增强剂正式执行了自己制定的标准，纳入了正常的轨道。

2004年10月，公司通过ISO9002000质量管理体系认证。

2007年3月，第一条年产5万吨的液体助磨剂生产线建成投产。

2007年7月，中国水泥协会助磨剂分会在济南成立，我公司被选为副会长单位，董事长李圣先光荣地被选为第一届副会长。

2008年6月，国家质量监督检验检疫总局、国家标准化管理委员会实施《通用硅酸盐水泥》新标准，其中重要内容之一，实际上就是限制了通用水泥中氯离子的质量分数小于等于0.06%，这就要求助磨剂生产企业不得使用以氯化物为主要成分的无机盐类为助磨剂原料，这是助磨剂发展史上的一个转折点。我公司面对考验，努力研发了以醇胺为主要成分的液体助磨剂和以有机盐为主要成分的粉体助磨剂，迅速占领市场，顺利地渡过了转折期。

2009 年 8 月，公司的办公楼、科研中心楼、职工生活楼、年产 10 万吨的固体助磨剂生产线、年产 5 万吨的液体助磨剂生产线图纸设计完毕，全面奠基，破土动工。

2010 年 8 月，公司的办公楼、科研中心楼、职工生活楼、年产 20 万吨的粉体助磨剂生产线、年产 5 万吨的液体助磨剂第二条生产线竣工投入使用和生产，形成了目前的企业规模。

2010 年 8 月，经山东省工商局审批备案，临沂市三特科技开发有限公司更名为“山东三特水泥助磨剂有限公司”，企业的知名度和形象进一步得到提升。

2012 年 10 月，我公司被中国水泥协会《采购索引》编委会评为“十佳单位”。2014 年 4 月，我公司“鲁人”牌 ST 系列水泥助磨增强剂成为中央电视台(CCTV)《影响力对话》栏目合作伙伴。这一举措有力地提升了我们的品牌形象，对提高我们产品的竞争力具有十分重要的意义。

五、对行业发展的贡献

公司产品主导水泥助磨剂技术的新潮流，是目前我国效果和效益最显著且对水泥混凝土及人体无任何副作用的水泥助磨剂产品。我公司将竭诚为全国各地用户提供产品技术保障、服务保障。我公司在助磨剂领域中，将加大投资力度，培养科技人才，完善生产工艺和检测手段。不断开发新的产品，为水泥企业提供优质价廉的高科技产品是我公司努力的方向。

山东三特水泥助磨剂有限公司办公楼

山东三特水泥助磨剂有限公司化验室一角

（撰稿人：贾　谊）

Shandong Cailiao 100 Jia

水泥制品企业

山东电力管道工程公司

一、简介

山东电力管道工程公司是“世界500强企业”——中国电力建设集团有限公司旗下的唯一一家专业管道工程企业，隶属国家水利水电建设大型骨干企业——中国水利水电第十三工程局有限公司管理；是国内规模最大、科技水平领先、最具实力和行业品牌影响力的集设计、制造、运输、施工安装、技术服务于一体的国有大型管道工程公司。公司是国家预应力钢筒混凝土管(PCCP)标准的主要起草单位之一，中国混凝土与水泥制品协会副会长单位，压力管工作部主任单位，山东省建材工业协会副主任单位，国内核电建设领域PCCP设计、制造和技术服务的唯一供应商，具有“管道工程专业承包壹级”资质和国家批准的产品进出口许可证。

公司主要从事电力、水利、市政工程输水管材的设计、生产制造、施工安装和地铁管片、各种规格型号混凝土电杆、标准配送式变电站架构等项目的生产与经营。目前，公司下设东北分公司、聊城分公司、烟台分公司、广州分公司、工程施工分公司、新泰分公司、武汉地铁管片厂7个分公司，员工1500余人，资产总额近9亿元，年利税约4600万元，年产能达400千米，相继承接了山西万家寨引黄调水工程、南水北调北京段应急工程、广州市西江引水工程、辽西北调水工程等国家大型水务、水利标志性工程，累计产量2000余千米，产品多次出口新加坡、菲律宾、毛里求斯等国际市场，有力彰显了“中国电建管道”的品牌声誉。

二、历史沿革

山东电力管道工程公司前身为山东电力线路器材厂，始建于1958年。

为了满足山东电力工业日益发展和输变电建设对线路器材的迫切需要，由山东电力工业厅筹建了山东省电业局承装公司水泥杆厂，后行政隶属关系几经变更，1964年为“华东电力建设局新汶水泥杆厂”，1965年为“水利电力部新汶水泥杆厂”，1978年6月，企业正式定名为“山东省电力线路器材厂”。

1988 年，为适应发展要求，从美国引进了具有先进水平的预应力钢筒混凝土管制管技术和关键设备，同年企业更名为“山东电力管道公司”。

1993 年改名为“山东电力管道工程公司”至今。

现任领导班子成员：

党委书记兼总经理：刘晓辉

党委副书记、纪委书记、工会主席：王彦林

副总经理、总会计师：陈怀廷

副总经理、总工程师：崔卫祥

副总经理、安全总监：杨洪利

三、主要成绩

公司生产的 PCCP 系列产品被认定为“国家重点新产品”，被国家电网公司电力规划设计总院审定为“火电厂建设推荐管道”，被建设部中国工程建设标准化协会审定为“工程建设推荐产品”，被中国建筑材料工业协会审定为“全国基础设施建设推荐产品”，被中国知名品牌评审认证中心审定为“全国建材行业十大名优品牌”，被中国产品质量监督协会审定为“中国著名品牌”；公司获得中国混凝土与水泥制品行业改革开放 30 年技术进步突出贡献奖和 PCCP 行业发展 20 周年特殊贡献奖，被评为“中国电杆十强企业”“改革开放 30 年山东省建材行业最具影响力企业”“山东省建材行业‘十一五’百强品牌企业”“2009～2010 年山东材料行业优势企业”、山东省首批 97 家“标准创新企业”之一、“全国守合同重信用企业”“山东省建材工业最具影响力企业”，荣获“山东省富民兴鲁劳动奖状”“省级文明单位”“省级优秀政工企业”“山东省依靠职工办企业先进单位”。产品为“山东名牌”产品；注册的“森波”商标被评为“山东省著名商标”。

四、本单位大事记

1988 年，公司在国内率先引进具有世界先进水平的美国艾美荣（Ameron）公司预应力钢筒混凝土管（PCCP）生产技术和设备。

1989 年，公司生产出了国内第一节 DN2600 mm PCCP，成功应用于华能德州电厂厂内循环水工程，揭开了中国 PCCP 设计生产的序幕。

1997 年，公司成功研制了适用于核电领域的特殊管件，替代了法国邦纳公司提供的 PCCP 管，填补了国内核电市场空白。公司成为国内核电建设领域 PCCP 设计、制造和技术服务的唯一供应商。

2001 年，公司中标山西万家寨引黄南干线 26.7 千米 DN3000 mm 管道制造工程，也是唯一一家获得“引黄工程建设先进施工单位”荣誉称号的施工单位。

2005 年 10 月，公司中标辽宁大伙房水库输水二期工程 65 千米 DN3200 mm PCCP 生产项目。

2005 年 11 月，公司中标南水北调中线京石段应急供水管道工程 DN4000 mm PCCP

制造项目。获得“南水北调北京段工程优秀建设先进集体”等荣誉称号。

2009 年，公司承接亚运会重点引水项目——广州西江引水工程 27.5 千米DN3600 mm 管道及管件生产制造项目。竣工后，公司 PCCP 样管被永久保存在业主展厅里。

2011 年，公司举办的“2011 年中国（山东）首届预应力钢筒混凝土管（PCCP）产业发展高峰论坛”在青岛隆重举行，巩固、提升了行业地位，树立了良好的企业品牌形象。

2012 年，公司中标辽宁西北供水工程四标段 144.41 千米 DN3200 mm 管道及管件生产制造项目。

2013 年，公司中标辽西北供水工程（四段）73.8 千米 DN3400 mm 管道建设安装项目。

2014 年，公司成立武汉建设地铁管片厂，成功承接了国家地铁重点项目——武汉市地铁建设用管片生产任务。

五、对行业发展的贡献

1988 年，公司成为我国第一家 PCCP 管道专业制造商，开启了引领中国 PCCP 产业发展的新篇章，开创了推动中国 PCCP 专业化、规模化、标准化实践应用的新纪元。公司在国内同行业中首家实现了包括制筒机、缠丝机、辊射机 3 大主机在内的各种关键设备的自行研发和制造；首家实现了生产许可范围 DN600～4000 mm PCCP 产品系列化；首家通过了质量、环境和职业健康安全管理体系认证；首家通过了国家 AAAA 级标准化良好行为确认；首家制造了核电站用 PCCP 及其管件；首家设计生产了顶进施工法用钢筒混凝土管；首家试制国内最大直径 4 米的 PCCP，并成功应用于国家特大型引调水工程——南水北调中线京石段应急供水管道工程。

公司大力实施“人才支撑”战略，始终走在了我国 PCCP 行业和企业生产技术的最前端。目前，公司已获得几十项国家实用新型专利证；2011 年，“用于核电领域的预应力钢筒混凝土管配件”“水泥制品蒸汽养护窑密封门”均获得 2011 年度“国统杯”混凝土与水泥制品行业技术革新奖三等奖；2013 年，“PC 钢棒部分代替螺纹钢进行钢筋混凝土电杆生产”项目获得中国电建集团有限公司装备制造事业部科技进步二等奖。为促进整个行业持续、快速、健康发展做出了积极贡献。

山东电力管道工程公司正门

山东电力管道工程公司生产现场

（撰稿人：张启省）

山东龙泉管道工程股份有限公司

一、简介

山东龙泉管道工程股份有限公司是深圳证券交易所A股上市企业，是国内建材行业生产预应力钢筒混凝土管(PCCP)的龙头企业，现为中国混凝土与水泥制品协会副会长单位、山东建材工业协会副会长单位、中国腐蚀与防护学会副理事长单位、山东硅酸盐学会副理事长单位。

公司专业从事预应力钢筒混凝土管、预应力混凝土管、钢筋混凝土排水管的制造、销售及安装等相关业务。

2014年年底总资产238756万元，营业收入129464万元，利润总额22277万元，主要产品产量270千米，产值120582万元。

二、历史沿革

山东龙泉管道工程股份有限公司是由淄博龙泉管道工程有限公司以整体变更方式设立的股份有限公司，2010年3月31日，股份公司在山东省淄博市工商行政管理局登记注册成立。2002年12月，淄博龙泉通过竞拍方式收购破产企业淄博水泥制品厂的破产资产。

历任主要领导

姓　名	职　务	任职时间
刘长杰	董事长	2010.3～2013.4
李久成	监事会主席	
刘长杰	董事长	2013.4至今
卢其栋	监事会主席	
刘长杰	总经理	2010.3至今

现任领导班子成员：

董事长、总经理：刘长杰

董事：王晓军　王相民　信继国　韩振祥　徐玉清

副总经理：王晓军　王相民　张　宇　赵效德　刘占斌　王宝灵　马际红　韩振祥　李久成

三、主要成绩

在积极开拓预应力钢筒混凝土管产品市场的同时，公司在工艺技术及新产品开发方面进行了持续的创新，使之成为推动公司长远发展的强大动力。公司在吸收和消化国外先进技术的基础上，自行研制了 DN4000 mm PCCP 胀圆机、立式缠丝机和立式辊射机，使公司跻身于国内 PCCP 管生产技术的先进行列。公司自行设计制造的 DN600～2000 mm卧式缠丝机、DN1200～3600 mm 立式缠丝机极大提高了缠丝速度和应力稳定性；特别是立式缠丝机采用了电机差速加机械配重补偿法，使应力波动值控制在 5%以内，达到了国内领先水平，该项技术已获实用新型专利；公司还在国内率先将传统的 PCCPL 1000～1200 mm管离心成型方式改为立式浇筑方式，为公司产品质量和生产效率的提高提供了有力保障，该项技术已获发明专利。在新产品开发方面，公司根据市场需求，从小口径到大口径，从低工压到高工压，每年均开发 3～5 个规格型号的新产品。公司开发的直径为 4 米的大口径管（PCCPE4000）已于 2005 年 9 月获得产品生产许可证。公司参与了国家标准《预应力钢筒混凝土管》（GB/T19685-2005）、《混凝土输水管试验方法》（GB/T15345-2003），行业标准《预应力钢筒混凝土管接头用型钢》（JC/T1091-2008）、《带钢筒混凝土顶管》《预应力钢筒混凝土管（PCCP）工艺技术规程》《城镇给排水工程预应力钢筒混凝土管施工规程》等标准的制修订等工作。2010 年，公司工程技术中心被认定为“淄博市预应力钢筒混凝土管工程技术研究中心”；2011 年，公司工程技术中心被认定为“山东省认定企业技术中心”。

2007 年 9 月，公司“颜神龙泉”牌预应力钢筒混凝土管被评定为“山东名牌”产品；2008 年 6 月，公司获得“标准化良好行为证书”；2008 年 9 月，“颜神龙泉”商标被山东省工商行政管理局评定为“山东省著名商标”；2009 年 9 月，公司被评定为“改革开放 30 年山东省建材工业最具影响力企业”；2009 年 10 月，公司荣获中国水泥混凝土制品行业改革开放 30 年技术进步突出贡献奖；2010 年 12 月，公司获得第二十四届山东省企业管理现代化创新成果和优秀应用成果特等奖，同时被评为“2010 年山东省管理创新优秀企业”；2011 年 7 月，公司获得山东省建材工业协会评定的“山东省建材工业节能减排与资源综合利用十佳典范企业”和“山东省建材行业‘十一五’百强品牌企业”称号；2011 年 5 月，公司“颜神龙泉”商标被认定为“中国驰名商标”；2012～2013 年，公司被评为“全国守合同重信用企业”。

四、本单位大事记

2002 年 12 月 23 日，公司设立全资子公司常州龙泉管道工程有限公司。

2005 年 5 月 31 日，公司成立管道安装分公司。

2007 年 10 月 23 日，公司成立机械分公司。

2010 年 2 月 4 日，公司设立全资子公司辽宁盛世水利水电工程有限公司。

2010 年 7 月 6 日，公司成立河南分公司。

2012 年 4 月 26 日，“龙泉股份”股票在深圳证券交易所中小板 A 股挂牌交易（证券代码：002671）。

2012 年 10 月 18 日，公司成立辽宁分公司。

2013 年 1 月 21 日，公司成立河北分公司。

2013 年 12 月 2 日，公司设立全资子公司淄博龙泉盛世置业有限公司。

2014 年 3 月，公司设立北京龙泉嘉盈铁路器材有限公司。

2014 年 8 月，公司收购珠海市珠津金属防腐工程有限公司 60%的股权，现已更名为“广东龙泉水务管道工程有限公司”。

2014 年 11 月，公司设立山东泉润环保科技有限公司。

五、对行业发展的贡献

1. 山东龙泉管道工程股份有限公司经过 10 年来的发展，在业内逐步形成了自身独特经营特点和优势，并对行业生产经营模式产生了重要影响，其“集中采购、流动生产和长期跟踪销售”的产供销管理模式获得第二十四届山东省企业管理现代化创新成果和优秀应用成果特等奖。

2. 山东龙泉管道工程股份有限公司致力于 PCCP 生产设备和工艺技术不断改进，并对行业技术进步产生深远影响，其形成的核心技术主要有：

(1)PCCP 管道设计技术。依据美国水工协会最新标准 AWWAC304-07 开发的管道设计软件已被许多重大工程证实其设计结果的可靠性。

(2)PCCP 钢筒制作技术。该技术采用美国林肯全自动钢筒螺旋埋弧焊机，其控制系统、机械系统性能可靠，运行稳定。该焊接系统能够保证焊接效率高，焊接质量可靠稳定，钢筒无焊药残留，全自动螺旋焊技术较拼板直缝焊能够节约钢板 10%～15%。

(3)PCCPL 管芯立式浇筑成型技术。该技术使生产效率提高 40%以上，人员减少 50%以上。

(4)PCCP 流动生产线技术。首开我国 PCCP 行业异地建厂之先河。PCCP 流动生产线建设已形成程序化、合理化、标准化和规范化模式。

(5)PCCP 铠装接口成型新工艺。PCCP 管道采用铠装接口成型新工艺，改善了产品外观，承插口尺寸控制更加精准，施工更加方便，提高了生产效率。

山东龙泉管道工程股份有限公司龙泉科技大厦

山东龙泉管道工程股份有限公司生产区

（撰稿人：鹿传伟）

山东山水水泥集团有限公司管道分公司

一、简介

山东山水水泥集团有限公司管道分公司隶属山东山水水泥集团有限公司，是国内集设计、制造、技术服务、施工安装于一体的专业管道工程公司，生产规模、产品质量和技术装备水平在国内名列前茅，是目前国内最大的综合性水泥制品专业生产企业之一。主要生产预应力钢筒混凝土管（PCCP），年生产能力 70 千米；预应力混凝土管（振动挤压工艺），年生产能力 120 千米。

公司现有职工 420 人，其中中层以上管理人员 25 人，工程师 5 人，高级技师 6 人，技师及助理工程师 11 人，质量管理人员 28 人，电工、行车工、司炉工、电气焊工等特种作业人员 80 人，车间一线操作工人 265 人。

二、历史沿革

山东山水水泥集团有限公司管道分公司前身为济南水泥制品厂，于 1959 年由国家建设部投资成立，建立初期隶属于山东省建设厅，厂名为“山东省建设厅水泥制管厂”。1970 年划归济南市城市建设局管理，更名为“济南水泥制品厂”。1975 年，济南市城市建设局分为济南市城市建设局和济南市建筑材料工业局，济南水泥制品厂始归济南市建筑材料工业局管辖。2001 年，济南水泥制品厂根据山水集团的战略部署，实施了整体搬迁，进入山水工业园，由山水集团出资，注册成立了济南山水管道有限公司。2005 年，根据国企改制的需要，济南山水管道有限公司改制为民营企业。同年，按照山水集团上市的发展要求，济南山水管道有限公司变更为“山东山水水泥集团有限公司管道分公司”。

历任主要领导

机构名称	姓名	职务	任职时间
山东省建设厅水泥制管厂	袁家玉	党委书记	1959.8～1960.1
	刘子辅	厂长	
	师能忠	党委书记	1960.1～1962.6
	刘子辅	厂长	
	刘子辅	党委书记	1962.6～1964.4
	梁金友	厂长	
	李振华	党委书记	1965.10～1966.9
	梁金友	厂长	
	鲍隆胜	党委书记	1966.9～1975.6
	梁金友	厂长	
山东省建设厅水泥制管厂	李振华	党委书记	1975.6～1977.6
	梁金友	厂长	
	武德良	党委书记	1977.6～1982.2
	燕孝连	厂长	
	杜建义	党委书记	1982.2～1993.5
	燕孝连	厂长	
	张广山	党委书记	1983.5～1986.4
	何元余	厂长	
	张玉新	党委书记	1986.4～1998.8
	于守志	厂长	
	张玉新	党委书记	1988.8～1990.9
	李东明	厂长	
	刘延坤	党委书记	1990.9～1993.9
	王毓昌	厂长	
	王毓昌	党委书记	1993.9～1998.9
	赵宜建	厂长	
	王毓昌	党委书记	1998.9～2001.4
	宋绍海	厂长	

续表

机构名称	姓名	职务	任职时间
济南山水管道有限公司	王繁昌	党委书记	2001.4～2003.5
	高振武	厂长	
	李茂桓	党委书记、总经理	2003.5～2005.7
山东山水水泥集团有限公司管道分公司	韩立云	党总支书记、总经理	2005.7～2010.2
	黄建国	党总支书记、总经理	2010.2～2010.11
	张良顺	党总支书记	2010.11～2012.10
	林　寨	总经理	2010.11～2013.10
	邓兆营	党总支书记	2012.10～2015.9
	崔　凯	总经理	2012.10～2015.9
	王明东	总经理	2015.9～2015.12
	范金鑫	党总支书记	2016.1 至今
	韩立云	总经理	2016.1 至今

现任领导班子成员：

公司书记：范金鑫

总经理：韩立云

副总经理（生产）：付志章

副总经理（销售）：李洪波

财务部长：张　燕

总经理助理（生产）：张作成

三、主要成绩

公司是预应力钢筒混凝土管（PCCP）、预应力混凝土管（YYG）国家标准主要起草单位之一，是钢筋和钢筋混凝土管排水管国家标准的参与起草单位。公司荣获“省级守合同重信用企业”“AAA 级标准化良好行为企业”“济南市采用国际标准先进单位”“山东省建材行业最具影响力企业”等荣誉称号，是中国水泥制品协会理事单位、山东省建材工业协会副主任单位。产品为“山东名牌”产品。“山水金石”商标被评为“中国著名商标”。公司通过了质量管理、环境管理和职业健康安全管理综合体系认证。

四、本单位大事记

1977 年，济南水泥制品厂在国家有关部门的支持下参与建设了预应力混凝土管（振动挤压成型工艺，也称“一阶段”工艺）生产试验线。

2001年，公司整体搬迁进入山水工业园，引进世界先进水平的美国艾美荣（Ameron）公司预应力钢筒管生产技术和设备，建设了2条生产线。预应力混凝土管生产线扩建为双线生产，混凝土搅拌、稳压蒸汽养护等主机设备均采用国内最先进的微机控制自动化控制。公司成为国内最大的综合性水泥制品专业生产企业。

2003年9月，公司中标南山集团DN1800 mm预应力钢筒混凝土管海水输送工程。

2007年，公司参与内衬式预应力钢筒混凝土管螺旋焊接制筒工艺的研制并成功运用，淘汰了原有的直缝焊接工艺设备，大大提高了产品质量和生产效率。

2008年7月，山水集团在香港成功上市，管道公司作为山水集团下属的上市分公司，在国内市场知名度和实力更加明显，推动了管道公司的发展。

2011年4月，公司DN1200 mm预应力钢筒混凝土管出口到越南。

2011年5月，根据集团产业转移及管道公司“在有市场的地方建设生产线”的要求，由集团投资1.2亿元，在南水北调工程中线区域的河南周口西华县址坊镇境内建设了两条DN600～3200 mm PCCP生产线，占地面积145亩，年产60千米。

2013年3月，公司中标南水北调受水区南阳供水配套工程管道第5标段，该标段管线长24.94千米。

2012年公司提供技术服务与中国水电五局合作，中标辽西北供水工程。

山东山水集团管道分公司工业园

山东山水集团管道分公司预应力钢筒混凝土管生产线

（撰稿人：刘学峰）

青岛荣一新型建材有限公司

一、简介

青岛荣一新型建材有限公司(以下简称“荣一建材”)成立于2002年6月,是一家现代化的水泥管材专业生产企业。公司注册资金5060万元,位于山东省莱西市经济开发区204国道110千米处,下设4个分公司,占地面积22.6万平方米,厂房面积8.6万平方米。截至2014年底,公司总资产达2.7亿元,员工286人,具有20年以上输水管生产经验的技术人员和中坚生产人员52人,其中水泥制品总工6人、各类技术人员46人。

公司自2002年成立至今,已有13年的生产历史。主要产品有钢筋混凝土输水管、预制方管涵和预拌混凝土。其中输水管产品的主要品种有钢筋混凝土排水管、预应力钢筒混凝土管、预应力混凝土管(一阶段、三阶段)。产品广泛应用于市政建设工程,山东半岛地区的市场占有率达90%以上,在同行业中居前列。

公司具有规模完善的产品生产设备和整套生产工艺流程,技术资料完备,生产力量雄厚,是半岛地区最大的现代化钢筋混凝土输水管材生产企业。

二、历史沿革

青岛荣一新型建材有限公司董事长孙绍荣于1998年筹资在青岛浮山后成立了青岛路通水泥管厂。2002年青岛浮山后改造,孙绍荣决定返回老家莱西创业,同年6月,他筹集资金50万元,在现企业驻地租地10亩,成立了青岛荣一新型建材有限公司,主要生产钢筋混凝土排水管。公司经过了创立之初的艰难,逐步走上正轨,于2003年实现产值500万元,2005年7月收购了当时国有企业莱西市水泥制品厂的一分厂,至2006年11月,整体收购了莱西市水泥制品厂,发展成为一个初具规模的小型企业。2006年8月,成立了青岛荣一市政工程有限公司,2007年投资建成了莱西市第一家预拌混凝土搅拌站。此后,先后投资建设了青岛万福混凝土制品有限公司、龙口荣一建材有限公司、青岛合发建材有限公司、安丘分厂、范家疃搅拌站、青岛普集路搅拌站、姜山搅拌站、青岛锦川砂石加工厂等子公司。目前已经发展成为一个拥有4个分公司、5个分厂的私营企业,注册资金5060万元，占地260余亩，总资产达2.7亿元，产品达5个品种、48个规格。

历任主要领导

<table>
<tr><th>姓　名</th><th>职　务</th><th>任职时间</th></tr>
<tr><td>孙绍荣</td><td>董事长、总经理</td><td>2002.6～2004.9</td></tr>
<tr><td>孙绍荣</td><td>董事长</td><td rowspan="2">2004.10～2009.12</td></tr>
<tr><td>姜　杰</td><td>总经理</td></tr>
<tr><td>孙绍荣</td><td>董事长</td><td rowspan="3">2010.1～2013.12</td></tr>
<tr><td>栾志明</td><td>总经理</td></tr>
<tr><td>姜　杰</td><td>分公司经理</td></tr>
<tr><td>孙绍荣</td><td>董事长</td><td rowspan="2">2014.1～2015.2</td></tr>
<tr><td>孙松茂</td><td>总经理</td></tr>
</table>

现任领导班子成员：

董事长、总经理：孙绍荣

副总经理：栾志明　孙松茂　赵云风

分公司经理：姜　杰　赵春利　李忠林　赵岩利　贾蓬春

三、主要成绩

公司先后荣获“莱西市重点成长型企业”“山东省建材行业优势企业”“国家免检产品”等称号。公司是省建材工业协会理事单位、青岛市资源综合利用协会常务理事单位、中国混凝土与水泥制品协会会员单位。

公司通过了ISO9000质量管理体系、ISO14000环境管理体系、GB/T 28000职业健康安全管理体系认证。于2009～2014年被评为“莱西市先进党支部”，2013～2014年被评为“莱西市环保工作先进单位”及“2012年度山东省水泥制品行业优势企业”。

四、本单位大事记

2002年6月24日，公司创立。

2005年7月15日，兼并收购原莱西市水泥制品厂一分厂。

2006年6月，新建办公楼3000平方米、宿舍楼2000平方米、车间2000平方米。

2006年8月，投资160万元，成立青岛荣一市政工程有限公司。

2006年11月8日，整体收购莱西市水泥制品厂。

2007年3月12日，整合创立半岛地区第一条PCCP管生产线。

2007年3月28日，创立莱西市第一家混凝土搅拌站，成立青岛万福混凝土制品有限公司。

2007年8月18日，与平度市委签订了5年内不上第二家混凝土搅拌站的合同，建立青岛万福荣一混凝土制品有限公司。

2009年9月，在青岛普集路建立搅拌站分站。

2010年5月，与万福集团合资建立范家疃搅拌站。

2010年6月，整体收购青岛合发建材有限公司。

2011年3月，投资300万元，建立莱西市锦川砂石加工厂。

2011年6月，与万福集团合资建立姜山搅拌站。

2011年8月，投资5000万元，购买土地180亩，建立荣一管涵生产线。

2012年3月12日，公司10周年庆典。

2012年9月15日，在烟台龙口建立分厂龙口荣一建材有限公司。

2012年11月，在潍坊安丘建立分厂。

2014年12月，与青岛中一实业有限公司合作，成立青岛莱西汽车配件产业园。

五、对行业发展的贡献

荣一建材是省内第一家引进箱涵设备并进行生产的厂家，具有全省最大室内PCCP生产线，参与了《钢筋混凝土排水管》《预应力钢筒混凝土管》标准修订及《预制箱涵》标准的制定。

青岛荣一新型建材有限公司远景

青岛荣一新型建材有限公司车间一角

（撰稿人：王　丽）

临沂市电力电杆厂

一、简介

临沂市电力电杆厂始建于1983年，是山东省较早采用离心成型、蒸汽养护工艺生产35 kV、110 kV、220 kV高压输电线路电杆和低压输电线路电杆及通信电杆的骨干企业，主导产品“盛大”牌环形预应力混凝土电杆和环形钢筋混凝土电杆规格型号齐全，年生产能力10万余段。

企业占地33600平方米，建筑面积6000平方米，堆场面积5000平方米，现有员工198人，其中专业技术人员36人，下设4个生产车间。主要生产工艺工装设备160台件，总装机容量800千瓦，固定资产4200万元。

目前，企业产品销售范围覆盖临沂、日照、枣庄、淮安、徐州等地市，深受广大电力部门的认可，在全国电力行业、建材行业当中享有良好的信誉。

二、历史沿革

临沂市电力电杆厂前身是罗庄区水泥制品厂，1993年更名为“临沂市电力电杆厂”。1994年4月正式加入临沂电业局电力集团开发公司。2010年4月，企业实行了全面改制。在总经理孙广达的带领下，加大技术改造力度，企业逐步发展壮大。

历任主要领导

姓　名	职　务	任职时间
石立亲	厂长	1983～1991
石增山	厂长	1991～2010
孙建平	董事长	2010至今
孙广达	总经理	2010至今

现任领导班子成员：
董事长：孙建平
总经理：孙广达
副总经理：廖明举

三、主要成绩

企业于1994年4月正式加入临沂电业局电力集团开发公司，同年获得原国家电力部颁发的《电力系统混凝土电杆使用许可证》；1998年成为山东鲁能电力物资有限公司物资供销协作网络成员单位；1999年5月入选国家经济贸易委员会《全国城乡电网建设与改造所需产品及生产企业推荐目录》；2001～2014年连续14年被山东省工商局授予“省级守合同重信用企业”称号；企业于2007年2月28日通过北京国建联信认证中心ISO9001：2000产品质量管理体系认证；2007年3月16日获得编号为SEPCO-BID07027705001170的山东电力集团公司混凝土电杆协议供货资格；2008年5月份通过国家电能认证；2008年3月被国家电网公司评为“先进集体”；2010年12月被联合信用管理有限公司在企业诚信度、履约能力、信誉状态综合评估为“AAA级信誉企业”；2011年10月被评为“环渤海地区建材行业知名品牌”；2012年7月被电力工程企业协会评为“推荐产品企业”。

2014年，临沂市电力电杆厂干部员工紧紧围绕企业的发展目标，抓机遇、求发展，取得了较为可喜的成绩，各项经济指标稳步增长，全年完成了环形钢筋混凝土电杆、环形预应力混凝土电杆42700段，产品合格率达到99.92%，完成产值6850万元，销售收入5900万元，利税780万元。2008年1～2月份湖南遭受多年来罕见的冰雪灾害，为响应上级号召，支援湖南抗冰救灾工作，厂领导班子召集全体员工放弃春节假期顶风雪、冒严寒，全力以赴战斗在抗灾第一线，连续奋战48小时，圆满完成了146车5000余段电杆的装车任务。在临沂交通部门的积极协助下，于春节前安全运到湖南灾区，是山东省第一批运往湖南灾区的电杆，为湖南抗冰救灾工作做出了积极的贡献，被国电公司评为“抗冰救灾先进集体”荣誉称号。

四、本单位大事记

1985年3月，建成年产2万根混凝土电杆生产线。

1993年6月，改造了第一条生产线，使年产能力达到5万根。

1994年4月，公司加入临沂市电业局电力集团开发公司。

1998年8月，公司根据市场需求建成二期工程，年生产能力达到10万根，标志着公司高端产品正式启航。

1998年10月，成为山东鲁能电力物资有限公司物资供销协作单位。

1999年5月，入选国家经济贸易委员会全国城乡电网推荐产品。

2002年4月，投资3800万元新上地板砖生产线两条。

2003年7月，成为江苏省电业局电力工程协作单位。

2004年4月，在苏北地段建立了销售网点。

2007年2月，通过北京国建联信认证中心ISO9001:2000产品质量管理体系认证。

2008年5月，通过国家电能认证PCCC产品认证。

2010年4月，公司实行全面改制，由集体企业改成股份制企业，标志着公司实现新的开端。

2014年6月，公司根据国家环保要求在高新区建立了新的厂区，目前正在建设。

五、对行业发展的贡献

作为电力行业的高效利用引领者，我们以实际行动引导混凝土电杆的生产和使用，实现了多个第一，为国内的电力事业做出了卓越的贡献，在湖南抗冰救灾、苏北抗风救灾中起到了带头作用，被国家电力公司评为“先进集体”称号。

临沂市电力电杆厂产品堆放场地

临沂市电力电杆厂产品组装场地

（撰稿人：孟庆学）

Shandong Cailiao 100 Jia

玻璃企业

山东省药用玻璃股份有限公司

一、简介

山东省药用玻璃股份有限公司是“国家级高新技术企业”，以医药、食品、日用品行业为服务对象，生产各种药用、食品、日用品包装材料。截至2014年底，公司拥有总资产26.66亿元，营业收入15.63亿元，利税2.53亿元，利润1.31亿元，经济效益实现较快增长，连续22年各项经济效益指标均位居国内同行业首位，集团公司职工总数为4100多人。

经过几十年的奋力拼搏，山东药玻一步步成长为闻名世界的药用包装行业的龙头企业，产品市场覆盖32个省、市、自治区，并远销欧、美、俄、日、韩、东南亚等60多个国家和地区。每年为制药、食品、化妆品行业提供百亿支各种规格的包装产品。目前，山东药玻公司已成为中国最大的医药玻璃专业制造商，生产规模位居亚洲前列。

二、历史沿革

1969年2月10日，正式成立沂源县玻璃厂筹备组。1970年，沂源县玻璃厂建成投产。1987年，企业实行第一轮承包。1988年5月，沂源县玻璃厂更名为“山东省药用玻璃总厂”。1993年，山东省药用玻璃总厂进行了股份制改造，由原国营企业改组为股份制企业，改名为“山东省药用玻璃股份有限公司”。

历任主要领导

机构名称	姓名	职务	任职时间
沂源县玻璃厂筹建处	任文海	组长	1968.2～1969.1
	王大田	组长	1969.1～1970.8
沂源县玻璃厂革委会	王大田	主任	1970.8～1973.1
沂源县玻璃厂	孔祥云	厂长	1973.2～1977.5
	王本同	厂长	1977.5～1986.6
	陈常暖	厂长	1986.6～1987.11

续表

<table>
<tr><th>机构名称</th><th>姓名</th><th>职务</th><th>任职时间</th></tr>
<tr><td rowspan="13">山东省药用玻璃总厂</td><td>郑成福</td><td>厂长</td><td>1987.11～1993.3</td></tr>
<tr><td>柴　文</td><td>厂长</td><td>1993.3～1993.10</td></tr>
<tr><td>柴　文</td><td>董事长、总经理</td><td>1998.3～2002.12</td></tr>
<tr><td>张志成</td><td>监事会主席</td><td>1995.5～2002</td></tr>
<tr><td>柴　文</td><td>董事长</td><td rowspan="2">2003.1～2007.12</td></tr>
<tr><td>张志成</td><td>监事会主席</td></tr>
<tr><td>柴　文</td><td>董事长</td><td rowspan="3">2008.1～2012.12</td></tr>
<tr><td>张志成</td><td>监事会主席</td></tr>
<tr><td>张　军</td><td>常务副总经理</td></tr>
<tr><td>柴　文</td><td>董事长</td><td rowspan="4">2013.1 至今</td></tr>
<tr><td>扈永刚</td><td>总经理</td></tr>
<tr><td>张　军</td><td>常务副总经理</td></tr>
<tr><td>周在义</td><td>监事会主席</td></tr>
</table>

现任领导班子成员：

董事长：柴　文

总经理：扈永刚

常务副总经理：张　军

副总经理：陈永康

工会主席：周在义

三、主要成绩

近年来，公司连续3届获得“中国包装行业龙头企业”荣誉称号，先后获得“全国轻工系统先进集体”“中国医药包装行业突出贡献奖”“全国先进包装企业”“中国包装行业排头兵企业”“中国工业行业排头兵企业”“中国品牌500强企业”“中国日用玻璃行业优秀企业”“山东省新材料行业优势企业”“中国专利山东明星企业”“山东省创新试点型企业”“山东省日用硅酸盐行业30强”“山东省清洁生产A级企业”“省级守合同重信用企业”“山东省免检企业”等荣誉称号，同时被中华全国总工会评为“模范职工之家”。公司产品钠钙玻璃模制注射剂瓶和钠钙玻璃药瓶被认定为“山东名牌”产品；主导产品模制瓶被法国高科技协会认定为“向欧盟市场推荐产品”和“高科技产品”。

公司目前拥有国家级认可实验室、博士后科研工作站、山东省药用包装材料工程技术研究中心、省级技术中心、省级工业设计中心等研发创新平台，同齐鲁工业大学、青岛科技大学、中国生物制品标准化研究中心、上海市食品药品包装材料测试所、北京市玻璃陶瓷质量监督检测中心等科研院所建立起长期有效的合作关系，并牵头组建“山东省医药包装材料产业技术创新战略联盟”，充分发挥这些技术创新平台作用。近年来研究开发出紫外线截止玻璃包装瓶、中性硼硅玻璃等一批国家级重点新产品，先后申请专利146项，获得国家知识产权局授权专利125项，参与制定起草国家、行业标准13项，始终处于国内同行业技术领先主导地位。

四、本单位大事记

1980年4月，厂自筹资金3.3万元，建起了一座八坩埚的圆炉。

1985年4月，实施5次技改，形成了年近万吨的生产能力，产量居全国同行业首位。

1986年，为上海玻璃厂试制成功了32 mL、25 mL大剂量抗生素瓶，使我厂产品第一次打入上海，这也是外市药用玻璃制品首次进入上海市场，产品填补了国内空白，获山东省一轻厅和临沂地区科技成果三等奖。

1989年，公司利税首次过千万元大关，是沂源县首家利税过千万元企业。

1989年10月25日，山东省药用玻璃总厂经临沂地区行署和省经委批准，由小型(一)升格为中型(一)企业。

1995年开始对行列机控制系统进行改造，将原来的数字控制机改为微机控制。此项技术填补了国内空白，并于1999年12月获山东省科学技术进步奖，又于2000年7月被省轻工业办公室评为三等奖。

1997年，公司研制高白料模制玻璃瓶和轻量薄壁药用玻璃瓶，这两个高新技术产品通过省科技厅专家组鉴定，产品属国内空白，达到国内领先水平。

1998年10月，我厂收购原山东第一机器厂，成立了山东省药用玻璃股份有限公司土门分公司。

2001年，投资7000万元，进行药玻工业园一期工程建设，所上项目为一期工程12亿支丁基胶塞项目，2002年底投入运行。

2002年6月3日，公司股票成功在沪市上市，股票简称“山东药玻”，股票代码600529。

五、对行业发展的贡献

公司先后主持或参与起草制定国家、行业标准13项，同时在工业装备提升方面积极同国际先进水平看齐，其生产技术、产品质量、工业装备水平引领国内同行业，为推动国内同行业技术进步做出了突出的贡献。

山东药玻公司工业园区全景图

山东药玻公司 2002 年 6 月在沪交所上市

（撰稿人：弋康锋）

威海蓝星玻璃股份有限公司

一、简介

威海蓝星玻璃股份有限公司是中国玻璃控股有限公司的成员企业，现为股份制中外合资企业，主营蓝星系列高档浮法彩色玻璃、离线可钢化低辐射(LOW-E)镀膜玻璃、在线低辐射(LOW-E)镀膜玻璃、离线可钢化阳光控制镀膜玻璃、在线阳光控制镀膜玻璃、在线阳光易洁镀膜玻璃、自清洁镀膜玻璃、银镜、薄膜太阳能电池组件和基板玻璃的生产和销售。

2014年，公司拥有员工3085人，总资产46.9亿元，实现营业收入20.3亿元，利税2.4亿元，利润1.2亿元。现控股威海蓝星新技术玻璃有限公司、中玻科技有限公司、中玻蓝星(临沂)有限公司、乌海蓝星玻璃集团股份有限公司、陕西蓝星玻璃有限公司、南京远鸿特种玻璃有限公司;参股杭州蓝星新材料技术有限公司。经过近几年的发展，公司全面掌握了在线镀膜玻璃的生产技术，年生产能力超过3000万平方米，市场占有率高达50%，成为我国最大的在线镀膜玻璃生产基地。

二、历史沿革

1960年，威海一机平板玻璃窑开工建设。1961年因三年自然灾害而下马。1964年，威海市委抽调12名干部组成了威海平板玻璃厂筹建领导班子，对“封停下马”的平板玻璃工程进行续建。

1965年，成立威海平板玻璃厂，是山东省第一个生产平板玻璃的企业，隶属威海市二轻工业局，为集体所有制企业(1965～1997年)。

1985年10月，更名为“威海玻璃厂”，在威海市青岛中路98号设立浮法玻璃分厂。

1997年7月，威海蓝星玻璃股份有限公司成立，并将其总股本为5800万股的“蓝星玻璃”股票上柜交易。公司性质为国有控股股份有限公司。

2003年10月，公司与国内外经销商联合出资，在蓝星科技工业园成立中玻科技有限公司。

2007年2月,公司与中国玻璃控股有限公司、弘毅投资公司就战略重组方案达成一致,并重组蓝星工业园,企业性质由国有控股变为中外合资企业。2008年8月,为了节能减排和威海市城市发展的需要,浮法二线提前停产搬迁,整体搬迁至威海临港经济技术开发区的蓝星科技工业园,11月18日,新二线一次性拉引玻璃成功。

历任主要领导

机构名称	姓名	职务	任职时间
威海平板玻璃窑筹建	王吉乾	党支部书记	1960.3~1964.8
威海平板玻璃厂	戚成年	党支部书记	1964.9~1968.7
	秦福周	厂长	
	秦福周	党支部书记、厂长	1968.8~1975.8
	秦福周	党总支书记	1975.9~1980.8
	潘家隆	厂长、副书记	
	田世伦	党总支书记	1980.9~1985.6
	刘以先	厂长、副书记	
威海玻璃厂	刘以先	总支书记、厂长	1985.7~1990.6
	刘以先	党委书记	1991.7~1995.9
	于振敏	厂长	
威海蓝星玻璃股份有限公司	张昭珩	董事长、党委书记、总经理	1995.10~2005
	张昭珩	董事长、党委书记	2005.9~2014.1
	葛言凯	总经理、副书记	
	崔向东	董事长	2014.2至今
	葛言凯	党委书记、总经理	

现任领导班子成员:

董事长:崔向东

党委书记、总经理:葛言凯

党委副书记、副总经理:隋学斌

副总经理:王永吉

财务总监:谷　昊

三、主要成绩

公司先后被评为"全国建材工业一级节能企业""山东省建材行业最佳效益企业""'九五'山东省设备管理优秀单位""山东省认定企业技术中心""中国建材百强企业""全

国建材行业优秀企业”“山东省高新技术企业”“中国平板玻璃产量十强”“山东省管理创新优秀企业”“改革开放30年建材工业最具影响力企业”“山东省产学研合作创新突出贡献企业”“全国保障性住房建设用材优秀供应商”“2013绿色建筑节能遮阳装饰一体化十佳品牌企业”等称号；公司产品先后获得“山东省著名商标”“中国建材工程建设推荐产品”“中国名牌”“国家免检产品”“中国驰名商标”“山东名牌”“2008年中空玻璃优势品牌”“环渤海地区建材行业知名品牌”“中国十大玻璃品牌”“绿色建筑节能推荐产品”等称号；并荣获山东省省长质量奖、威海市市长质量奖、山东省质量管理奖等奖项；获得多项国家发明专利及山东省技术创新优秀新产品一等奖等多项奖项。

四、本单位大事记

1965年，威海平板玻璃厂一机窑成功生产出山东省第一张平板玻璃，从而结束了山东省没有平板玻璃工业的落后状态。

1985年7月，威海平板玻璃厂更名为“威海玻璃厂”。

1995年6月，设立了威海蓝星玻璃股份有限公司。

1998年，设立了南京远鸿玻璃制釉有限公司，整体租赁已停产关闭的南京栖霞玻璃厂，迈出了低成本扩张的第一步。

1999年，公司与浙江大学、秦皇岛玻璃工业研究设计院蓝光新技术公司共同投资在浙江大学科技园设立浙大蓝星新技术材料有限公司。2001年，公司承接的“863计划”——“复合功能薄膜的浮法在线制备技术及新型节能镀膜玻璃开发”项目于2004年4月顺利通过国家“863”项目专家组验收，打破了国际垄断。

2000年6月，公司设立威海蓝星新技术玻璃有限公司，建设的450 t/d浮法在线镀膜玻璃生产线于2000年4月份开工，同年10月26日胜利竣工点火投产，11月21日一次性拉引玻璃成功，创造了行业项目建设中绝无仅有的“蓝星速度”。

2002年11月，公司与广东南丰建材有限公司共同出资创立北京中海兴业安全玻璃有限公司。

2003年3月19日，投资成立威海蓝星超薄玻璃有限公司；9月6日，对原内蒙古海晶玻璃集团股份有限公司股份制改造，成立了乌海蓝星玻璃集团股份有限公司；10月，成立中玻科技有限公司，总投资3亿元建设在线Low-E镀膜玻璃的生产线。

2004年8月20日，重组原陕西玻璃厂，设立由蓝星控股的陕西咸阳蓝星玻璃有限公司。至此，蓝星在全国形成“南北呼应，东西结合”的玻璃生产及深加工的产业战略布局。

2005年2月，威海中玻光电有限公司成立。

2006年6月，为降低燃料成本，公司成功研发了固体燃料替代重油技术，随后在3条浮法镀膜玻璃生产线上成功实施。

2007年，与中国玻璃控股有限公司重组。

2010年4月，中玻蓝星(临沂)玻璃有限公司成立。

2013年2月27日，乌海蓝星玻璃有限责任公司800吨低辐射镀膜玻璃生产线顺利点火。

2014年4月，公司二线窑炉冷修胜利竣工点火；7月，与山东大学（威海）签订“异地可钢化Low-E镀膜玻璃高性能保护膜研究项目”合作协议。

五、对行业发展的贡献

威海平板玻璃厂一机窑成功生产出山东省第一张平板玻璃，从而结束了山东省没有平板玻璃工业的落后状态。

率先建成山东省第一条垂直引上六机平板玻璃窑，产量达120万标准箱，是生产普通平板玻璃的中型企业，成为山东省平板玻璃行业的骨干厂。

1985年，建成山东省第一条浮法玻璃生产线，填补了省内无优质浮法玻璃的空白，带动了省内企业产业升级。

公司与浙江大学、秦皇岛玻璃工业研究设计院实施产学研合作，研发和生产了“威海蓝”“蓝星灰”“银蓝”“F绿”“自然绿”“欧洲茶”等诸多颜色的本地着色玻璃和在线镀膜玻璃，成为我国最大的在线镀膜玻璃研发和生产基地，研发的产品始终领导市场潮流，占有率超过50%，为我国的建筑节能做出了突出贡献。

公司承接的“863计划”——“复合功能薄膜的浮法在线制备技术及新型节能镀膜玻璃开发”项目顺利通过国家“863”项目专家组验收，拥有完全自主知识产权，打破了国际垄断，提升了我国浮法玻璃整体装备水平，带动了行业科技进步。

公司研发的固体燃料替代重油技术，获得多项国家专利，极大地提升了企业核心竞争力，并迅速引领了一场以固体燃料代油的行业技术革命。

威海蓝星玻璃股份有限公司浮法玻璃厂厂区

国家“863”项目“浮法在线制备低辐射膜及钛系阳光膜玻璃成套工程技术与设备开发”成果验收会议现场

（撰稿人：李成养）

德州晶华集团有限公司

一、简介

德州晶华集团有限公司是“中国建材50强企业”“山东省资源综合利用先进单位”以及“山东省200户重点工业企业集团”之一。集团经营层持有全部股权，为改制的民营有限责任公司。集团占地3000亩，辖18个生产厂区，4个铁路货场，6条铁路专运线。

集团主导产品：浮法玻璃、空心玻璃砖、日用玻璃、药用玻璃、日化玻璃、陶瓷瓶，全部通过ISO9002质量体系认证。年产优质浮法玻璃1200万重箱，高档空心玻璃砖3600万块，日用、药用玻璃和日化玻璃20万吨，陶瓷瓶20万件，钢化、中空玻璃50万平方米，夹层、彩釉玻璃10万平方米，塑钢门窗20万平方米，碳纤维布220万平方米。产品覆盖国内20多个省市，畅销全球160多个国家和地区，深受国内外客户的青睐。晶华集团已建成世界最大的空心玻璃砖生产基地、全国最重要的日用玻璃生产基地、江北地区重要的浮法玻璃生产基地。

截至2014年底，集团共实现总资产474053万元、营业收入145818万元、利税14996万元、产值166640万元，职工人数3982员。

二、历史沿革

1997～2005年，董事长为苗建中。

2006年至今，董事长为田文顺。

2014年集团领导班子成员：田文顺、范文祥、孙国庆、李振华、辛长平、曾志海等。

三、主要成绩

2005年9月，“晶华”荣获“山东省著名商标”称号。

2006年2月，晶华集团荣获“无偿献血先进集体”称号。

2006年6月，“晶华”成功注册国际商标。

2006年9月，晶华网站荣获“2006年度山东省优秀企业网站”称号，并被山东省电子商务协会推荐为“2006年度山东省电子商务试点单位”。

2007年7月，晶华集团党委荣获“德州市创建‘四好’领导班子先进集体”称号。

2007年9月，晶华空心玻璃砖荣获“中国名牌”称号。

2007年9月，晶华集团振华公司获得“全国建材行业先进集体”称号。

2008年6月，晶华集团荣获“山东省节能先进企业”“省级信息技术推广中心”称号。

2009年1月，“晶华牌”日用玻璃荣获2008年度“山东名牌”称号。

2009年2月，晶华集团荣获“2008年度山东省节能先进企业”。

2009年2月，“晶华”商标荣获“中国驰名商标”，并获得德州市奖励5万元。

2009年2月，晶华集团获得“德州市技术改造先进集体”称号。

2009年5月，“晶华牌”日用玻璃瓶被授予“山东名牌”称号。

2009年10月，晶华集团荣获“山东省轻工业新中国六十周年功勋企业”称号。

2009年11月，晶华集团被山东省建材工业协会、山东省轻工业协会等联合推选为“2007～2008年度山东材料行业优势企业”。

2009年11月，晶华集团荣获“全国日用玻璃行业功勋企业”称号。

2010年1月，晶华集团被山东省循环经济促进会评为“首批山东省优秀循环经济企业”。

2010年5月，晶华集团荣获“2009年度中国轻工业行业十强企业”称号。

2012年3月，晶华集团被评为“2011年度山东建材工业信息直报系统工作先进集体”。

2011年4月，晶华集团被评为“山东省企业文化十佳单位”。

2011年5月，晶华集团荣获“中国轻工业日用玻璃行业十强企业”称号。

2011年8月，晶华集团荣获“山东省建材工业（玻璃、陶瓷）节能减排与资源综合利用十佳典范企业”“山东省建材行业‘十一五’百强品牌企业”称号。

2012年9月，晶华集团荣获“2012年中国民营建材企业100强”“2012年中国建材企业500强”“2012年中国建材最具成长性企业100强”称号。

2011年12月，晶华集团被评为第二届“低碳山东模范（贡献）单位”。

2012年12月，晶华集团被授予“山东省节能资源协议先进单位”。

2013年10月，成为“中国建材企业500强”单位。

2013年10月，成为“2013年中国民营建材企业100强”单位。

2013年12月，晶华集团获得“山东省量化融合示范企业”荣誉称号。

2014年11月，晶华集团入围山东省2014年两化融合“四个一百”工程。

四、本单位大事记

1998年3月26日，德州晶华集团有限公司在大坝宾馆举行成立揭牌仪式。德州晶峰集团、德州振华集团、德州大坝集团正式联合运作。

2000年3月16日，晶华工业园碳纤维布项目顺利开工；11月，晶华集团“粉煤灰泡沫玻璃研制开发项目”被列为2000年“山东省技术创新重点项目”。

2001年1月，晶华集团振华公司“4000吨级超薄及在线镀膜玻璃”生产线举行开工典礼仪式;5 月,晶华集团生产的平板玻璃、日用玻璃、空心玻璃砖产品被美国环境技术委员会推荐为“绿色环保产品”。

2002 年 12 月,晶华集团“超薄及在线镀膜玻璃”生产线竣工点火。

2004 年 3 月,举行晶华浮法二线开工典礼;7 月,晶华麦克高档乳白瓶项目竣工点火;9 月,晶华空心玻璃砖“一窑三线”竣工投产;12 月,晶华麦克“一窑四线”二期工程点火投产。

2005 年 1 月,晶华集团高档装饰瓶项目正式建成投产;2 月,晶华 600 吨级浮法玻璃生产线竣工点火;3 月,晶华集团 600 吨级浮法线建成投产;5 月,大坝旋窑三期工程泰安一线正式投产。

2006 年 6 月,集团空心玻璃砖“一窑四线”成功点火;7 月,集团召开基础管理经验交流大会;8 月,集团 3 号项目晶峰公司特种医药瓶工程顺利点火;11 月,“晶华”浮法玻璃在众多国内外知名厂家的激烈竞争中脱颖而出,中标五棵松体育文化中心工程。

2007 年 7 月,《晶华人》创刊 15 周年暨出刊 400 期。《晶华人》创刊于 1992 年 7 月 18 日,前身为《德玻报》,后曾改名为《晶峰报》和《晶峰人》,1998 年晶华集团成立后,最终定名为《晶华人》;8 月,晶峰日玻公司丝网印刷项目成功启动。

2009 年 9 月,山东晶彩瓷业项目举行隆重的开工庆典仪式。

2010 年 4 月,晶华集团高档优质汽车玻璃原片项目点火投产仪式隆重举行。

2011 年 9 月,晶华日玻新区一期工程顺利竣工点火。

2012 年 12 月,晶峰日玻乳白“一窑六线”投产观摩暨战略合作伙伴授牌仪式成功举行。

五、对行业发展的贡献

晶华集团现已成为世界最大的空心玻璃砖生产基地、全国最重要的日用玻璃生产基地、江北地区重要的浮法玻璃生产基地。晶华集团在“2014 年中国民营企业 100 强”中位列第 86 位,“2014 年中国建材企业 500 强”中列第 127 位,对建材行业的发展起到了带头示范作用,对建材行业的可持续发展做出了突出贡献。

公司空心玻璃砖生产线及检测设备

公司全貌

（撰稿人：李　英）

山东光耀超薄玻璃有限公司

一、简介

山东光耀超薄玻璃有限公司成立于2005年，是一家专业研制开发、生产销售玻璃及玻璃制品的生产企业。公司注册资本16000万元，位于山东省寿光市经济开发区，占地233400平方米，员工510人，其中各类技术人员50余人，高级工程师4人，工程师15人，专业技术工人100余人。

公司主要产品为1.3～2 mm薄片光学玻璃和2.5～4 mm优质浮法光学玻璃，广泛应用于电视及显示器屏幕、仪器仪表、彩色印染等行业。产品以稳定的质量、齐全的规格品种，赢得了山东省内及广东、浙江、上海、天津等地客户青睐，并畅销美国、欧盟、印度等国际市场。产品在行业中名列前茅，技术水平居国内领先。

2014年，公司实现销售收入90748万元，税收1800万元，利润总额2993万元，资产负债率59%。公司通过了GB/T19001-2008国际质量管理体系认证。2013年我公司产品又通过了国家玻璃质量监督检验，使产品的质量又上了一个新台阶。

二、历史沿革

山东光耀超薄玻璃有限公司成立于2005年，主要负责人一直为张有良。

主要领导

姓　名	职　务	任职时间
张有良	董事长、总经理	2004至今
丁志军	常务副总	2004至今
任学杰	副总经理	2012至今
陈自学	财务经理	2006至今

三、主要成绩

近年来，我公司坚持科技创新，不断加大科研投入与力度，成立了专门的研发中心，由数位高端人才担任研发人员，配备了一系列高、精、尖的仪器设备，从而使得公司具备了相当强的研发实力。2012 年，山东光耀超薄玻璃有限公司技术中心成立，2014 年被潍坊市经济和信息化委员会、潍坊市财政局认定为“潍坊市企业技术中心”，标志着我公司的研发实力又上了一个新的台阶。

公司特别重视新产品的开发，目前已开发的新产品有 3 项，分别是 LOW-E 镀膜玻璃、新型太阳能玻璃、1 mm 超薄光学玻璃，其中 1 mm 超薄光学玻璃正在市场推广销售。

公司 2013 年被评为“全国城镇化建设绿色建材合格供应商”；2014 年被潍坊市经济和信息化委员会、潍坊市财政局认定为“潍坊市企业技术中心”；2014 年被山东省科学技术厅、山东省财政厅、山东省国家税务局、山东地方税务局认定为“山东省高新技术企业”；2015 年山东省工商行政管理局认定我公司建筑玻璃为“山东省著名商标”。目前，我公司已有实用新型专利 15 项。

四、本单位大事记

2013 年 10 月 11 日，公司 900 万平方米/年玻璃原片钢化预处理项目立项。

2014 年 2 月 17 日，公司被认定为“山东省循环经济示范单位”。

2014 年 10 月 31 日，公司被认定为“山东省高新技术企业”。

2014 年 12 月 15 日，公司成立新疆阜康光耀玻璃有限公司，注册资金为 14850 万元，是山东光耀总公司的第二个援疆项目。

2014 年 12 月 30 日，公司被认定为“潍坊市企业技术中心”。

五、对行业发展的贡献

公司主导产品超薄玻璃在业内处于领先地位，其中低辐射 LOW-E 镀膜玻璃不但符合国家工业结构调整和优化升级的产业政策，适应地区经济政策要求，而且前景广阔。超薄 1 mm 玻璃项目，使公司在研究方面迈出了一大步，更带动了玻璃行业整个产业链的发展与进步，在全国薄玻璃领域中具有重要的意义。

山东光耀超薄玻璃有限公司正门

山东光耀超薄玻璃有限公司生产线

（撰稿人：王正芹）

山东康友光电科技股份有限公司

一、简介

山东康友光电科技股份有限公司是国内规模最大、最具行业品牌影响力的颜色工艺玻璃生产厂家。公司是山东省日用硅酸盐工业协会会员单位、山东省企业管理协会会员单位、莱阳工商联企业联合会会员单位，具有国家批准的自营进出口权。

公司成立于2000年，坐落在梨乡莱阳。主营业务为玻璃材料的研发、生产与销售，主要生产颜色工艺玻璃和光学玻璃材料两大系列，“康友”牌玻璃材料在光学、水晶行业的生产企业中享有很高的知名度，以诚实守信、质优价廉、交货准时受到广大顾客的肯定。制作的光学元件和各种款式水晶工艺品、灯饰品畅销国内外，产品出口到法国、韩国、泰国、捷克等国际市场。

公司经过十多年的发展，通过引进瓷铂连熔工艺生产线，聘请行业内技术专家，消化吸收国内外先进玻璃制造工艺和技术，逐步成为行业优秀企业。截至2014年底，公司年产光学、颜色工艺玻璃3000余吨，现主要产品有：B270、H-K9L、ZF2、ZF3等牌号的光学玻璃，几十种色彩的颜色工艺玻璃。2014年底，公司有职工66人，总资产4695万元，营业收入1735万元，利税125万元，利润34万元。颜色工艺玻璃市场占有率保持在领先地位，是国内颜色工艺玻璃行业的领航者。

从2002年至今，公司坚持每年聘请国外专家到工厂讲学，学习国外光学玻璃行业的先进生产技术，了解国外最新的光学玻璃行业动态，为科技创新、产品创新提供有力的人才支撑。同时与大专院校、科研院所的同行专家进行信息沟通，对业内高端顶级人才，不求所有，但求所用，广泛开展技术合作，创建起公司的人才大团队。定期选派公司技术人员到大专院校进行深造，学习先进的理论知识和管理方法，提升专业技术水平，为企业的发展打下良好基础。

公司通过对国内外先进技术的引进、消化、吸收和持续创新改进，以及良好的过程控制和品质管理，已快速发展成为国内光学玻璃、颜色工艺玻璃生产的主要厂商之一。

二、历史沿革

山东康友光电科技股份有限公司前身为莱阳市康友玻璃材料有限责任公司，始建于2000年，注册资金50万元，法人代表熊川虎。为了满足公司发展的需要，莱阳市康友玻璃材料有限责任公司几经变更注册资本，2012年10月25日整体变更为“山东康友光电科技股份有限公司”，现注册资本2054万元，法人代表熊川虎。

现任领导班子成员（从公司成立至今未变）：

董事长、总经理：熊川虎

董事、副总经理：冯振宇　高月强

三、主要成绩

2006年公司被莱阳市科学技术局授予莱阳市科学技术进步奖一等奖；2007年承担了国家中小企业创新基金项目“精密模压汽车前灯非球面透镜”；2008年公司被烟台市科学技术局授予烟台市科学技术进步奖三等奖；2010年公司被山东省企业经营管理学会评定为“明星企业”；2010～2014年公司被莱阳市人力资源和社会保障局授予“诚信企业”称号。2009年、2012年公司被山东省科技厅、财政厅、税务局认定为“山东省高新技术企业”。2013年公司被烟台市科技局认定为“烟台市科技型中小企业”。2015年3月，《一种过渡膨胀系数无铅封接玻璃的制造方法》发明专利得到国家专利局的授权。

四、本单位大事记

2000年，康友公司建日产3吨全电熔玻璃材料熔炼炉，每千克玻璃耗电3.5度。

2004年，康友公司建日产6吨全电熔玻璃材料熔炼炉，每千克玻璃耗电2.2度，大大降低了产品成本。

2004年，成功研发了颜色工艺玻璃生产线，开发了10多种颜色玻璃。

2006年，康友公司成功建成精密压型生产线，该项目成功申请了国家中小企业创新基金。于2006年11月通过了省级鉴定。

2007年11月，《一种汽车前灯非球面透镜的生产方法》获得国家知识产权局的授权。

2009年，创新基金项目通过了科技部中小企业创新基金项目组的验收，并于2010年5月颁发了验收证书。

2009年，公司通过了“山东省高新技术企业”的认定。

2009年，公司推出了国内首创的U形光学玻璃棒，展示了公司雄厚的技术实力，进一步巩固和提升了行业影响力。

2010年，新建一条气电混熔H-K9L光学玻璃生产线，在电加热的基础上，加上天然气加热方式进行生产，可节能降耗，降低生产成本，提高产品质量。本公司采用连熔方式生产的H-K9L光学玻璃，具有高透明性，特定光学常数，无气泡、结石等特殊性能。公司光学玻璃质量提升了一个等级，使康友公司在光学玻璃行业有了一席之地。

2012 年，公司与山东轻工业学院、天津硅酸盐研究所建立了产学研技术合作关系，成功申报了烟台市光学玻璃材料工程技术研究中心。

2012 年，公司通过“山东省高新技术企业”复审。

2012 年，公司整体变更为股份有限公司，并于 2012 年 12 月 29 日在齐鲁股权托管交易中心正式挂牌，拓宽了融资渠道，为公司的进一步发展奠定了基础。

2013 年，公司被烟台市科技局认定为“烟台市科技型中小企业”。

2014 年，公司年产量 3000 多吨，开发 8 款新产品投入市场，并得到了市场的充分认可。

五、对行业发展的贡献

颜色工艺玻璃主要应用于滤光片、灯饰、浮雕、琉璃、水晶饰品、艺术品等。我公司的颜色工艺玻璃市场占有率在 60%以上，处于领先地位，是国内颜色工艺玻璃行业的领航者。为光学、水晶饰品、宝石加工、灯饰等行业的发展提供了基础材料和发展的空间，为国内企业争取了更多的出口订单，成为颜色工艺玻璃材料行业的专业带头人。

由于我国光学产业起步较晚，技术相对落后，目前国内生产光学玻璃的企业为数不多。我公司是山东省唯一一家生产光学玻璃材料的企业，拥有成熟的光学玻璃配方及熔制技术。新研发的光学材料主要包括 H-K 系列、H-ZF 系列、H-F 系列、颜色工艺玻璃系列等，主要应用于光电子行业，如光通信、光存储、光显示、光照明、医疗、光传感等产品的深加工。工程技术研究中心的组建将更有利于将科研与应用相结合，提高市场竞争力，发展成为玻璃行业的一面旗帜，为众多下游产业扩宽原料来源，提供发展空间起到十分重要的作用。

山东康友光电科技股份有限公司生产车间一角

山东康友光电科技股份有限公司与山东轻工业学院产学研合作基地挂牌仪式

（撰稿人：熊川虎）

山东泰山生力源玻璃有限公司

一、简介

山东泰山生力源玻璃有限公司，是国内有一定影响力和知名度、美誉度的瓶罐玻璃制造企业，是山东省最大的异型玻璃瓶生产企业。公司“谷”牌商标被评为“山东省著名商标”。公司多次被泰安市、新泰市评为“文明单位”“先进单位”和“重点保护单位”。

公司现有生产厂区4个，占地26万平方米，总资产5.6亿元，年生产能力50万吨，折合日用玻璃瓶11亿只（日生产能力300万只），可实现销售收入10亿元，利税2亿元，职工2480人。拥有高效节能蓄热式马蹄焰玻璃窑炉12座，国内先进自动制瓶生产线26条。目前，公司已成为国内极少数能够同时提供各种颜色、各种瓶型（大口、小口、瓶罐、器皿3000多个品种）和深加工产品并与国外建立了持续业务的知名企业。

二、历史沿革

泰安市谷里灯泡厂筹备组于1969年成立，负责建厂工作。

泰安市谷里灯泡厂由济南灯泡厂派人建设并组织生产，是济南灯泡厂分厂。1970年正式投产，生产备战用白炽灯泡，注册商标“东岳”牌。后改为生产民用白炽灯泡。

1973年1月，企业交泰安市一轻局管理。

2000年2月20日，由泰安市白酒厂、泰安市啤酒厂、泰安市谷里灯泡厂、泰安市矿泉水厂等5家企业成立泰山生力源集团，后更名为“泰山生力源集团玻璃有限公司”。

2006年，成立山东鑫兴玻璃有限公司。

2007年，公司由国有企业改制为民营股份制企业，国有股份全部退出。

2010年10月11日，合并山东鑫兴玻璃有限公司。

2011年8月16日，竞拍取得山东升华玻璃股份有限公司全部资产。

2013年7月8号，公司更名为“山东泰山生力源玻璃公司”，企业性质不变。

历任主要领导

机构名称	姓　名	职　务	任职时间
济南灯泡厂新泰分厂筹建组	王清池	组长、临时支部书记	1970.1～1972.12
泰安市谷里灯泡厂	付俊卿	总支部书记	1973.1～1978.7
	徐传家	书记	1978.8～1979.8
	张金宣	党支部书记	1980.12～1983.12
	宋继成	厂长	1981.1～1983.10
	宋继成	书记	1983.11～1985.7
	茅镇伯	厂长	1983.12～1985.7
	孙　涛	厂长	1985.8～1990.1
	孙　涛	党委书记	1990.2～1991.7
	马西元	厂长	1990.2～1992.12
	马西元	党委书记	1992.3～1996.2
	董　刚	厂长	1992.12～1996.2
	董　刚	董事长、党委书记、总经理	1996.2～1999.12
泰山生力源集团玻璃有限公司	倪月林	董事长、党委书记、总经理	2002.2～2002.10
	丁宝成	董事长、党委书记	2002.11～2003.10
	倪月林	总经理	
	王玉山	董事长、党委书记、总经理	2003.11至今

现任领导班子成员：

董事长、党委书记、总经理：王玉山

常务副总：李　峰

副总经理：张延田　绳启云　李天涛

工会主席：杨洪军

总工程师：巩玉产

总经理助理：陈　敢

三、主要成绩

公司“谷”牌500 mL异型酒瓶1986年获山东省优秀包装产品奖，1988年获“山东省优质产品”称号。

1999年9月，公司52 m^2 燃煤蓄热式马蹄焰高效节能玻璃池炉获山东省一轻工业科技进步奖一等奖。

2000 年 12 月，新型高铝玻璃瓶获山东省经贸委山东省优秀新产品二等奖。

2013 年 8 月，公司四号炉 52 m^2 蓄热式马蹄焰玻璃窑炉被中国节能协会玻璃窑炉专业委员会评为“2012 年度全国玻璃工业玻璃窑炉节能样板炉”。

2010～2014 年，公司连续 5 年被中国轻工业联合会和中国日用玻璃协会联合授予“中国轻工业日用玻璃行业（玻璃包装容器）十强企业”。

四、本单位大事记

1984 年，由灯泡转产日用玻璃瓶罐，1 号炉白酒瓶生产线投产。

1997 年，3 号全分隔蓄热式马蹄焰高效节能玻璃窑炉投产。

2005 年，公司 4 号炉（52 m^2 蓄热式马蹄焰玻璃窑炉）投产。

2006 年 12 月，公司 5 号炉（86 m^2 蓄热式马蹄焰玻璃窑炉）投产。

2007 年 11 月，公司 6 号炉（86 m^2 蓄热式马蹄焰玻璃窑炉）投产。

2011 年，9 号炉（原升华 3 号炉）点火启动；10 号炉（原升华 4 号炉）改造完成点火启动。

2013 年 4 月 11 日，8 号炉（99 m^2 蓄热式马蹄焰玻璃窑炉）改造完成点火启动。

2014 年，12 号炉（原升华 6 号炉）改造完成点火启动；10 号炉改造项目（窑炉由 52 m^2 改为 60 m^2）完成点火启动；5 号炉改造项目完成点火启动；9 号炉改造工程完成点火启动，窑炉由 41 m^2 改造为 50 m^2。

2015 年 1 月，公司荣获新泰市人民政府比贡献争进位突出贡献奖。

五、对行业发展的贡献

公司先后主持或参与起草制定多项国家、行业标准，在工业装备提升方面积极引进国外先进设备，生产技术、产品质量、工业装备水平国内领先，为推动国内同行业技术进步做出了突出的贡献。

山东泰山生力源玻璃有限公司正门

中国日用玻璃协会孟令彦理事长（前排左三）视察公司

（撰稿人：绳启云）

山东曜晖太阳能有限公司

一、简介

曜晖集团成立于2002年3月20日，自成立以来，始终致力于高硼硅玻璃制品和其他玻璃产品的生产和开发。现在山东曜晖太阳能有限公司已经发展成为中国屈指可数的高硼硅玻璃生产企业，并拥有山东曜晖太阳能有限公司、德州市盛和太阳能有限公司和山东乐和家日用品有限公司。公司占地47万平方米，主要产品为太阳能热水器专用高硼硅玻璃管、其他高硼硅玻璃管、节能灯管、机制电光源硬料玻壳及配套管等。公司已通过ISO9001质量管理体系认证和ISO14001环境管理体系认证，拥有自营进出口权。公司目前拥有12座全电熔窑炉，日产能可达70吨。

2014年底，公司总资产达30846万元，营业收入为23657万元，利税为704万元，产品总产量为64105吨。

二、历史沿革

山东曜晖太阳能有限公司前身为兖州市曜晖太阳能有限公司，成立于2002年3月20日，2009年10月22日企业变更为“山东曜晖太阳能有限公司”。

2002年3月，兖州市曜晖太阳能有限公司成立。

2006年，在德州皇明工业园内成立德州曜晖太阳能有限公司。

2009年，成立兖州市曜晖新能源有限公司。

2009年10月22日，公司更名为“山东曜晖太阳能有限公司”。成立兖州市曜晖经贸有限公司。

2009年，与江苏太阳雨有限公司合作，兖州成为其在山东的生产基地。

2010年，与桑夏太阳能有限公司合作，在湖北孝感建立太阳能玻璃管生产基地。

2013年，德州盛和分公司成立。曜晖集团产业化步伐开始增速，初步实现由传统的单一毛坯管制造行业向制造耐热玻璃器皿、金卤灯钠灯及管制玻壳、口杯管与太阳能毛坯管并存的成功转型。

2014 年，曜晖集团旗下山东乐和家日用品有限公司成立。

历任主要领导

姓名	职务	任职时间	备注
徐玉和	党支部书记、董事长	2002.3～2012.10	
朱继伟	总经理	2002.3～2014.2	
徐玉和	党委书记	2012.10 至今	
徐正本	董事长	2012.10 至今	2014.3 起兼任总经理

现任领导班子成员：

董事长、总经理：徐正本

党委书记：徐玉和

常务副总：赵建新

副总经理：朱继伟　李　哲　王　庆　徐明昌　王宏彦

财务总监：渠海波

三、主要成绩

太阳能光热发电专用特种玻璃管是曜晖公司采用独特的生产工艺生产的产品，曜晖公司也是目前世界上唯一采用该技术生产大口径特种玻璃管的公司。

我公司与北京工业大学联合研发的槽式光热发电管通过了市科技局科技成果鉴定。

公司拥有 10 余项国家级专利。

四、本单位大事记

2002 年 3 月，兖州市曜晖太阳能有限公司成立。第一座 5 m^2 全电熔玻璃窑炉顺利投产，采用垂拉法生产高硼硅玻璃管。第二条垂拉生产线投产。2003 年，公司新增土地 20 余亩，新建第一座 7 m^2 窑炉，采用 Vello 法生产玻璃管。

2006 年，在德州皇明工业园内成立德州曜晖太阳能有限公司，新上 2 台 14 m^2 全电熔玻璃窑炉。年产量达 7 万吨，实现了与皇明公司的强强联合。

2007 年，中国第一座用于机械吹制玻璃制品的环保节能全电熔窑炉建成投产。

2009 年，德州新建 1 座 21 m^2 窑炉。成立兖州市曜晖新能源有限公司，新上 4 座 21 m^2窑炉。年产达 22 万多吨，确定了公司在国内同行业中的绝对优势。

2011 年 7 月 20 日，曜晖公司兖州市就业见习基地落成。

2012 年 11 月 19 日，山东曜晖太阳能槽式光热发电管项目奠基。

2012 年，曜晖集团新上压机产品生产线，年总产能 7 万吨，年总产量达 62302 吨。

五、对行业发展的贡献

公司与北京工业大学联合研发出的槽式光热发电管切合国内太阳能发电市场的需求，引领了行业发展新方向。

公司采用全电熔电炉和维罗拉管工艺研发了大直径高精度硼硅玻璃管，长度可达8米以上，开辟了大直径高精度硼硅玻璃管的历史先河，填补了国内空白。

我公司产品主要供应皇明、太阳雨、桑夏、华扬、天普、桑乐、清华阳光等中国名牌太阳能生产企业，生产的太阳能玻璃管占全国市场份额的25%以上，保证了各大太阳能生产商对太阳能毛坯管的高质量要求，带动了太阳能产业的发展。

山东曜晖太阳能有限公司正门

山东曜晖太阳能有限公司生产车间现场

（撰稿人：姚　敏）

力诺玻璃集团

一、简介

力诺玻璃集团是以研发、生产和销售玻璃新材料为主导产业的高新技术企业，始建于1995年10月，属力诺集团全资子公司。公司总部位于济南市商河经济开发区，现有职工1200人。集团下辖济南力诺玻璃制品有限公司、东营力诺玻璃制品有限责任公司、山东力诺玻璃制品营销有限公司和力诺玻璃研究院。现拥有医药包装玻璃、耐热玻璃和电光源玻璃3大系列产品。产品质量达到国际先进水平；耐热玻璃器皿、电光源玻壳、药用玻管、药用安瓿和小瓶被评为“山东名牌”产品。公司拥有自营进出口权，已通过ISO9001国际质量标准体系认证、ISO14001环境管理体系认证和OHSAS18001职业健康安全管理体系认证，获得了国家认可实验室证书，被国家科技部认定为“国家重点高新技术企业”。

二、历史沿革

1995年10月29日，济南三威有限责任公司玉皇庙分公司（济南力诺玻璃制品有限责任公司的前身）在商河县玉皇庙镇盐碱地上破土动工，兴建1号窑炉生产高新技术产品高硼硅玻璃，拥有了企业的第一块土地。

2001年3月27日，山东三力工业集团有限公司正式更名为“山东力诺集团有限责任公司”；济南三力工业玻璃制品有限公司更名为“力诺集团有限责任公司济南分公司”。

2002年12月，公司更名为“济南力诺玻璃制品有限公司”。

2002年，公司与胜利油田东方实业投资集团合资成立东营力诺玻璃制品有限责任公司。

现任领导班子成员：

董事长：杨中辰

总经理：邵靖波

常务副总：孙雪莲

副总经理：薛俊平　贾晋卫
技术总监：白　翔
项目总监：薛俊田
销售总监：宋　来
财务总监：丁　亮

三、主要成绩

公司先后荣获“国家火炬计划重点高新技术企业”“全国工人先锋号”“中国日用玻璃行业AAA级信用企业”“中国2013玻璃仪器制造行业排头兵企业”“全国日用玻璃协会功勋企业”“中国轻工业日用玻璃行业十强企业”等荣誉称号。

公司参与了5.0、7.0药用玻璃、玻璃仪器和耐热玻璃器皿国家标准的起草工作。主持起草了《微波炉玻璃托盘》《硼硅玻璃管道》等多项国家标准，核心参与了《耐热玻璃标识》等行业管理规范的制定，拥有20余项专利技术。

2001年12月，公司被中国日用玻璃专业委员会推选为副主任委员单位。

2003年8月，公司被推选为山东省包装协会副会长单位。

2004年6月，公司被推选为全国玻璃仪器标准化技术委员会副主任单位。

2006年3月，公司被山东省日用硅酸盐工业协会推选为副理事单位。

2009年11月，公司被选为山东省日用硅酸盐工业协会常务理事单位。

2009年，公司被选为中国医药包装协会玻璃容器专业委员会副主任单位。

2012年，公司被推选为中国日用玻璃协会副理事长单位。

2013年，公司被推选为中国医药包装协会副会长单位。

四、本单位大事记

1995年10月，济南三威有限责任公司玉皇庙分公司破土动工，生产高新技术产品高硼硅玻璃，从此由医药玻璃包装行业跨入太阳能行业，揭开了力诺集团发展的新篇章。

1996年4月，济南三威有限责任公司玉皇庙分公司1号炉点火，经过3个多月的技术攻关和探索，生产出具有高附加值的高硼硅毛坯管。

1996年10月，3号炉药用玻璃生产窑炉施工建设，从此奠定了力诺集团在医药包装行业的地位，同时和公司药包材安瓿、小瓶的生产形成一体化。

2000年5月，公司成功引进4台意大利安瓿、小瓶机，开始介入药包材中性硼硅玻璃产品的生产。

2001年，公司开始进行产品结构调整，分别介入压制器皿和吹制电光源产品，由原来的5个车间增加到7个车间，引进国际先进的压机设备和技术，生产微波炉用玻璃托盘、高档耐热器皿，进入耐热玻璃产品领域。引进国际先进的设备和技术，生产电光源玻壳产品，进入电光源玻璃行业。

2002年4月，济南力诺控股与胜利油田合资建立的东营力诺玻璃制品有限责任公司在东营市仙河镇孤岛采油区奠基。

2005年4月，济南力诺开始从火焰炉进军全电熔窑炉，先期有两台窑炉改造点火。

2005年10月，力诺硼硅安瓿、小瓶被山东省名牌战略推进委员会、山东省质量技术监督局评为“山东名牌”产品。

2006年6月，顺利通过中国方圆认证委员会方圆认证中心“质量、环境、安全”三合一管理体系认证，标志着济南力诺管理体系水平迈上新台阶。

2008年12月，济南力诺玻璃制品有限公司与美国Wheaton工业公司签署战略合作协议。12月16日，美国Wheaton集团总裁兼首席执行官Stephen R. Drozdow和力诺集团董事、济南力诺董事长孙庆法分别代表双方就力诺玻璃医药包装项目签署战略合作协议。

2009年，成功开发系列保鲜盒、豆浆机、果汁机玻璃杯体，在同行业中引起强烈反响。

济南力诺在2009年中国日用玻璃协会六届二次理事(会员代表)会上喜获多项殊荣。获得“全国日用玻璃行业功勋企业”荣誉称号；公司董事长孙庆法获得“全国日用玻璃行业功勋企业家”荣誉称号。

2010年4月9日，济南力诺位列“中国轻工业日用玻璃行业十强企业”。

2010年6月28日，全国玻璃仪器标技委、全国玻璃容器分标技委2010年年会顺利召开，本次大会由济南力诺公司协办。大会对《玻璃耐沸腾混合碱水溶液侵蚀性的实验方法和分级》《实验室玻璃仪器耐应力检验方法》等国家标准进行了审核，并一致获得通过。其中，济南力诺起草的《硼硅玻璃管道》被定级为国内先进水平。

2010年，济南力诺玻璃制品有限公司与德国JSJ签署战略合作协议。

2012年，筹建济南力诺中性硼硅药用玻璃包装生产线项目，被列入国家产业振兴和技术改造2012年中央预算内投资项目。

2013年，济南力诺被国家科技部认定为“国家火炬计划重点高新技术企业”。

2013年，济南力诺中性硼硅药包材车间被中华总工会授予“全国工人先锋号”荣誉。

2014年，济南力诺顺利通过GB/T23331-2012能源管理体系认证及安全生产标准化二级企业达标验收，为公司持续推进节能减排和安全生产工作奠定了基础。

2014年，济南力诺“中性硼硅药用玻璃包装材料的开发及产业化”项目成功申报济南市科技重大专项项目，获得了专项资金扶持。

力诺玻璃集团济南厂区

力诺玻璃集团中硼硅安瓿机

（撰稿人：刘佳名）

山东景耀玻璃集团有限公司

一、简介

山东景耀玻璃集团有限公司是一家以日用玻璃研发、生产为主，跨行业经营的企业集团。公司现有两个厂区，职工 980 人，占地面积 30 万平方米，资产总计 5.45 亿元。现有玻璃窑炉 5 座，年产日用玻璃 20 万吨、高档深加工瓶 3000 万只，综合实力名列同行业前列。

多年以来，公司大量引进具有国际领先水平的玻璃窑炉及瓶罐检测设备，技术装备水平不断提升，产品质量稳定可靠。现有先进的制瓶设备 10 台(套)，在线检验机 10 台，烤花、蒙砂瓶生产线 3 条，综合装备水平国内领先。

二、历史沿革

1971 年 4 月 23 日，莒南县铁矿筹建委员会成立。6 月 1 日，莒南县铁矿正式开工，隶属莒南县工业局。

1979 年 5 月 17 日，莒南县铁矿更名为“山东临沂坪上铁矿”，隶属临沂地区行署冶金工业局。

1983 年 9 月 26 日，山东临沂坪上铁矿更名为“山东临沂坪上玻璃厂”，隶属临沂地区行署第一工业公司、临沂市第一轻工业局。

1999 年 2 月 18 日，坪上玻璃厂二车间改制为临沂景耀玻璃有限责任公司。

2005 年 12 月，收购坪上玻璃厂有效资产，改制为山东景耀玻璃集团有限公司。

历任主要领导

机构名称	姓名	职务	任职时间
莒南县铁矿筹建委员会	李洪梅	主任	1971.4～1971.9
莒南县铁矿革委会	田宝昌	主任	1971.9～1976.11
莒南县铁矿	王德峰	矿长	1976.11～1979.5
山东临沂坪上铁矿	王德峰	矿长	1979.5～1983.9
山东临沂坪上玻璃厂	李洪梅	厂长	1984.9～1998.4
山东东方玻璃有限公司	李洪梅	董事长	1990.12～1998.4
	唐顺富	董事长	1998.5～2005.12
山东临沂坪上玻璃厂	唐顺富	厂长	1998.5～2005.12
临沂景耀玻璃有限责任公司	唐顺富	董事长	1999.2～2005.12
山东景耀玻璃集团有限公司	唐顺富	董事长	2005.12～2010.12
	唐　永	董事长	2010.12 至今

现任领导班子成员：

董事长：唐　永

经　理：薄文才　张守录　宋开臣　文凤兵　邱绪刚

总工程师：于国明

三、主要成绩

公司先后荣获“国家高新技术企业”“中国专利山东明星企业”“山东省著名商标”“山东材料行业优势企业”“安全生产标准化二级企业”“省级守合同重信用企业”“临沂市民营经济百强企业”“市级安全文化建设示范企业”“山东省轻工业成长型先进企业”“山东省轻工业诚信经营企业”“工行 AA+信用等级”等称号。BMT20A 型玻璃制品蒙砂机获 1995 年山东省科技进步二等奖。现已拥有临沂市企业技术中心、临沂市钡晶质包装材料工程技术中心、市级一企一技术研发中心、临沂市轻量化玻璃材料工程技术中心 4 个市级技术创新平台。主导产品啤酒瓶被评为“山东轻工名牌产品”“中国日用玻璃行业名优产品”称号。

四、本单位大事记

1972 年 4 月 1 日，莒南县铁矿选矿厂打桩放线，动工兴建。同年 12 月 25 日竣工试生产。

1976 年 5 月 14 日，铁矿炼铁厂破土动工，同年 7 月 4 日建成，8 月 1 日放出第一炉铁水。

1977 年 5 月 1 日，铁矿自行设计、制造、安装建成年产 2000 吨炉渣水泥厂一座，命名为“三八水泥厂”。

1980 年 12 月 2 日，经临沂地区经委批准，铁矿转产日用玻璃制品。

1983 年 5 月 1 日，第一条日用玻璃生产线正式滴料生产。

1984 年 5 月，玻璃圆炉厂房建设开始，同年竣工投产。

1990 年 12 月 18 日，与香港振云有限公司合资成立山东东方玻璃有限公司。

1991 年 10 月 21 日，山东东方玻璃有限公司生产的芦笋罐头瓶质量达到了进口产品标准，被山东省计划委员会批准为“以产顶进”产品，结束了我国出口罐头靠进口瓶的历史。

1992 年 7 月 30 日，经国务院经济贸易办公室等部门批准，临沂坪上玻璃厂被划分为国家大型（二）企业。

1999 年 1 月，经临沂市政府批复，由职工持股组成临沂景耀玻璃有限责任公司。2 月 2 日，公司创立大会召开。

2000 年 5 月，利用银行封闭贷款，三号分厂建成投产，使常年闲置的资产得以盘活。

2001 年 4 月，经临沂市政府批准，由职工入股买断德国产防伪瓶套机，组建了临沂景升酒业包装有限公司，生产防伪瓶套与瓶子配套销售。

同年 4 月 19 日，临沂景升酒业包装有限公司创立大会暨第一次股东代表大会召开。

2002 年 9 月 12 日，临沂锦坪矿业有限公司成立大会召开。

2010 年 6 月 26 日，产品深加工研发中心正式动工建设。经过 3 个月的施工，投入运营。

2011 年 4 月 6 日，公司临沂市钡晶质包装材料工程技术中心获得临沂市科技局批准组建。

2013 年 12 月 16 日，轻量化啤酒瓶生产线滴料投产。

五、对行业发展的贡献

在装备技术方面积极向国际先进水平看齐，完成研发项目 32 项，年均科技成果转化 10 余项，分别转化成了产品、样品等。申报并获授权外观设计专利 4 项、实用新型专利 6 项，受理发明专利 2 项。主持制定国内首个企业标准（330 mL 轻量一次性用啤酒瓶），参与修订地方标准两项（日用玻璃能耗限额、日用玻璃窑炉保温技术导则），现已颁布实施。

近年来，承担轻量化玻璃包装材料研究与开发、轻量化啤酒瓶生产技术研发、蓄热式马蹄焰轻量瓶玻璃窑炉工程等项目，已通过专家验收和成果鉴定。与会专家一致认为，轻量化啤酒瓶生产（NNPB）综合技术达到国内先进水平。

山东景耀玻璃集团有限公司新厂区俯瞰(效果图)

山东景耀玻璃集团有限公司新厂区一角

(撰稿人:付　震)

Shandong Cailiao 100 Jia

陶瓷企业

山东统一陶瓷科技有限公司

一、简介

山东统一陶瓷科技有限公司是一家专业生产和经营仿古砖、艺术砖和高科技产品“防静电陶瓷砖”的“山东省高新技术企业”，隶属山东淄博建陶工业园，是一家民营企业。截至2012年底，资产总额1.83亿元，营业收入2.29亿元，利税2022万元，利润1637万元，仿古砖、防静电陶瓷砖产量817万平方米（均位列同行业第一）。公司现有员工909人，其中工程技术人员110人。

二、历史沿革

公司成立于2003年12月9日，企业注册名称为“淄博统一陶瓷有限公司”，2010年7月1日变更为“山东统一陶瓷科技有限公司”，2011年12月21日公司成立旗下山东电盾科技有限公司。自公司成立至今，董事长为袁国梁。

2012年领导班子成员为：袁国梁、柳胜铷、潘绍云、王家礼、邱贻忠、孙运华。

山东统一陶瓷科技有限公司自2014年起发展为6家公司：

（一）山东统一陶瓷科技有限公司

山东统一陶瓷科技有限公司自2003年创建起，就坚持科技兴业、科技创业和高端产业，致力产业升级，是我国江北仿古砖生产和研发的领航者。目前公司拥有国家发明专利24项，拥有的“瓦伦蒂诺”“潘帕斯”“尚标”“乐威”四大品牌产品被誉为引领陶瓷行业走向创新之路和转型升级快车道的一面旗帜。

总经理：袁国栋

（二）淄博奥梁国际贸易有限公司

2008年3月，创建淄博奥梁国际贸易有限公司，公司主要为建筑陶瓷出口所成立，公司以优质的服务和可靠的信誉得到国外客户的信赖，已拥有国外客户近100家。

总经理：张艳蓉

(三)山东电盾科技有限公司

2011 年 11 月,成立山东电盾科技有限公司,该公司专门研发生产功能陶瓷、防静电陶瓷系列产品,并取得技术突破。

总经理:潘绍云

(四)淄博大业陶瓷技术有限公司

2012 年 3 月,成立了淄博大业陶瓷技术有限公司,该公司是淄博市建陶行业公共服务平台,是具备产学研的企业,是淄博市新型建材、功能陶瓷产业服务体系的核心服务机构,依托山东省院士工作站、山东省企业技术中心及清华大学、北京化工大学、北京航空航天大学、山东理工大学等高等院校,进一步打造成新型建材、功能陶瓷产业公共服务平台。

总经理:袁文慧

(五)山东维统科技有限公司

2013 年 8 月,成立山东维统科技有限公司,该公司是中外合资公司,引进 4 项国际发明专利。2014 年 8 月 6 日,公司成功生产出全球第一片用粉煤灰 40%做原料的陶瓷砖并开始量产,被誉为世界建材领域保护生态环境的一场绿色革命。

总经理:Sandor Koszo

(六)山东毛豆科技网络有限公司

2014 年 1 月,成立山东毛豆科技网络有限公司,该公司是一家集电子商务基础性研究、数据分析技术开发、品牌营销策划、分销渠道建设、政府及企业电商服务、物流等多种业务于一体的现代化电子商务信息服务公司。

总经理:宁祺超

三、主要成绩

公司依靠科技进步促进企业发展。拥有国家专利 19 项,其中发明专利 7 项,实用新型专利 4 项,外观设计专利 8 项。企业先后获得“山东省高新技术企业”“山东省防静电陶瓷工程技术研究中心”“山东省院士工作站”“山东省认定企业技术中心”“山东省一企一技术研发中心”、联合国环境规划署“节能环保新型示范企业”“中国陶瓷行业十大最具竞争力企业”“中国陶瓷十大创新企业”等荣誉称号 75 项。产品荣获“中国仿古砖十大品牌”“山东名牌”“中国名优品牌”“中国建筑陶瓷知名品牌”等。旗下“瓦伦蒂诺”品牌获“中国驰名商标”,“潘帕斯”获“中国瓷砖十大品牌”,“乐威”获得“中国全抛釉十大品牌”等荣誉称号。

防静电陶瓷砖获国家发明专利,起草的国家强制性制定标准《防静电陶瓷砖》2012 年 4 月 1 日起颁布实施。防静电陶瓷系列产品于 2012 年 4 月被山东省政府确定为“山东省重点建设项目”。公司通过了 ISO9001:2000 质量管理体系认证、ISO14001 环境管理体系认证、ISO10012 测量管理体系认证、标准化良好行为体系认证、清洁生产认证、3C 认证、CE 认证等多项认证。2009 年 12 月,“电盾牌”防静电陶瓷砖获得“新中国 60 年山东百家领袖品牌”荣誉称号。

四、本单位大事记

2003 年 12 月 9 日,淄博统一陶瓷有限公司成立。

2005 年,公司旗下品牌“瓦伦蒂诺”诞生,第二条生产线建成投产,率先在江北生产仿古砖产品。同时开始了防静电陶瓷砖的研发与攻关。

2007 年 8 月,公司旗下品牌“潘帕斯”诞生,第三条生产线建成投产。10 月,投资 1000 多万元新上仿古砖生产一线,从此公司开始生产各种工艺仿古砖。

2009 年 4 月,公司旗下“尚标”品牌诞生。

2010 年,投资 300 多万元新上抛光线一条,成功生产全抛仿古砖。

2012 年,投资 1000 余万元新上 3 台喷墨打印机,生产喷墨 3D 系列仿古砖。

五、对行业发展的贡献

率先在我国江北生产仿古砖产品,带动了江北地区行业新产品仿古砖的生产与销售。

自主创新攻克世界性技术难题“防静电陶瓷砖”,改变了行业陶瓷砖的传统性能。产品先后被“神七”载人航天飞船控制装配中心、航天科技总公司空间技术研究院、北京博纳电子等高科技领域 100 多项重点工程所采用。防静电系列产品被山东省政府确定为“山东省重点建设项目”,公司成为全球唯一一家具备产、学、研防静电陶瓷核心专利技术的省级高新技术企业。

2014 年 8 月 6 日，全球第一片粉煤灰制砖问世照片

山东统一陶瓷科技有限公司产品展示厅

（撰稿人：邱贻忠）

淄博泰山瓷业有限公司

一、简介

淄博泰山瓷业有限公司成立于1998年，位于山东省淄博市淄川区泰山瓷业路88号，是一家研发、生产、销售高档饭店宾馆用瓷、工艺美术陶瓷和高科技陶瓷的科技文化型生产企业，公司注册资本870万元，占地面积80亩，厂房面积28000平方米。截至2014年底，公司总资产6917万元，正式员工365人。

二、历史沿革

公司成立于1998年，是由原国营企业淄博瓷厂洪山分厂改制而成，公司董事长、总经理卢德国任职至今。原淄博瓷厂洪山分厂前期主要生产大缸粗陶类产品，之后部分生产出口瓷，改制成立公司后，产品方向定位由大缸、普通出口瓷改为高档饭店宾馆用瓷，近几年，逐步向陶瓷文化创意产业转型，向高科技陶瓷发展。

历任主要领导

机构名称	姓名	职务	任职时间
淄博瓷厂供销公司	卢德国	经理	1992.5～1997.12
淄博泰山瓷业有限公司	卢德国	总经理	1998.1至今
	卢德国	党支部书记	2000.7至今

现任领导班子成员：

党支部书记、总经理：卢德国

常务副总经理：张广文

副总经理：宋　燕

副总经理、工会主席：卢德利

三、主要成绩

公司先后荣获“中国陶瓷行业杰出企业”“中国陶瓷行业名牌产品”“国家免检产品”“山东名牌”“山东省著名商标”等称号，获省级以上新产品、工艺美术评比各类奖项116项。公司董事长、总经理卢德国当选为中国陶瓷工业协会副理事长、山东省陶瓷协会监事长、山东工艺美术协会副理事长，荣获“中国陶瓷行业杰出企业家”称号、山东省中青年突出贡献奖、山东省支援大西北建设贡献奖等。

公司承担的“水晶骨瓷工艺与文化创新”是文化部与淄博市部地共建国家文化创新工程项目，是该年度8个国家重点文化创新工程项目之一；“高强度多孔陶瓷材料及模具研制”列入2012年度省科技型中小企业技术创新基金，填补了国内空白；“低温烧结高温使用的陶瓷辊棒的研制”和“快速降解生物陶瓷的研制”分别列入2007年度、2011年度淄博市科学技术发展计划项目，是高科技功能陶瓷，处于国内领先水平；目前公司主导产品镁质强化瓷，是国家发明专利产品，国内市场占有率排名第一；鲁青瓷是国家级非遗重点保护产品，全国独有；新近投产的水晶骨瓷和水晶玉瓷，是国家发明专利产品，其生产技术国内独有，世界领先；公司拥有7项国家专利，其中发明专利5项：《强化钙镁瓷》《陶瓷产品成型方法及陶瓷多功能成型机》《陶瓷质模型》《水晶瓷及制备方法》《矿物骨粉、水晶骨质瓷及生产方法》，实用新型专利1项：《陶瓷循环干燥成型机》，外观设计专利1项：《餐饮具和谐三宝》，具有独立的知识产权。公司通过了ISO9000质量、环境双认证，被评为“2007～2010年度山东材料行业优势企业”。

公司参与了山东地方标准《淄博陶瓷合成骨质瓷器》《淄博陶瓷镁质强化瓷器》《陶瓷隧道窑节能技术改造导则》《日用陶瓷工业废弃物再利用技术规范》《陶瓷企业节能管理技术规范》《日用陶瓷产品能耗限额》及国家标准《镁质强化瓷器》的起草。

四、本单位大事记

1998年2月11日，淄博泰山瓷业有限公司成立。

1999年8月，公司为中国驻前南大使馆生产外交专用瓷。

1999年12月，公司为澳门回归生产庆典专用礼品瓷。

2002年2月，泰山瓷业技术中心成立。

2004年7月，公司由原洪山分厂迁到现泰山瓷业路新址。

2004年9月，山东轻工业学院教学实验基地建立。

2005年8月，山东陶瓷行业公共技术服务平台成立。

2005年9月，举办首届中国（淄博）国际木火节（至今已举办10届）。

2007年8月，山东理工大学教学实验基地建立。

2007年12月，公司技术中心被省政府认定为“省级企业技术中心”。

2008年7月，公司为北京奥运会生产专用宾馆瓷。

2009年5月，山东工艺美术学院教学实验基地建立。

2009 年 8 月，公司被省旅游局评定为“山东省工业旅游示范点”。

2009 年 9 月，“淄博陶瓷烧制技艺”被省政府确定为省级非物质文化遗产，公司成为该非遗项目唯一传承保护单位。

2010 年 9 月，公司被授权使用“淄博陶瓷当代国窑”地理标志。

2011 年 5 月，公司技术中心被省政府认定为“山东省工业设计中心”。

2011 年 6 月，“淄博陶瓷烧制技艺”被国务院确定为国家级非物质文化遗产，公司成为该非遗项目唯一传承保护单位。

2012 年 5 月，公司成立山东国瓷陶瓷文化艺术研究院。

2013 年 7 月，齐鲁工业大学产学研基地揭牌。

2014 年 11 月，山东艺术学院“泰山瓷业文化艺术研究院”及“金种子孵化基地”落成揭牌。

五、对行业发展的贡献

公司承担完成的国家文化创新工程项目“水晶骨瓷工艺与文化创新”，为我国陶瓷行业在材质创新、工艺创新和文化创新方面做出一个示范，带动了全国陶瓷文化事业健康发展。

“高强度多孔陶瓷材料及模具”研制成功，并获得国家发明专利，利用陶瓷废瓷粉代替石膏矿石生产高强度陶瓷模具，一方面使废瓷粉废物利用，另一方面能大量节省矿藏资源，保护国土资源环境，最主要的是能增加模型使用次数，提高陶瓷产品质量，解决了日用陶瓷行业长期以来石膏模型使用次数少、产品质量差的技术难题，对推动日用陶瓷行业技术进步起到了促进作用。

强化钙镁瓷、水晶瓷、水晶骨瓷、水晶玉瓷等相继研发成功并投入生产，先后获得国家发明专利，是全国日用陶瓷行业进入 21 世纪新研制的几个新瓷种，为全国日用陶瓷行业提质上档、节能环保、调整产品结构提供了材质方面的技术储备，为中国陶瓷赶超国际先进水平奠定了基础。

淄博泰山瓷业有限公司正门

淄博泰山瓷业有限公司全自动控制隧道窑

（撰稿人：张广文）

山东省安华瓷业股份有限公司

一、简介

山东省安华瓷业股份有限公司成立于1998年，专业从事高、中档陶瓷容器的研发生产，集科研、开发、生产、销售、服务于一体，产品主要有陶瓷新材料吨缸、低温节能型陶瓷酒瓶、“安华彩”陶瓷新材料容器、安华功能养生瓷4大类，是全国陶瓷容器生产企业前三甲，产品销往全国各地。公司拥有先进的生产线9条，年生产能力5000余万件。

2014年，实现销售收入2.4亿元，利税7000万元，利润总额3800万元，低温节能型陶瓷酒瓶产量4354万件，公司总资产达到2.5亿元，居行业首位。

二、历史沿革

1987年6月，王玉双任承包法人代表(厂长)，集体承包人有于光春、徐世荣、姜连治、王志安、李振华。

1989年8月，魏清海任书记，领导班子有于光春、徐世荣、石洪庆。10月，由徐世荣任代理厂长，12月任承包厂长、法人代表，魏清海任书记，于光春、王志安任副厂长，石洪庆任工会主席的厂领导班子。

1995年8月，王志安任陶瓷厂法人代表。

1998年6月，成立股份制公司——山东省安华瓷业有限公司，王志安任董事长兼总经理，李振华、李德广为副总经理。

2001年，聘任王志平为公司总经理，邵海勇为行政副总，李振华为生产副总，李德广为销售副总。

2011年，完成股份制改造，在天津交易所挂牌上市。

2012年，完成融资6000万元，同时购买东区新厂，上吨缸生产项目。

历任主要领导

<table>
<tr><th>姓　名</th><th>职　务</th><th>任职时间</th></tr>
<tr><td>王玉双</td><td>厂长</td><td>1987.6～1991</td></tr>
<tr><td>徐世荣</td><td>厂长</td><td>1991～1995</td></tr>
<tr><td>王志安</td><td>厂长</td><td>1995～1998.9</td></tr>
<tr><td>王志安</td><td>董事长兼总经理</td><td>1998.9～2001.6</td></tr>
<tr><td>王志安</td><td>董事长</td><td rowspan="2">2001.6 至今</td></tr>
<tr><td>李振华</td><td>总经理</td></tr>
</table>

现任领导班子成员：

董事长：王志安

总经理：王志平

分厂总经理：李振华

总工程师：金科名

副总经理：邵海勇　赵　文　司红军

财务总监：王秀珍

设计总监：冯丽莉

艺术总监：王　威

三、主要成绩

公司先后被评为“德州市慈善捐赠先进单位”“平原县新功臣”“平原县最具爱心企业”“德州市知名商标”“山东省高新技术企业”“山东省双爱双评先进企业”“市级卫生先进单位”“新增省级工业旅游示范点”“兴德先锋基层党组织”“德州市思想政治工作先进单位”“山东省著名商标”“2012 年度全市管理创新工作先进单位”“关心支持国防建设先进单位”等称号；并获得山东省中小企业产学研合作创新奖、山东省中小企业科技进步二等奖、德州市慈善奖等奖项。

四、本单位大事记

1987 年 6 月，贯彻落实国务院有关文件，实行企业租赁承包，租赁期为 1987 年 6 月～1989 年 6 月。1988 年，废掉了耗煤多、浪费高的 20 世纪 50 年代窑炉（90 立方米、60 立方米），新上一条节能 40 米长煤烧隧道窑，窑炉与厂房总投资 45.5 万元。

1991 年，修建了辊道烤花窑。

1996 年，专业生产陶瓷酒瓶，设计研制成功的“陶瓷防伪盖”用于各种造型酒瓶。

2000 年，投资 150 万元，新建 2 座 5 立方米梭式窑，实现产值 820 万元，利税 53 万元。

2001 年，收购原塑料厂，投资 186 万元，新建 2 座 6 立方米校式窑。11 月，顺利通过了 ISO9001:2000 国标标准质量体系认证。

2003 年，投资 300 万元，建成年产 700 万件的 56 米、年产 400 万件的 38 米天然气隧道窑，将原燃煤窑改为燃气窑。

2004 年 8 月，收购平原镇纸箱厂。

2005 年 1 月，40 米辊道烤花窑正式投产。

2011 年 8 月，公司在天津股权交易所挂牌。

2012 年，公司在江西并购了景德镇博智陶瓷有限公司。

2014 年 5 月，成立山东安城置业有限公司，正式进军房地产行业。

五、对行业发展的贡献

通过长期的技术攻关，公司在陶瓷新材料创新方面取得了不小的成绩，低温节能型陶瓷酒瓶就是其中之一，产品的烧成温度有了较大程度的降低，从原来的 1330 ℃已经降低到目前的 1180 ℃左右，有效地节约了能源，对行业发展起到了示范带头作用。在产品性能方面，选用不含铅镉的原料，采用先进的配料工艺技术，使产品的吸水率、铅镉溶出量、表面光泽度、机械强度和硬度方面都处于行业领先地位。生产工艺方面，通过对设备的改造和创新，使工人劳动强度大幅降低，生产效率和产品质量及稳定程度方面都有了很大提高。

“安华彩”新概念陶瓷酒瓶用全新的概念设计酒瓶，引领客户的需求。不仅要让酒瓶使用者感受到它厚积薄发的传统文化，而且还要在使用功能上有所突破，具有较高的使用和收藏价值。“安华彩”新材料酒瓶由于在釉料中添加了新材料功能陶瓷粉，从而生产出的产品性能优于传统的陶瓷酒瓶，能够加速酒品的陈熟老化，大大改善酒品口感。该功能酒瓶与普通酒瓶盛装白酒的对比，已经通过了专家部门的鉴定。“安华彩”装饰工艺提高了酒瓶档次，深层次地表现了我国悠久璀璨的“陶瓷文化与酒文化”的完美结合。“安华彩”酒瓶既可以用来盛装白酒，也可以作为工艺摆设，装点现代人的家居生活。

山东安华瓷业股份有限公司产品推介会

山东安华瓷业股份有限公司正门

（撰稿人：金科名）

烟台明珠陶瓷科技有限公司

一、简介

烟台明珠陶瓷科技有限公司是一家专业生产和经营陶瓷阀门及陶瓷耐磨件的高新技术企业，隶属烟台市福山区东厅工业园。截至2014年底，资产总额8000万元，营业收入1.3亿元，利税1300万元，利润1100万元，年生产陶瓷球阀2400台，陶瓷旋锥阀1200台，陶瓷管道3000米，陶瓷耐磨件4600件。其中陶瓷旋锥阀填补了国内空白，公司为国内首家生产陶瓷旋锥阀的厂家。公司现有员工50人，其中工程技术人员26人。

烟台明珠陶瓷科技有限公司成立以来，不断追求科技的创新，与国内院校、科研院所建立了密切的合作关系，烟台特种陶瓷材料研究室是本单位的技术依托，该研究室现有工作人员42人，其中技术人员26人，高级工程师以上职称人员12人，博士6人，现从事高科技陶瓷阀门研制开发的人员8人，先后开发了复相增韧（氧化钇、氧化铈）稳定的氧化锆陶瓷球阀、适用于多晶硅行业的无压烧结碳化硅滑板阀、适用于富钛料合成的氮化硅陶瓷盘阀及陶瓷滑板阀等高技术陶瓷产品。

公司主要品牌有"明珠"球阀（"中国著名商标"）、"明珠"旋锥阀（"中国陶瓷阀门十大品牌"）等著名品牌。

二、历史沿革

公司成立于2005年2月12日，企业注册名称为"烟台明珠阀业有限公司"，2012年2月21日变更为"烟台明珠陶瓷科技有限公司"。公司注册资金由公司成立之初100万元到2012年2月21日变更为500万元，2013年9月12日由500万元变更为1000万元。自公司成立至今，董事长为步瑞章。

现任领导班子成员：

董事长：步瑞章

总经理：步志俊

副总经理：袁文瑞　李鹏震

财务总监:王晓飞
技术总监:鲍玉龙
销售总监:李瑞昌

三、主要成绩

公司依靠科技进步,促进企业发展。独特的烧结工艺曲线让陶瓷件的性能与同行业其他产品相比更加稳定。其中陶瓷球阀拥有国家发明专利,陶瓷旋锥阀拥有实用新型专利。2014 年,公司被确定为烟台市福山区重点扶持中小高科技企业、福山区"聚福英才计划"对口单位、烟台技术工程学院学生实习基地、山东大学陶瓷氧传感器合作研究单位、中国兵工集团 53 研究所协作单位。2014 年通过中国防腐协会验收,获得中国特种设备生产许可证(AX 级),成为江苏中能硅业陶瓷阀门指定供应商、中国神华网络供应商。

产品在全国同行业名列前茅,广泛应用于电厂脱硫、多晶硅行业及煤矿、化工合成领域等。

四、本单位大事记

2005 年 2 月,开始组建公司,同年 2 月 12 日,成立烟台明珠阀业有限公司,注册资金 100 万元。

2006 年,烧结工艺成熟,组建了第一条烧结生产线。

2007 年,有了完整的销售体系,国内市场打开。

2008 年,公司组织 10 多名中高级技术人员,投入 100 万元研发资金,组建了陶瓷材料实验室,开始了氮化硅、碳化硅粉体的研制。投资 600 万元购买了德国单立柱多磨头万能工具磨 2 台。同年,公司被江苏中能选为长期设备供应商。

2009 年,第二条烧结生产线成立,装配独立车间成立。开始研发陶瓷旋锥阀。

2010 年 5 月,莱阳市招商引资办与新加坡客户来我公司考察,并确立初步合作意向。公司生产的陶瓷磨料首次销往新加坡。

2011 年 8 月,申请陶瓷球阀发明专利。总经理步志俊被莱阳市沐浴店镇政府评为"十大杰出创业青年"。同年,碳化硅、氮化硅粉体制备研发成功,公司规模由原来的 900 平方米扩大到 1200 平方米。

2012 年 3 月,公司对各级管理干部和全体员工进行了全面系统的 OEC 学习培训。11 月,组织全体员工至海南参加拓展训练,进一步增加了员工之间的团队合作力。

2013 年,因公司发展需要,搬迁至烟台市福山区,区委部分领导到我公司参加了开业剪彩。4 月份旋锥阀实用新型专利申请成功,并初步获得订单 300 多万元,成为陶瓷旋锥阀唯一供应商,其技术水平被权威部门评定为国内领先。10 月,与烟台技术工程学院签订院校合作计划,成为烟台技术工程学院学生实习基地。

2014 年,我公司获得山西投资商袁文瑞以及济南投资商李鹏震共计 3000 万元的投资。5 月份开始与山东大学等高校接洽,初步确定与山东大学合作汽车用陶瓷氧传感器项目。2014 年 7 月获得政府创新基金 100 万元。2014 年 8 月，烟台市经信局来我公司考察，商谈公司上市事宜，并确定于 2016 年 6 月公司挂牌新三板。

五、对行业发展的贡献

1. 烟台明珠陶瓷科技有限公司是全国首家生产陶瓷旋锥阀的企业，填补了陶瓷应用于旋锥阀中的空白。该产品目前广泛应用于造纸厂的纸浆系统，碱厂的盐水、蒸馏系统，多晶硅的物流传送系统等领域，促进了化工行业的发展。

2. 烟台明珠陶瓷科技公司生产的磨损自动补偿陶瓷球阀，不仅实现了陶瓷阀座与阀球磨损的自动补偿，而且还能实现阀杆填料的磨损自动补偿，使原有陶瓷球阀的使用寿命提高 1～2 倍，并大幅减少了客户检修维修的时间，减小了客户的使用成本。独特的设计，为陶瓷阀门的组装带来方便，从组装时间来看，新型陶瓷球阀的组装时间只有原有结构陶瓷球阀组装时间的三分之一。

烟台明珠陶瓷科技有限公司生产线一角

烟台明珠陶瓷科技有限公司厂区

（撰稿人：鲍玉龙）

100

Shandong Cailiao 100 Jia

耐火材料企业

山东耐火材料集团有限公司

一、简介

山东耐火材料集团有限公司(以下简称“山东耐材集团”)是山东钢铁集团公司的全资子公司,是由原山东耐火材料厂、山东第二耐火材料厂、青岛耐火材料厂、山东镁矿、山东王村铝土矿等国有企业,以及山东中齐耐火材料有限公司、山东鲁耐窑业有限责任公司、山东恒欣镁业有限公司通过资产重组成立的跨地区大型耐材生产企业集团。公司下设6个子公司、分公司,分布于山东淄博、青岛、烟台等地,其生产历史始于1904年,至今已有110多年的历史。

山东耐材集团主要产品有耐火原料、钢铁及非钢建设用材料、钢铁生产消耗性材料三大类。产品广泛应用于冶金、建材、化工、电子等行业。

2014年实现营业收入9.03亿元,同比降低2.82%。上缴税金6437万元,比上年增长2.58%。截至2014年底,总资产19.79亿元,占地348.6万平方米,在册职工3728人,其中专业技术人员615人。

二、历史沿革

1904年9月,清朝政府投资成立博山玻璃公司,1954年更名为“山东耐火材料厂”。

1917年8月,青岛耐火材料厂前身山东窑业株式会社成立,1955年1月更名为“山东省工业厅青岛耐火材料厂”。

1958年4月,王村耐火材料厂成立,1988年9月更名为“山东第二耐火材料厂”。

1958年10月,经中共山东掖县县委研究批准,改掖县耐火材料厂为掖县镁砂厂;1961年6月更名为“掖县镁矿”;1988年,掖县镁矿更名为“山东镁矿”。

1962年5月,山东王村铝土矿成立。

2000年4月,青岛耐火材料厂改制成立青岛双鹰耐火有限公司,山东王村铝土矿改制成立山东王铝矿业有限公司。

2000年6月,山东第二耐火材料厂改制成立山东王村耐火材料有限责任公司。

2001年1月，山东镁矿改制成立山东恒欣镁业有限公司，5月，山东耐火材料厂改制成立山东鲁耐窑业有限公司。

2003年8月，青岛双鹰耐火有限公司、山东王铝矿业有限公司、山东王村耐火材料有限责任公司改制成立山东中齐耐火材料有限公司。

2010年2月，根据山钢集团《关于同意设立山东耐火材料有限公司的批复》(山钢资字〔2010〕3号)，山东耐火材料厂、山东第二耐火材料厂、青岛耐火材料厂、山东镁矿、山东王村铝土矿以及山东中齐耐火材料有限公司、山东鲁耐窑业有限公司、山东恒欣镁业有限公司等实体公司通过公司制改造和资产重组，设立山东耐火材料有限公司。

2010年9月，经山东省工商局核准，山东耐火材料有限公司完成变更登记注册。

2010年10月，山东耐火材料有限公司正式挂牌。

2011年5月，根据山东钢铁集团《关于山东耐火材料有限公司更名的批复》(山钢资字〔2011〕47号)，组建山东耐材集团。

2011年8月，经山东省工商管理部门核准，公司更名为“山东耐火材料集团有限公司”。

历任主要领导

机构名称	姓名	职务	任职时间
山东耐火材料有限公司	刘　伟	董事长、总经理、党委副书记	2010.2～2011.5
	张玉成	党委书记、副董事长	
	邓亦庭	党委副书记、纪委书记	
山东耐火材料集团有限公司	刘　伟	董事长、总经理、党委副书记	2011.5～2012.12
	张玉成	党委书记、副董事长	
	邓亦庭	党委副书记、纪委书记	
	刘　伟	董事长、党委书记	2012.12至今
	李文亮	总经理、副董事长、党委副书记	
	邓亦庭	党委副书记、纪委书记	

现任领导班子成员：

董事长、党委书记：刘　伟

总经理、副董事长、党委副书记：李文亮

党委副书记、纪委书记：邓亦庭

副总经理：杨卫星　徐文相　潘东华

工会主席：张红三

三、主要成绩

公司先后获得“中冶赛迪优秀耐材供应商”“山东材料行业优势企业”“武钢集团金牌供应商”等称号；公司产品被评为“山东省优质产品”“山东名牌”，并获得国家银质奖、省优质产品奖、冶金工业部质量管理奖、国际欧洲质量奖、山东省冶金科技进步一等奖等奖项。

山东耐材集团与国内权威科研单位合作，承担了国家耐材多项新产品的开发研制任务。完成国家“七五”规划项目 Al_2O_3-SiC-C 砖的研制。获得了山东省冶金科技进步一等奖等奖项多项，科研成果丰硕。

四、对行业发展的贡献

山东耐材集团依托百年企业管理和技术的深厚积淀，以卓越的创新能力和产品品质，致力于为钢铁、建材、化工、电子、军工等行业提供优质耐材。

在 20 世纪 90 年代初，建成我国第一条连铸耐材生产线。目前是中国连铸耐材最大的生产基地之一，推动了钢铁工业连铸技术的快速发展。

公司先后承担国家“七五”规划、“八五”规划、“十五”规划等国家及省部级多项耐火材料新产品的开发任务，是黏土质高炉砖、热风炉用低蠕变高铝砖及黏土砖、铁水预处理用 Al_2O_3-SiC-C 砖等国家或行业标准的第一起草单位。以山东耐材集团为主要起草单位的《铁水运输及预处理用 ASC 砖》《黏土质耐火砖》《耐火黏土可塑性检验方法》3 个行业标准于 2010 年 6 月 1 日开始实施；《红柱石硅线石蓝晶石》标准已得到工信委批准实施。

承担宝钢二、三期工程及新四号高炉配套用耐火材料的生产，促进了当时耐火材料的国产化，节约了大量外汇。目前，已为国内外 50 余座大中型高炉、70 余座大中型热风炉、80 余座焦炉提供优质耐火砖。

在国家重大引进消化吸收“一条龙”项目——“干熄焦技术”开发中，公司是国家干熄焦装置专用耐火材料的唯一定点生产企业。已为 60 余座干熄焦装置累计生产优质干熄焦用耐材 30000 余吨。

从为国内引进的第一条碳素焙烧炉提供优质的低蠕变砖以来，公司已为国内外 50 余座碳素焙烧炉进行供货。公司在碳素焙烧炉用砖方面一直处于国内领先地位，为我国的碳素行业、铝行业的发展做出了突出贡献。

山东耐火材料集团有限公司正门

山东耐火材料集团有限公司高温隧道窑

（撰稿人：刘玉鹏）

山东鲁阳股份有限公司

一、简介

山东鲁阳股份有限公司始建于1984年，历经30余年的发展，现已成为世界第二、亚洲地区规模最大的墙体保温材料和耐火节能材料的制造商，是集产品研发、生产、销售和服务于一体的专业公司。

公司占地面积1900余亩，厂房面积40余万平方米，辖有8个事业部和新疆鲁阳、内蒙鲁阳、贵州鲁阳3家子公司，拥有国家级企业技术中心、博士后科研工作站和山东省陶瓷纤维工程技术研究中心。拥有总资产16.7亿元，注册资本2.4亿元，资产负债率17.8%。拥有员工2014人，大专以上学历人员占全员的80%以上，其中科技活动人员296人，专职研发人员220人。2014年公司实现销售收入11.7亿元，利税2.1亿元，利润1.2亿元。

公司年生产各类耐火、保温、防火、隔热材料30万吨，年销售收入近10亿元，产品国内市场占有率在40%以上，远销美国、加拿大、日本等60多个国家和地区。

公司已连续18年在国内同行业中保持着规模、技术、品种与效益第一的位置。

二、历史沿革

1984年成立山东沂源节能材料厂。1992年9月更名为“淄博鲁阳股份有限公司”，1999年正式定名为“山东鲁阳股份有限公司”。公司股票于2006年11月30日在深圳证券交易所成功上市。2014年与美国联合纤维公司建立战略合作伙伴关系，成为美国联合纤维控股公司。公司主要负责人自建厂起为鹿成滨、盛新太。

现任领导班子成员：

董事长：鹿成滨

总裁、董事：盛新太

常务副总裁、董事：鹿　超

副总裁：郑维金

三、主要成绩

公司获得“国家高新技术企业”“国家火炬计划重点高新技术企业”“国家新材料产业化基地骨干企业”“中国最大的硅酸铝耐火纤维生产基地”“全国守合同重信用企业”“中国专利山东明星企业”等荣誉称号，“鲁阳”商标被国家工商总局认定为“中国驰名商标”；陶瓷纤维纸、陶瓷纤维建筑隔热板、陶瓷纤维复合模块产品被认定为“国家重点新产品”；含锆（高锆）耐火纤维被认定为“国家级新产品”；绝热用硅酸铝纤维及其制品被认定为“山东名牌”“国家免检产品”“中国名牌”。

公司先后获得山东省科技进步奖 2 项，科技进步三等奖 1 项，承担国家火炬计划项目 2 项、国家重点新产品计划 4 项，承担省级科技计划 8 项。申请专利 99 项，获授权 72 项，其中发明专利 23 项。完成山东省科技成果鉴定 42 项，其中 36 项填补了国内空白，10 项成果达到国际先进水平。技术成果位居同行业首位。

公司是我国建筑岩棉国家标准 GB/T25975-2010《建筑外墙外保温用岩棉及其制品》的主持起草单位，是我国陶瓷纤维国家标准 GB/T16400-2003《绝热用硅酸铝棉及其制品》、GB/T3003-2006《耐火材料陶瓷纤维及制品》、GB/T17911-2006《耐火材料陶瓷纤维制品实验方法》的主起草单位。此外，还参与制定了 4 项行业标准。

公司在国内同行业中率先通过了 ISO9001:2008 质量管理体系认证和 ISO14001:2004 环境管理体系认证，通过了英国皇家 UKAS 认证。

四、本单位大事记

1996 年，公司成为中国最大陶瓷纤维生产基地。

2000 年，成为国内首家生产陶瓷纤维纸张的公司。

2003 年，成为国内首家生产可降解陶瓷纤维的公司，同年工装水平达到世界先进水平。

2012 年，引进国外岩棉生产线，成为国内最大的建筑外墙外保温用岩棉生产企业。

2014 年，在国内首先实现了氧化铝多晶体纤维针刺毯国产化制造，打破了该产品依赖国际进口的局面。

2015 年，与美国联合纤维公司实现战略合作。

五、对行业发展的贡献

（一）先进生产技术和装备引领了行业的技术进步

公司设有建筑保温材料研究中心、耐火纤维研究中心、高技术纤维研究中心、耐火砖与浇注料研究中心、检测中心和博士后科研工作站等科研机构，实验室总建筑面积 20000 平方米，拥有各类先进仪器 1000 余台套，仪器设备总值达 9060 万元。

研究中心以面向建筑保温材料和耐火节能材料的关键共性技术问题作为研究攻关方向，以工程化、产业化研究为主导，通过自主创新和技术引进相结合的方式，攻克了建筑保温材料和耐火节能材料产业化的多项关键技术难题，形成了一系列具有自主知识产权的生产技术，如高强度三维岩棉板生产技术、陶瓷纤维建筑隔热板连续化生产技术、防火门芯板生产技术等，均通过了山东省科技厅组织的成果鉴定，技术水平填补了国内空白，达到国内领先或国际先进水平。

(二)突出的生产经营业绩和品牌优势，保持了行业的龙头地位

公司拥有11大类100多个品种规格，产品涵盖建筑外墙保温防火领域以及军工和工业绝热、节能、耐火领域。公司现拥有建筑外墙岩棉板生产线3条，配套岩棉复合夹芯板生产线1条，年产岩棉板及其制品10万吨，为我国岩棉制品产量最大的生产公司，仅次于Rockwool岩棉国际，位居世界第二；拥有陶瓷纤维建筑隔热板生产线2条，年产建筑保温板4万吨，是国内唯一一家生产陶瓷纤维建筑隔热板的企业；拥有珍珠岩复合墙体板生产线1条，年产量达1万吨；拥有硅酸镁纤维保温毯生产线2条，年产硅酸镁纤维保温毯1万吨。共计生产建筑保温材料约16万吨，为我国最大的建筑保温材料生产基地。

公司拥有陶瓷纤维、耐火砖、浇注料等耐火材料生产线30多条，年产工业用绝热、节能、耐火材料约10万吨，系我国最大的耐火陶瓷纤维生产基地，规模优势显著。

(三)具有节能减排示范带动作用

公司产品主要是建筑领域的保温防火材料，如岩棉板、陶瓷纤维建筑隔热板、珍珠岩复合墙体板、硅酸镁保温纤维毯等，产品具有A级不燃特性，保温防火效果好，契合了国家建筑节能、防火方面的重大需求，具有节能减排示范带动作用。

此外，公司生产的耐火纤维制品主要满足工业、冶金、石化、电力等领域对节能降耗、隔热的需求。经权威部门测算，每生产1吨耐火纤维，可节约200吨标煤。截至目前，公司共生产耐火纤维毯、板、毡、模块约100万吨，共节省约2亿吨标煤，节能减排效果显著。

山东鲁阳公司办公楼

山东鲁阳公司研发中心内部

（撰稿人：李呈顺）

济南钢铁集团耐火材料有限责任公司

一、简介

济南钢铁集团耐火材料有限责任公司注册资本16229.24万元，占地810亩，截至2014年底，总资产4.14亿元，职工1165人，其中专业技术管理人员204人，技师以上高级工人37名，年生产总量120万吨以上。

公司以碱性耐火材料、冶金炉料和冶金辅料为主导产品，共3大系列、80多个品种、300多种规格。各生产系统基本实现了自动化生产与在线监控，深加工能力和技术装备居国内先进水平。

二、历史沿革

公司始建于1957年7月。1957年7月25日，章丘县人民政府为发展地方工业，开发地下矿产资源——硬质黏土，投资5000元成立章丘县焦宝石厂。

1958年7月，章丘县人民政府决定在明水镇西麻湾建设章丘县炼焦厂。

1958年8月，济南市人民政府决定在章丘县明水镇建设年产15吨的济南第三钢铁厂，后改名为“明水铁厂”；10月中共济南市委决定在明水镇建济南耐火材料厂。

1959年4月，章丘县政府决定将县炼焦厂并入章丘县焦宝石厂，改名为“章丘县硬质黏土矿”。

1960年，章丘县在明水镇建明水材料(陶瓷)厂。

1961年6月，中共泰安地委决定，明水铁厂下马，并入济南耐火材料厂。

1961年8月，济南耐火材料厂、明水材料(陶瓷)厂、章丘县硬质黏土矿合并成立泰安地区明水黏土矿。

1966年11月8日，明水黏土矿、明水浅井黏土矿两矿合并成立山东明水浅井黏土矿，划归山东省冶金工业厅管辖。

1982年4月，山东省冶金工业厅批准，将山东明水浅井黏土矿更名为“山东明水铝土矿”；1989年1月1日，山东省冶金工业总公司决定，将山东明水铝土矿整建制划归济南钢铁总厂，更名为“济南钢铁总厂明水铝土矿”。

1998年7月，济南钢铁集团总公司对明水铝土矿实行母子公司体制改革，更名为“济南钢铁集团总公司耐火材料厂”。

2007年10月，由济南钢铁集团有限公司（股权比例26.37%）和企业内部职工（股权比例73.63%）共同出资成立济南钢铁集团耐火材料有限责任公司。

公司现设有股东会（由法人股东1人、自然人股东代表12人组成）、董事会（由5人组成，其中1人为济钢集团有限公司委派）和监事会（由3人组成，设监事会召集人1人），经理层由5人组成。下设4个生产厂：冶金炉料一厂、二厂，耐火材料分厂，冶金辅料厂；5个全资子公司：济南济耐冶金炉料有限公司、济南济耐钢材销售有限公司、济南济耐工贸有限责任公司、济南隆达汽车运输有限责任公司、平阴明铝冶金炉料有限责任公司。

企业体制改革历程（1957～2014年）：

1966年11月，明水黏土矿、明水浅井黏土矿合并成立山东明水浅井黏土矿。

1968～1978年，实行革委会负责制。

1978～1989年，实行矿长负责制。

1979年，实行部室管理，成立四部一室。

1994年，改为科室制管理。

1997年，实行厂长负责制。

2007年10月，实行公司制管理。

历任主要领导

企业名称	姓名	职务	任职时间
章丘县焦宝石厂	樊宜树	党支部书记	1957.7～1961.8
	杨喜华	厂长	
章丘县炼焦厂	谢守信	党支部书记	1958.7～1961.8
	韩旭亮	厂长	
章丘县硬质黏土矿	时景水	党总支书记	1959.4～1961.8
	樊宜树	矿长	
济南耐火材料厂	李耘东	党委书记	1958.10～1961.8
	巴堂华	厂长	
明水铁厂	王兆年	党委书记	1958.8～1961.8
	张汉卿	厂长	
明水材料（陶瓷）厂	王盛仁	党支部书记	1960.4～1961.8
	刚守祥	厂长	
泰安地区明水黏土矿	吴　双	矿长	1962.5～1966.11
	路怀长	矿长	

续表

<table>
<tr><th>企业名称</th><th>姓名</th><th>职务</th><th>任职时间</th></tr>
<tr><td rowspan="2">明水浅井黏土矿</td><td>周振岭</td><td>党委书记</td><td rowspan="2">1965.6～1966.11</td></tr>
<tr><td>张　文</td><td>矿长</td></tr>
<tr><td rowspan="6">山东明水浅井黏土矿（“文化大革命”期间）</td><td>周振岭</td><td>党的核心小组组长</td><td rowspan="2">1968.6～1969</td></tr>
<tr><td>李厚峰</td><td>革委会主任</td></tr>
<tr><td>周振岭</td><td>党委书记</td><td rowspan="2">1970～1978</td></tr>
<tr><td>李厚峰</td><td>革委会主任</td></tr>
<tr><td>路怀长</td><td>党委书记</td><td rowspan="2">1978～1982.4</td></tr>
<tr><td>李厚峰</td><td>矿长</td></tr>
<tr><td rowspan="7">山东明水铝土矿、济南钢铁总厂明水铝土矿、济南钢铁集团总公司耐火材料厂</td><td>张　柯</td><td rowspan="4">党委书记</td><td>1984.2～1991.2</td></tr>
<tr><td>袁延章</td><td>1991.2～1994.9</td></tr>
<tr><td>王绍明</td><td>1994.9～2003.7</td></tr>
<tr><td>赵乃坤</td><td>2003.7～2007.10</td></tr>
<tr><td>袁延章</td><td rowspan="3">厂（矿）长</td><td>1984.12～1994.9</td></tr>
<tr><td>王绍明</td><td>1994.9～2003.7</td></tr>
<tr><td>韩庆民</td><td>2003.7～2007.10</td></tr>
<tr><td rowspan="6">济南钢铁集团耐火材料有限责任公司</td><td>韩庆民</td><td>董事长兼总经理</td><td rowspan="2">2007.10～2011.3</td></tr>
<tr><td>赵乃坤</td><td>党委书记</td></tr>
<tr><td>张吉江</td><td>董事长、党委书记</td><td rowspan="2">2011.3～2014.8</td></tr>
<tr><td>赵乃坤</td><td>党委书记</td></tr>
<tr><td>赵乃坤</td><td>董事长、党委书记、总经理</td><td rowspan="2">2014.8 至今</td></tr>
<tr><td>孙庆军</td><td>副书记、副经理、纪委书记</td></tr>
</table>

现任领导班子成员：

董事长、党委书记、总经理：赵乃坤

副书记、副经理、纪委书记：孙庆军

董事、副经理：盛忠明

副经理：刘加善　赵士臣

董事：高　翔　张云山

三、主要成绩

1979 年 7 月，荣获“冶金部全国重点黏土矿劳动竞赛优胜红旗”。

1991 年，被国家冶金部命名为“清洁工厂”。

1991年至今，连续荣获济南市“文明单位”。

1996年，被评为山东省首批“省级卫生先进单位”。

1996年以来，连续获得“济南市劳动关系和谐企业”称号。

1999年11月，中间包镁质涂抹料被确定为国内先进水平，荣获山东省冶金科技进步二等奖，镁质复合黏结剂被确定为填补国内空白。

自1999年12月以来，分别取得了质量管理体系、环境管理体系、职业健康与安全管理体系认证证书并实施了三体系整合；企业主体信用等级AAA。

2001年9月，回转窑系统改造荣获山东省科技进步二等奖。富氧燃烧、两化融合等适用性项目分别获得山东省人民政府、济南市人民政府项目奖励7项，共获资金支持360万元。

2001年至今，连续当选中国耐火材料行业协会常务理事单位；连续实现了安全生产和环境达标排放。

2009年起，连续6年获得“山东省节能环保产业示范性企业”“山东省清洁生产先进单位”“山东省花园式单位”。

2011年，镁碳砖获得“山东名牌”。

2011年，“赭山牌”商标获得“山东省著名商标”。

2013年，成为山东省安全生产标准化二级企业。所有窑炉通过了政府环评验收。

2010年、2013年2次获得济南市“五一”劳动奖状和奖章。

实用新型专利6件，分别为：《一种自动压砖机液压系统散热装置》《一种变频式螺杆压缩机系统》《一种试验用银坩埚熔样炉》《一种耐火材料试样夹紧钳》《一种煤球抗压强度测定装置》《一种赤泥制作还原铁的工艺方法》。

济钢耐材公司正门

济钢耐材公司镁碳砖生产线

（撰稿人：赵吉玲）

山东鲁桥新材料股份有限公司

一、简介

山东鲁桥新材料股份有限公司于2008年注册成立，位于淄博市博山区经济开发区新材料工业园。公司占地800亩，建筑面积6.5万平方米。公司注册资本5433.84万元，资产总额为50207万元，其中固定资产13687万元。公司现有员工1200余人，其中工程技术人员268人，科研人员38人。

公司主要产品有黏土砖、高铝砖、硅砖、熔融硅砖、免烧砖及其他不定型耐火材料，并承揽各类窑炉的焊补及维护工作。国内拥有宝钢、鞍钢、首钢等知名大型客户，并出口美国、德国、意大利等26个国家和地区。

公司加强了企业与大学及科研院所的合作，大力开发具有自主知识产权的关键技术，形成自己的核心技术和专有技术。目前公司与中冶焦耐工程技术有限公司建立了长久的合作关系，并与武汉科技大学材料系加强了联系和合作，大大增强了企业的技术力量。

公司已具备年产耐火材料30万吨的规模，市场前景良好，致密定型耐火制品占国内市场份额的2%，硅砖类产销额列全国前三名。2014年底总资产50207万元，销售收入42592万元，税收1224万元，利润3413.5万元，主要产品产量30万吨。

二、历史沿革

山东鲁桥新材料股份有限公司注册成立于2008年，其前身为大桥耐火材料厂，成立于1963年。

现任领导班子成员(2008年8月至今)：

董事长、党支部书记、总经理：张敦新(2013年起任党支部书记)

常务副总经理：张敦恒

副总经理：李尊亮

三、主要成绩

(一)科技成果

山东鲁桥新材料股份有限公司注重科技开发和创新发展工作,在产品开发、工艺创新和技术革新方面取得了很好的成绩,为企业的科学发展奠定了良好的基础,主要取得了以下科技创新成果:

1. 研发出低热膨胀熔融硅砖。低热膨胀熔融硅砖具有很好的耐热性,能够经受急剧的温度变化,在节能减排方面具有很大的优势。

2. 申报陶瓷新型焊补技术发明专利。陶瓷焊补的最大优点是高温操作,避免了大幅度降温、升温对炉体的损坏,在很短的时间内就能恢复生产。陶瓷焊补又是干法喷补,避免了湿法或半干法喷补对炉体产生的负面影响。

3. 研发的熔融石英砂、热修补料填补了企业产品结构的空白,现已申报 8 项专利。

4. 研发了新型干法水泥窑高温带用无铬砖、基于熔融焊补料新技术的新型熔融焊补料。

5. 研发了基于陶瓷焊补新技术的环喷补料(隔墙修补)、纳米结合不烧砖。

6. 通过对生产设备的改造,改变了传统烧成使用的煤炭或煤气工艺,而改用天然气,大幅度降低了大气污染,节约能源,减少排放量,提高了产品质量和经济、社会效益,克服了传统工艺高耗能、高排放、高污染、附加值低的弊端,实现了清洁化生产。

7. 成功研制出超致密、高导热耐磨硅砖,导热率提高 10%～20%,耐磨性能提高 40%。

8. 淄博市市级工程技术研究中心立项、批复“低温环保复合耐火材料工程技术”。

(二)专利及荣誉

1. 国家实用新型专利证书:

(1)《一种组合式压砖模具》 专利号 ZL201120555678.8

(2)《一种带有斜凹槽的台阶状耐火砖模具》 专利号 ZL201420271382.7

(3)《一种带有十字槽的异形硅砖模具》 专利号 ZL201420271385.0

(4)《一种新型散开式耐火砖压制模具》 专利号 ZL201420274608.9

(5)《一种玻璃窑用熔融石英砖模具》 专利号 ZL201420271389.9

(6)《一种分体式焦炉用硅砖模具》 专利号 ZL201420271190.6

(7)《一种新型焦炉用硅砖模具》 专利号 ZL201420271387.X

(8)《一种成型焦炉用硅砖模具》 专利号 ZL201420271190.6

2. 作为国家耐火材料标准修订委员会成员,参与了有关耐火材料标准的修订。

3. 公司是中国耐火材料行业协会理事单位、国家耐火材料标准修订委员会成员、中冶焦耐工程技术有限公司的耐火材料定点生产厂、“中国耐火材料百强企业”、中国耐火材料行业协会首批“AAA 级信用企业”;通过了 ISO9001 质量管理体系、ISO14001 环境管理体系、GB/T18001职业健康安全管理体系、ISO10012测量管理体系和GB/T15496标准化五大体系认证。荣获“山东省著名商标”“山东名牌”“山东材料行业优势企业”等荣誉称号。

4. 公司被确定为市、区“重点企业”，被评为“纳税大户”。

四、本单位大事记

2011年10月，总投资14.5亿元，占地500亩的年产61万吨耐火材料改造提升项目第一期工程竣工投产。

2012年，超致密、高导热耐磨硅砖研制成功，填补了国内空白。

2014年，公司通过了安全生产标准化、能源管理体系认证。

五、对行业发展的贡献

山东鲁桥新材料股份有限公司的迅速发展，为全国耐火材料行业实现集约化、高端化发展积累了经验，为行业转变发展方式进行了成功的探索，为产品性能拓展延伸提供了范例，为传统耐火材料升级换代、走向国际化市场找到了正确的路径，公司已成为全国耐火材料重点生产基地、产品出口的重点企业、地区创业产业的龙头企业。

山东鲁桥新材料股份有限公司正门

鲁桥新材料股份有限公司厂区一角

（撰稿人：张敬禄）

济南镁碳砖厂有限公司

一、简介

济南镁碳砖厂有限公司是我国一家大型耐火材料专业生产公司。公司现拥有固定资产近1.5亿元，总资产3亿元，占地面积12万平方米，并有一流的生产设施和先进的检测手段。现有工程技术人员90多名，其中国内外高级工程师近30名。公司于1999年组建了企业技术开发中心，2004年被认定为“省级技术开发中心”。

公司年产定型、不定型耐火材料8万吨，其中高档镁碳砖年产能力为6万吨，不定型耐火材料为2万吨。2014年实现销售收入4亿元，利润1200万元，共计上缴利税2200万元。主导产品为镁碳砖，同时还生产镁铝碳砖、电炉喷补料、金属皮镁碳砖等功能性耐火材料。

二、历史沿革

历任主要领导

企业名称	主要负责人	任职时间
济南市历城区高级耐火材料厂	曹心芝	1986～1987
济南市镁碳砖厂	曹心芝、段江明、方元德	1988～1994
济南鲁东耐火材料有限公司	曹心芝、方元德	1995～1998
济南市镁碳砖厂 济南鲁东耐火材料有限公司	方元德	1999～2002
济南镁碳砖有限公司 济南鲁东耐火材料有限公司	方元德	2003至今

现任领导班子成员：

董事长、党支部书记兼总经理：方元德

党支部副书记、副总经理：蒋　伟

副总经理、总工程师：吕仁祥
副总经理、工会主席：曹　伟
副总经理：纪　星　方　强　曹心昌
总经理助理：方甲梅　吕仁东

三、主要成绩

公司先后多次荣获“全国外商投资双优企业”“全国出口创汇先进乡镇企业”“全国乡镇企业先进企业”“山东省特级信誉企业”“中国专利山东明星企业”“济南市先进外商投资企业”“济南市出口创汇明星企业”“山东省高新技术企业”“济南市诚信守法企业”“山东省文明诚信企业”“济南市工业50强企业”“济南市消防工作先进单位”“济南课桌安全生产先进单位”“济南市双爱双评优秀企业”“济南市消费者满意单位”“山东耐材行业优势企业”等荣誉称号。

公司组织实施并完成了国家星火计划重点项目、国家火炬计划项目、国家科技成果重点推广项目；组织参与了国家“八五”科技攻关项目5项；组织承担了山东省技术创新计划项目7项；组织承担了济南市科技局科技发展计划项目8项，历城区科技发展计划项目10项；荣获了山东省科技进步奖二等奖1项、三等奖1项，星火成果二等奖1项，济南市科技进步奖一等奖1项、二等奖3项、三等奖1项，济南市星火成果一等奖1项，历城区科技进步奖一等奖3项、二等奖2项、三等奖1项。期间申请并获得国家发明专利4项、实用新型专利8项。

四、本单位大事记

1994年5月，中国自行设计制造的第一台1000吨真空复合式压砖机投入使用。
1997年7月，中国自行设计制造的第一台1600吨真空复合式压砖机投入使用。
2004年1月，省级企业技术中心挂牌。
2012年12月，成立山东省中日耐火材料合作研究中心。
2015年，中国自行设计制造的第一台3600吨真空复合式液压压砖机投入使用。

五、对行业发展的贡献

济南镁碳砖厂有限公司作为镁碳质耐火材料的专业生产企业，注重新产品、新工艺、新技术的研究、开发，推动了镁碳质功能性耐火材料炼钢用供气元件、出钢气幕挡渣等的推广应用。同时，公司加强产品的国际市场开拓，带动了中国耐火材料产品的国际市场销售，为钢铁、耐火材料工业的发展做出了重大的贡献。

济南镁碳砖厂有限公司车间

济南镁碳砖厂有限公司技术开发中心

（撰稿人：吕仁祥）

淄博裕民耐火材料科技股份有限公司

一、简介

淄博裕民耐火材料科技股份有限公司是国内专业研发、生产、销售玻璃窑用耐火材料的大型企业，位于淄博国家级高新区四宝山街道办事处南石社区，注册资金 2600 万元，现有总资产 2.25 亿元，占地面积 18 万平方米，厂房 10 万平方米，设备 8500 万元，员工 500 余人，专业技术人员 200 余人。公司率先在同行业通过国际质量体系和环境体系认证，是无机非金属领域特色突出、实力强劲的高新技术企业。

公司具有近 40 年的生产历史和经验，经济实力雄厚，技术管理一流，生产设备先进，检测手段完善。产品畅销全国众多大中型客户，出口近 30 个国家和地区，创出了“裕民耐材，品质一流”的美誉。

公司经过多年的努力奋斗，已发展成为以玻璃窑用耐火材料为主业的科工贸一体化、产供销一条龙的大型企业。2014 年，公司拥有总资产 2.25 亿元，生产各类耐火材料近 10 万吨，实现营业收入 3.2 亿元，利税 3480 万元，综合指标位居国内玻璃窑用耐火材料行业前列。

二、历史沿革

淄博裕民耐火材料科技股份有限公司始建于 1978 年，为山东裕民集团龙头核心企业，前身为张店区石桥陶瓷厂。1987 年，更名为“淄博市张店裕民玻璃耐火材料厂”，由生产日用陶瓷转产玻璃窑用耐火材料；1992 年，随着淄博国家级高新区的成立，企业随之更名为“淄博开发区裕民耐火材料厂”；1995 年，成立中外合资淄博裕民耐火材料有限公司，确立了专业研发、生产、配套玻璃窑用耐火材料的道路；2006 年，公司经过整体改制组建了现在的淄博裕民耐火材料科技股份有限公司，形成了以玻璃窑用耐火材料为主业的科工贸一体化、产供销一条龙的发展模式。2009 年 12 月，公司与港企合资成立淄博裕民基诺新材料有限公司，聚力打造国内一流的高温新材料研发生产基地。

历任主要领导

<table>
<tr><th>机构名称</th><th>姓名</th><th>职务</th><th>任职时间</th></tr>
<tr><td rowspan="2">张店区石桥陶瓷厂，后更名为张店裕民玻璃耐火材料厂</td><td>王希岭</td><td>厂长</td><td rowspan="2">1978.3～1991.11</td></tr>
<tr><td>李功文</td><td>副厂长</td></tr>
<tr><td rowspan="2">淄博开发区裕民耐火材料厂</td><td>王立平</td><td>厂长</td><td rowspan="2">1991.12～1995.4</td></tr>
<tr><td>李功文</td><td>副厂长</td></tr>
<tr><td rowspan="2">淄博裕民耐火材料有限公司</td><td>王立平</td><td>董事长、总经理</td><td rowspan="2">1995.4～2013.10</td></tr>
<tr><td>李功文</td><td>副总经理</td></tr>
<tr><td rowspan="5">淄博裕民耐火材料科技股份有限公司</td><td>王立平</td><td>董事长</td><td>2013.11 至今</td></tr>
<tr><td>李功文</td><td>总经理</td><td>2013.11 至今</td></tr>
<tr><td>王　鑫</td><td>销售副总经理</td><td>2014.12 至今</td></tr>
<tr><td>王　峰</td><td>生产副总经理</td><td>2014.6 至今</td></tr>
<tr><td>阎继昌</td><td>技术总监</td><td>2015.2 至今</td></tr>
</table>

三、主要成绩

多年来，公司研制生产的合成硅线石耐火制品列入国家星火计划，荣获农业部科技进步三等奖及“山东名牌”；开发生产的蓝晶石耐火制品列入国家星火计划，荣获山东省科技进步三等奖；研发生产的稀土刚玉荣获“国家级新产品”；研发生产的镁橄榄石耐火制品荣获山东省科技进步三等奖及“国家新产品”；1 项产品列入国家攻关计划；1 项产品列入国家火炬计划；2 项产品列入山东省火炬计划；2 项产品列入淄博市科技发展计划。4 项产品科技成果鉴定为国内首创，填补国内空白。公司拥有 8 项国家实用新型专利，具有独立的知识产权。

公司于 2006 年荣获“山东省高新技术企业”“淄博市百强民营企业”，自 2006 年起连续多年保持了“省级守合同重信用企业”荣誉；2007 年荣获“淄博市工业百强企业”，2007 年起先后通过并保持了 ISO9001 质量体系、ISO14001 环境体系、ISO10012 测量体系认证，被评为 2007～2013 年度“山东材料行业优势企业”。2009 年，“裕民”商标荣获“山东省著名商标”；2010 年，公司荣获“淄博高新区工业三十强企业”；2012 年，公司荣获“山东省耐火材料行业优势企业”；2014 年，公司荣获“中国外贸出口先导指数样本企业”。

四、本单位大事记

2009 年 12 月，淄博裕民基诺新材料有限公司注册成立。

2010 年 12 月，年产 3 万吨碱性耐火材料项目建成投产。

2011 年 6 月，玻璃窑用熔铸 AZS 制品项目建成投产。

2012 年 12 月，先进耐火材料研发中心成立。

2013 年 11 月，高档莫来石刚玉耐火材料项目基本建成。

2014 年 12 月，高档致密耐火材料项目筹建动工。

五、对行业发展的贡献

裕民公司主要以玻璃窑用耐火材料为主业，近 40 年坚定不移致力于玻璃窑用耐火材料的研发、生产、销售和配套服务。通过与天津大学等院校的产学研合作和自主创新，研发生产了一系列新型优质耐火材料，先后有多项产品达到国际、国内首创，填补了国内空白，产品的理化指标和使用性能达到和超过国外同类产品的水平。公司的发展和新产品的研发生产和推广，为振兴我国耐火材料工业，推动我国耐火材料行业赶超国外水平和有序健康发展起到了一定的示范和引领作用。

淄博裕民耐火材料科技股份有限公司厂区

淄博裕民耐火材料科技股份有限公司高温隧道窑生产线

（撰稿人：陈建文）

山东金都大展集团有限公司

一、简介

山东金都大展集团有限公司始建于1985年2月，是改革开放中萌起的第一批民营企业。公司位于山东省邹平县临池镇，毗邻淄博，该地区是中国耐材工业最发达的地区，素有“建材之乡”的美誉。

山东金都大展集团有限公司下辖10多个分公司，注册资金6000万元，现有员工1200余人，其中技术研发人员156人。截至2014年底，公司拥有总资产182186万元，实现销售收入182560万元，利税33277万元，经济效益持续健康稳定增长。公司秉承“以人为本、诚信创新、持续高效、科技领先”的发展理念，调整产业结构，转变发展方式，形成了综合性的三大板块于一体的现代化科技型企业。这三大板块为：①以生产高温耐材、纳米碳管、医药中间体，处理赤泥(氧化铝尾渣)及矿渣、尾矿的资源综合利用项目为主导的实体经济；②国际贸易、现代物流：在上海、青岛、淄博等地设有分公司，业务范围覆盖全国30多个省市，并出口欧美、日本、韩国、东南亚等国家和地区；③与央企、军工企业合作，在北京发展文化产业及服务业，成立北京新金都大展文化发展有限公司、北京蓝天金都航空科技有限公司。

二、历史沿革

1985年，厂长李咸伦克服重重困难，建立临池冶金耐火材料厂。

1995年，为满足市场需求，投资200余万元，成立山东金都实业有限公司。

2003年，李咸伦投资1000余万元，新上硅砖项目。

2009年11月，报经山东省工商行政管理局批准，将山东金都实业有限公司更名为“山东金都大展集团有限公司”，李咸伦任董事长。

现任领导班子成员：

董事长：李咸伦

副总经理：房泽茂　李晓东

厂　长：翟咸圣

生产厂长：李世法

安全厂长：孙启保

三、主要成绩

山东金都大展集团有限公司是“山东省高新技术企业”，已获得国际发明专利2项、国家发明专利5项、国家实用新型专利7项、山东省科技成果2项、储备科技项目62项，被评为“全国质量诚信AAA级企业”“全国用户满意品牌”，董事长李咸伦先后被评为“全国创业之星”“中国杰出企业家”“建国60年影响山东60位新鲁商”“滨州市第二届道德模范”等荣誉称号。

四、本单位大事记

1985年，建立临池冶金耐火材料厂。

1995年，成立山东金都实业有限公司。

2003年，投资1000余万元，建立硅砖厂，生产经营耐火材料。

2007年，投资成立山东邹平大展新材料有限公司，舒马曲坦、英特奈龙等化工产品填补了国家空白。

2008年8月，成立山东银冠实业有限公司，主要从事经营氧化钙、超微细碳酸钙、黏土质耐火砖、高铝异性砖等耐火材料。

2009年11月，报经山东省工商行政管理局批准，将山东金都实业有限公司更名为“山东金都大展集团有限公司”，李咸伦任董事长。

2010年4月，进军物流领域，年吞吐能力现已达300多万吨，在全国10多个省、市、自治区近20个大中城市建立了合作网络公司，与国内近50家企业建立了长期合作关系。

2011年，成立山东大展冶金科技有限公司、山东大展纳米材料有限公司，新上资源节约、绿色环保新兴产业项目（年处理50吨赤泥资源综合利用项目、年产3000吨新型碳材料及产业延伸与深加工项目）。

2012年，在北京成立北京新金都大展文化发展有限公司。

五、对行业发展的贡献

最近几年山东金都大展集团有限公司先后为抗震救灾、红十字助残、聋哑学校和敬老院捐款近2000万元。

山东金都大展集团有限公司先后出资上千万元为村里建设现代化的村委办公楼，为村民安装自来水、净化水，为村内街道铺设水泥路，建设文化中心和文体广场；每年出资组织200多人参加传统文艺节目，受到市、县、镇各级表彰和奖励；安排村民在本企业就业，实现人均收入超万元。

山东金都大展集团有限公司出资200万元，在临池中学设立"金都大展教育基金"，每年教师节前表彰优秀教师和学生，帮助困难学生成才。

公司积极参加耐材领域的研讨会议，不断研制高端耐材新产品，参与起草、修订耐材行业标准，产品畅销国内外，列山东省前三位、全国前十位。

山东金都大展公司正门

山东金都大展公司办公楼

（撰稿人：房泽茂）

淄博八陡耐火材料有限公司

一、简介

淄博八陡耐火材料有限公司位于泰山东麓，齐鲁故地，该地区矿产资源丰富，交通畅达便利，具有发展耐火材料的独特优势。公司由原“淄博博山八陡耐火材料厂”改制设立，现注册资本1100万元，现有固定资产8000万元，占地面积72800平方米，建筑面积58800平方米，员工380人，其中工程技术人员48人。公司是中国耐火材料行业协会理事单位、国家耐火材料标准修订委员会成员，已有40年的硅质耐火材料生产历史，主要产品有“八耐”牌玻璃窑用优质硅砖、电熔锆刚玉砖、焦炉用硅砖、硅质保温砖、优质硅火泥等，产品远销国内外，长期合作客户达400余家。

公司拥有2条168米燃气节能环保型隧道窑，配备21台300～500吨压力机，年生产能力5万吨，是国内较大的硅质耐火材料供应基地之一；公司曾为亚洲最大的129立方米瓶罐玻璃窑供应优质硅砖。

2014年，公司总资产1.2亿元；销售硅砖20000吨，电熔砖3400吨，营业收入9480万元，利税818万元。

二、历史沿革

1958年在八陡镇投资建厂，厂名为“八陡福利窑厂”，主要生产陶瓷；1970年转产黏土耐火砖，随后更名为“八陡陶瓷耐火材料厂”；1976年开始专业生产硅砖，于1983年更名为“八陡耐火材料厂”，隶属八陡镇经委，属集体所有制。1999年12月31日正式改制为“淄博八陡耐火材料有限公司”，成为私营所有制企业。

历任主要领导

姓　名	职　务	任职时间
戴宝英	厂长	1958～1968
张可俭	厂长	1968～1971
王登瑧	厂长	1971～1988
陈维国	厂长	1988～1999
陈维国	董事长、总经理	2000～2013
陈维国	董事长	2013 至今
陈艳鸣	总经理	2013 至今

现任领导班子成员：

董事长：陈维国

总经理：陈艳鸣

生产副总经理：徐百银

经营副总经理：鹿传喜

三、主要成绩

1991 年 1 月起，多次被淄博市乡镇企业局评为“建材冶金质量优胜单位”。

1991 年 8 月，“BDG-96 玻璃窑用大型硅砖”被评为“淄博市优秀新产品”，同年 12 月，荣获淄博市科学技术进步二等奖。1993 年 12 月荣获山东省科学技术进步三等奖。

1993 年起，公司一直为山东省“省级守合同重信用企业”。

1995 年 12 月，“玻璃窑用吊墙用高纯优质硅砖”荣获淄博市科学技术进步三等奖。

1997 年，被淄博市劳动竞赛委员会评为“管理红旗单位”。

1998 年，被全国耐标委授予“《玻璃窑用硅砖》行业标准制修订单位”。

1999 年，公司通过 ISO9001：2000 质量体系认证。

2003 年，被淄博市环保局评为“全市环境保护优秀企业”。

2005 年 2 月，被淄博市委、市政府评为“厂务公开民主管理工作先进单位”。

2005 年 12 月，被评为“山东省卓越绩效先进企业”。

2006 年 9 月，“八耐”牌商标被评为“山东省著名商标”。

2006 年 12 月，公司生产的玻璃窑用硅砖荣获“山东名牌”。

2011 年 12 月，被授予“创建山东省优质产品生产基地龙头骨干企业”。

2012 年 3 月，被山东省耐材协会评为“山东省耐火材料行业优势企业”。

2013 年 1 月，被山东省统计局评为“企业统计工作规范化五星级单位”。

2014 年 10 月，获国家建筑材料测试中心“绿色建筑选用产品”证明商标。

四、本单位大事记

1958 年，建厂主要生产陶瓷。

1970 年，开始生产耐火材料——黏土砖。

1976 年，开始专业生产硅质耐火材料。

1976 年，第一座 120 立方米倒焰窑正式投产。

1983 年，更名为“八陡耐火材料厂”。

1999 年 12 月 31 日，公司正式由八陡耐火材料厂改制为“淄博八陡耐火材料有限公司”。

2001 年 8 月，公司自筹资金新建的第一条节能型隧道窑正式投产。

2003 年，筹建的第二条隧道窑及成型二车间同时运行，并达产达效，标志着公司已逐步走向规模化。

2003 年 9 月，获批自营进出口权。

2007 年，第一条电熔锆刚玉砖生产线正式投产。

2009 年 5 月，公司燃煤型隧道窑顺利改用天然气，彻底解决了烟尘污染问题。

2010 年，第一台半自动压力机改制成功。

2011 年 10 月，第二条电熔锆刚玉砖生产线正式投产。

五、对行业发展的贡献

20 世纪 80 年代，国内大部分玻璃厂家只能选用普通硅砖，其耐酸碱腐蚀度低，砌筑废时废力，1991 年公司研发的“BDG-96 玻璃窑用大型硅砖”，很好地解决了这一难题，填补了国内空白。1995 年公司研发的“玻璃窑用吊墙用高纯优质硅砖”问世。1998 年公司作为起草单位之一参与制定了玻璃窑用硅砖的国家执行标准。

随着市场对高档耐火材料的不断需求，我公司又把目光瞄向了熔铸耐火材料。熔铸耐火材料是指用一定方法将配合料高温熔化后，浇注成具有一定形状的耐火制品。玻璃窑用熔铸耐火材料，主要包括熔铸锆刚玉(AZS)、熔铸氧化铝和氧化锆 3 大门类。国际上只有欧洲西普、日本旭硝子等十几家公司能稳定产熔铸耐火材料。公司投资生产了电熔锆刚玉砖(AZS)，产品上市后，缓解了市场求大于供的现状，也为行业发展绿色产品作出了表率。

淄博八陡耐火材料有限公司办公区

淄博八陡耐火材料有限公司负责人接待有关人员

（撰稿人：陈立红）

100

Shandong Cailiao 100 Jia

玻璃钢企业

山东金光集团有限公司

一、简介

山东金光集团创建于1970年，是致力于新材料及中央空调系统工程设计、开发、制造、销售、安装及技术服务于一体的现代化高科技企业，现拥有德州、武城两大生产基地，占地面积50万平方米，总资产13.65亿元，员工2000余人，2014年实现销售收入21亿元。涵盖中央空调、轨道交通、汽车配件、压力管道、通风系统、冷却塔等相关产品的设计、研发、制造和销售。

金光的历史与中国玻璃钢工业的发展息息相关。1978年，公司开始进入玻璃钢制造领域，是我国最早从事复合材料开发与应用的专业机构之一。在玻璃钢模压技术、缠绕技术、拉挤技术工艺应用等方面处于国内领先水平。

金光集团2000余名员工中工程技术人员占35%，其中，教授级高工12人，高工130人，中级职称680人。全国企业质量检验员4人，中国质检协会会员3人，CQC质量体系内审人员7人。组建了规模化的科研队伍，创建了管理中心、销售中心、技术开发中心等20余个职能部门。

金光集团建立了强大的营销网络，设立了北京、天津、西安等44个驻外办事机构，并在美洲、欧洲、中东等地区设立了10余个海外联络机构，使产品遍布全国各地及世界许多国家。

二、历史沿革

1970年，金光集团前身——武城县鲁权屯农具厂成立。

1982年，在公社党委书记王友相、公社农具厂厂长袁金玺的主持下，公社农具厂与机械工业部第四设计研究院联合研制玻璃钢冷却塔，并于1983年通过省级技术鉴定，被农牧渔业部评为"优秀产品"，鲁权屯农具厂更名为"武城县玻璃钢总厂"，全公社由此掀起了社队工业与大专院校、科研单位挂钩的热潮。

1994年5月，正式注册武城金光玻璃钢制品有限公司。

1997年，武城县玻璃钢总厂、金光机械缠绕管道厂、金光空调设备厂、金光风机厂、金光树脂厂5家企业共同组建山东金光玻璃钢集团有限公司。

2006年，山东金光集团有限公司在山东德州正式挂牌成立。

现任领导班子成员：

董事长：苏芳志

总经理：苏敦良

总裁：张书霞

副总经理：张传温

财务总监：郭林刚

营销总监：李庆金

三、主要成绩

自成立以来，金光集团顺利通过ISO9001国际质量体系认证、低压成套开关设备及控制设备国家强制性产品3C认证及ISO14001环保体系认证，具备机电设备安装专业承包壹级资质，拥有自营进出口权。公司连续15年被评为"省级守合同重信用企业"，2003年荣获"全国守合同重信用企业"称号，同年12月荣获"农业部全国民营大型企业"称号。2004年5月荣获"中国建材百强企业"称号。曾先后被评选为中国玻璃钢工业协会副会长单位、中国菱镁行业协会副会长单位、中国制冷空调工业协会会员，并获得国家级质检中心优秀企业奖、农业部科技成果奖、第五届亚洲及太平洋地区国际贸易博览会金奖、"山东省消防产品定点企业"等系列大奖和荣誉。玻璃钢冷却塔、风机、SMC水箱、无机玻璃钢通风管道4大系列产品获"省级免检产品"证书，风机盘管空调机组通过了省级鉴定，改性菱镁通风管道获"全国优质名牌产品省级免检产品"证书。J-MPF铝箔复合风管获"国家建材防火环保标志使用证书"、国家科技进步奖、国家自主创新奖，公司被中国绝热隔音材料协会吸收为会员单位。新型电缆桥架、瓦楞电缆桥架、冷却塔外观设计获3项国家专利。玻璃钢高压管道已通过国际API认证。

金光集团先后服务于中央电视塔、人民大会堂等一大批国内外重点项目，其中鞍山市社会保险服务中心、山西日报社新闻采编大楼等工程被授予中国建筑工程鲁班奖。

四、本单位大事记

1979年，集团公司与中国机械工业部第四设计院技术合作，引进当时最先进的BNL2系列玻璃钢逆流式冷却塔技术。从此把先进的玻璃钢生产技术引进到山东。

1982年，公司完成了对BNL2系列冷却塔的改型设计，并通过省级技术鉴定。

1990年，金光玻璃钢冷却塔在全国同行业评比中，被评为优质产品，获得景泰蓝奖杯，山东省独此一家；同年12月，公司被中国玻璃钢工业协会评为"质量优秀企业"。

1994年，金光玻璃钢逆流式冷却塔产品参加第五届亚太国际贸易博览会，被组委会评为金奖。9月，总厂投资500多万元，把旧厂区迁至鲁权屯开发区，建起了新的厂房。

1994 年 10 月，玻璃钢总厂与航天部 31 研究院联营协议生产中央空调。

1996 年 1 月，武城玻璃钢总厂的第一台风机盘管空调器调试成功，10 月，风机盘管空调器通过了国家质量检测中心的鉴定。

1997 年 8 月，山东金光玻璃钢集团公司正式挂牌运营，同年被中华人民共和国农业部认定为中型一档乡镇企业。

1998 年，8 台 1000 吨冷却塔出口叙利亚，创下了全国同行业一次性出口额最大记录，产品优异的品质赢得了中东及东南亚地区诸国的认可，开始打入国际市场。

2000 年 8 月，公司新上电缆桥架、高速公路护栏项目，成立金光金属制品公司。

2001 年，与法国卡奥电气集团共同投资 1300 万元，在青岛组建并成立青岛卡奥电气有限公司，同年公司基地新上玻纤风管、保温材料等项目。

2002 年，相继引进了消声器、无机菱镁平板项目，研制开发了镁佳板、防火门等新产品。

2006 年，山东金光集团有限公司成立企业集团，山东金光集团有限公司为母公司，下设子公司山东金光玻璃钢集团有限公司，并迁址至德州经济开发区。在北京、天津、西安、沈阳等省会城市及重点市场城市建立了多个办事处。

2009 年，金光集团成为了奇瑞汽车的配件供应商。

2014 年 7 月，金光集团复材公司成为美国佩卡集团供应商。

五、对行业发展的贡献

公司重视产品的技术研发，先后与机械工业部第四设计院、清华大学、中铁上海设计院等多家专业单位合作，对冷却塔、风机、消声设备进行产品技术革新，在产品的外观、降噪、减震、能效上取得了优异的效果，引领了同行业的技术水平，为推动国内同行业技术进步做出了突出的贡献。

山东金光集团办公楼

山东金光集团大厅

（撰稿人：寇 姗）

山东盛宝玻璃钢有限公司

一、简介

山东盛宝玻璃钢有限公司，是在我国玻璃钢研发、生产、加工为一体的产业重市——安丘注册成立的一家民营企业，公司下有3个子公司，注册资金1.06亿元，总占地面积300余亩，其中建筑面积10万余平方米，总投资5亿余元。现有职工500余人，其中大中专毕业生180余人，中级以上专业技术人员65人。

山东盛宝玻璃钢有限公司现为山东省复合材料理事单位、山东硅酸盐学会理事单位、潍坊市企业家联合会执委成员单位、安丘市工商联合会执委成员单位、潍坊市中小企业公共服务平台——玻璃钢研发中心、安丘市玻璃钢工业协会会长单位，是“山东材料行业优势企业”“山东科技创新明星企业”“安丘市重要保护企业”“潍坊文明诚信民营企业”“潍坊市百强企业”“潍坊市科技创新民营企业”，年产值达到3.6亿元，已跻身于中国玻璃钢行业前列，是安丘玻璃钢产业的龙头和领军企业。

二、历史沿革

山东盛宝玻璃钢有限公司的前身是安丘市盛达玻璃钢厂，注册成立于1988年。随着产品质量的不断提高、销售市场的不断扩大，2002年注册成立了潍坊盛宝塑钢有限公司。为满足更大的市场需求，实现更大的跨越式发展，2006年公司总投资1.2亿元，新建占地120余亩的现代化玻璃钢工业园区，园区新建车间8800平方米，办公、生活、娱乐场所3600平方米，仓储、试验、产品展示等建筑面积1800余平方米，其他辅助设施建筑面积1200余平方米，园区绿化、硬化面积达17000余平方米，整个园区配套齐全，功能完备。2008年3月，企业名称变更为“山东盛宝玻璃钢有限公司”，注册资金增至5000万元，依法成立董事会、监事会。2012年5月，将玻璃钢冷却塔、蒸发式冷凝器、空冷器、闭式冷却塔、玻璃钢管道分离出来，并吸引外资成立了山东盛宝传热科技有限公司及盛宝玻璃钢管道有限公司，同时在当地政府大力支持下立项新征土地150余亩建设高标准生产园区，申请注册成立山东盛宝集团。

现任领导班子成员：

董事长兼总经理：王丰海

副总经理：王月美　高建民

三、本单位大事记

2002年6月，公司积极响应当地政府号召，广开门路，招商引资1000万元，成立潍坊盛宝塑钢有限公司。同时引进美国先进的微控技术，组织技术力量，着手研发改进传统的手工缠绕工艺为先进的微机控制机械缠绕技术，历时半年达标投产。

2003年3月，基于渤海湾地区溴盐产业的迅速崛起，公司选取相对发展稳定、信誉好的溴盐企业为对象，展开考察论证，组织技术攻关小组开始对传统的混凝土溴素提取设备进行改造，历时4个月成功以玻璃钢溴素塔取代传统混凝土塔。不仅创造了巨大的经济效益，产品广销渤海湾、印度等溴盐富产区，而且还创造了较大的社会效益。

2005年，盛宝品牌逐渐被市场认知和青睐，公司产品品种不断扩大，产能和产量也不断提升，主导产品玻璃钢罐、塔器产能达到8000吨，冷却塔达到5000吨，管道成套提溴设备达到500多套，不饱和聚酯树脂达到3000吨，无碱玻纤布180万米，玻璃钢生产辅料250吨，年产值达到7000余万元，年销售量达到6800万元，进入了盛宝的蓬勃发展阶段。

2006年3月，在市场稳定、当地政府大力支持的情况下，公司集中精力，全力进行现代化园区建设，从立项审批到建设竣工投产仅用了8个月的时间。新建园区占地120余亩，总投资1.2亿元，园区生产、生活、娱乐功能齐全，配套完备。

2007年，在安丘市玻璃钢工业协会的指导、帮助下，公司抽出专门人员成立危化品包装物、容器生产许可证申办小组，配齐了相关检验、检测仪器和设备，对相关人员进行了专门的培训，并一次性通过审核，成为山东省第一批取证企业。同时协助安丘市玻璃钢工业协会、帮助26家玻璃钢企业取得了“危险化学品包装物、容器定点生产企业”证书，为安丘玻璃钢企业的合规、依法经营起到了表率和督促作用。

2008年3月，公司将企业名称变更为“山东盛宝玻璃钢有限公司”。

2010年5月，投资200余万元对原有生产工艺和设备进行大规模技改，淘汰了落后的手糊制衬，新上悬臂梁设备5台(套)，新增各种型号钢制模具20余台(套)。使主导产品玻璃钢罐体，不论从强度、防渗、壁厚均匀度、外观光滑度、含胶量，还是内径尺寸，均远远优于手工糊制缠绕工艺，产品质量有了质的飞跃。

为保证产品质量，提高检测能力，公司投资28万余元，新购环刚度试验机等一系列检测检验设备和器材，培训相关人员26人，组织申办管道生产许可证，5个月内即通过国家审核并获证，是潍坊市玻璃钢行业第一家获证企业。

2011年，公司对原材料生产进行扩产，新上5吨树脂生产线3条，并完善和改进了技术配方，提高了树脂的质量。同时研发生产出S-411、S-470乙烯基树脂，质量和性能均达到或超过同类产品，投放市场后反馈良好，备受青睐。新增玻纤布织机20余台(套)，目前可年产不饱和聚酯树脂5000吨，玻纤布260万米。

2012年，为适应新形势发展的要求，公司实行转变管理模式、调整产业结构策略，把主导产品玻璃钢冷却塔分离出来，以此为基础成立了山东盛宝传热科技有限公司。新项目投资1800余万元，注册资金2000万元，主要生产玻璃钢冷却塔、空冷器、蒸发式冷凝器、闭式冷却塔，产品多达上万个型号，广泛用于冶炼、化工、电力、石油、医药、食品等行业。

2013年为把蒸发冷凝器、空冷器、闭式冷却塔等产品做大做强，经多方考察论证，同时在当地政府和安丘市玻璃钢工业协会的大力支持和帮助下，公司积极吸引外资5亿元，对山东盛宝传热科技有限公司进行增资扩产。

2014年是整个公司具有里程碑定义的一年，年产760台(套)复合空冷器项目于5月份全面竣工投产，并完成办公区整体搬迁。新园区可年产复合式空冷器1200余台(套)，年产值可达4.5亿元。自5月份投入运营至12月底，实现产值2.1亿元，储存订单3000余万元，实现利税1700余万元，新项目的建成不论从产能还是市场，都对我国工业换热器行业具有积极的推动作用。

山东盛宝玻璃钢有限公司新厂区

山东盛宝玻璃钢有限公司负责人与印度客户作技术交流

（撰稿人：王德祥）

山东蓝想环境科技股份有限公司

一、简介

山东蓝想环境科技股份有限公司，是一家专业从事环境治理系统工程及循环水场系统工程的研发、设计、生产、销售和服务的高新技术企业。总部及生产基地位于山东省潍坊市安丘经济开发区，国际贸易部位于青岛高新技术开发区。

公司主要业务板块有：工业水综合利用板块、环境保护板块、冷却节水板块、复合材料板块、非标设备板块等。主要产品有：冷却塔（开式/闭式）、冷却塔水蒸气深度凝水回收装置、空冷器（干式/湿式）、环保（吸收/净化/除臭）设备、玻璃钢制品等。产品广泛应用于石油化工、煤化工、盐化工、电力、医药等行业。公司有独立的自营进出口权，是中国通用机械工业学会冷却设备分会的会员单位、中国石油和化学工业联合会供应商工作委员会常务理事单位和全国征信系统的立信示范单位。

截至2014年底，公司共有员工310人，其中各类工程技术人员96人，总资产1.26亿元，实现销售收入1.45亿元，实现利税1988万元，利润1595万元。生产冷却塔（开式/闭式）820台，空冷器（干式/湿式）750台，产销量位居同行业前5位。

二、历史沿革

公司成立于2003年3月，创立之初，公司名称为“潍坊华能玻璃钢有限公司”；2006年1月，公司改制为股份制企业，更名为“山东华能冷却技术股份有限公司”；2013年5月，因企业发展需要，改名为“山东蓝想环境科技股份有限公司”。

现任领导班子成员：

董事长兼总经理：徐清华

常务副总经理：刘国春

副总经理、工会主席：孙希成　张　强

三、主要成绩

公司先后获得国家发明专利3项、实用新型专利32项、外观设计专利3项，计算机软件著作权2项，制定企业标准2项。“节能组合型蒸发式空冷器”“深度凝水除雾环保冷却塔”项目，被列为山东省技术创新项目；投资1.2亿元的“年产1000台高效节能节水蒸发冷却设备”项目被评为山东省科技金桥奖优秀项目一等奖；研发的“冷却塔水蒸气深度凝水回收装置”，在工业节水技术方面具有很好的应用前景，综合技术达到国际同类产品先进水平；研发的“预冷蒸发式空冷器”产品，节能节水效果显著，主要技术性能指标达到国内领先水平，荣获2014山东省优秀产品一等奖、2012年潍坊市重大节能成果奖和2014年潍坊市科技进步二等奖，被列为山东省2013年(第四批)推广实施的重点节能技术、产品和设备；高效节能型闭式冷却塔成为西昌和海南卫星发射中心的配套设备。

公司荣获首届安丘市市长质量奖，通过了质量、环境、职业健康安全、HSE管理体系认证和安全生产标准化认证以及清洁生产验收，获得“国家危险品包装物、压力容器生产许可证”等多项许可，连年被评为“山东省诚信企业”“山东省创新型民营企业”等荣誉称号。

四、本单位大事记

2003年3月，潍坊华能玻璃钢有限公司成立。

2010年5月，年产1000台大型玻璃钢冷却塔项目投产。

2012年8月，与上海理工大学成立高效节能节水蒸发冷却设备研究中心。

2012年12月，批准建立潍坊市冷却设备工程技术研究中心。

2013年7月，年产1000台高效节能节水蒸发冷却设备项目全面建成投产。

2014年12月，批准建立潍坊市工业冷却换热技术企业重点实验室。

2014年12月，与华北水利水电大学成立华北水利水电大学-山东蓝想科技工业节能节水技术联合研究所。

2014年12月，被认定为“潍坊市市级企业技术中心”。

2014年12月，在齐鲁股权交易中心四版挂牌。

五、对行业发展的贡献

随着工业的发展，我国水资源和能源都非常紧张。公司是专业从事高效节能节水蒸发冷却设备的研发、生产、销售的企业，具备较强的自主创新能力，企业始终走在行业技术创新的前列。

近年来，公司始终坚持以市场为导向，加速创新技术开发，形成自主的、具有市场竞争力的知识产权。公司还积极推进多种形式的产、学、研联合，与学校、院所建立长期稳定的合作关系，推进以企业为主体的技术创新体系建设，使公司在技术改造、科研水平、创新能力、检测能力等各个方面有了长足的发展，走在了全国同行业的前列。通过与学校、院所的合作以及研发平台的建立，对蒸发冷却设备的高效节能节水技术进行深入研究，提高了公司研发、设计以及成果转化能力，多项科研成果达到了国内领先、国际先进水平。

在高效节能节水空冷器方面的研发，公司以与上海理工大学成立的高效节能节水蒸发冷却设备研究中心为依托，自主研发、设计制造出新型高效空冷器——预冷蒸发式空冷器，该设备综合技术达到了国内领先水平。设备不但能满足工艺的冷却要求，而且有更加合理、节能、环保、换热效率高等诸多优点，在相同的换热负荷下，与传统水冷系统相比，采用这一技术可节水30%以上，节电20%以上，年节省运行费用30%以上。与普通空冷器或蒸发冷却(凝)器相比，采用这一技术可节电30%以上，年节省运行费用30%以上，成为传统开式冷却塔、管壳式换热器、水平式空冷器的理想替代产品，为产品更新换代起到了积极的示范作用，带动相关产业向节能减排及环境保护方向发展。

在冷却塔水蒸气深度凝水回收方面，公司与华北水利水电大学在国内首创工业深度节水理论和节水技术的研究，开发工业冷却塔消雾和水蒸气深度回收技术，针对传统开式湿式冷却塔存在的运行能耗高、节水效果差、维护及保养周期短等弊端，对冷却塔水蒸汽深度凝水回收进行设计研发，设计出更加合理、节能、高效的冷却塔水蒸气深度凝水回收装置。冷却塔根据所处的不同大气压力、温度、冷空气的流量、出口温度和压力，以及整个冷凝装置的换热面积，在加装冷却塔水蒸气深度凝水回收装置后，使水蒸气的回收率为年均8%～22%。该装置不但能满足工艺设计要求，而且其具有节能、环保、换热效率高等诸多优点，其综合技术达到国际先进水平，在工业节水方面具有很好的应用前景。

山东蓝想环境科技股份有限公司鸟瞰图(效果图)

山东蓝想环境科技股份有限公司为海南、文昌卫星发射中心
1.5 m^3/h 液氢项目配套的闭式冷却塔组

(撰稿人:李世峰)

山东大华玻璃钢有限公司

一、简介

山东大华玻璃钢有限公司成立于2003年6月，地处山东省安丘市经济开发区，占地面积120亩，注册资金5180万元，总资产8000万元。

公司积极引进国际先进管理模式，率先在当地玻璃钢行业通过了ISO9001:2008质量管理体系、ISO9001:2004环境管理体系和OHSAS18001:2007职业健康安全管理体系标准认证。

公司地理位置优越，交通便利。公司拥有专业技术人员158人，其中工程师19人，助理工程师26人，形成了集研发、生产、销售于一体的高效团队。截至2014年底，公司共有员工202人，资产总额约8000万元，年利税约2700万元，年产能达2100台(套)，公司重视职业化团队建设和新产品开发，年新产品投入率达3.1%以上。

公司主要经营：制造、销售玻璃钢制品、防腐保温材料。公司拥有国内最先进的管道生产线6条、贮罐生产线8条及其他各种型号的散部件生产设备，拥有先进的检测实验室。主要生产各种规格的玻璃钢夹砂管道、工艺管道、烟道、容器、塔器、冷却塔等，产品广泛应用于氯碱、化工、石化、电力、印染、冶金、酿造、制药、造纸、钢铁、养殖等行业。产品销往全国各地，受到国内用户的好评。

二、历史沿革

2003年6月，注册成立安丘市大华玻璃钢有限公司，董洪张担任总经理，董洪友担任经理。

2008年5月，因行政区域的划分，更名为“山东大华玻璃钢有限公司”。

现任领导班子成员：

董事长：董洪张

党支部书记、总经理：董洪友

副总经理、工会主席：刘树国

生产副总经理:董洪敏
总工程师:姜永生
财务总监:周　伟

三、主要成绩

2007 年 1 月,被潍坊市工商局评为“守合同重信用企业”。

2009 年 1 月,被中国诚信企业协会授予“AAA 级信用企业”。

2009 年 9 月,被省科协材料学科群授予“山东材料行业优势企业”。

2010 年 11 月,被潍坊市经济和信息化委员会等 14 个部门授予“潍坊市诚信示范企业”。

2009～2014 年连续 6 年被安丘市新安街道党工委、新安街道办事处授予“优秀企业”。

四、本单位大事记

2005 年,安丘市玻璃钢工业协会成立,为大华公司的快速发展提供了一个有力的平台。在征得镇、市领导和有关单位的认可后,由市玻璃钢工业协会牵头,于 2005 年 3 月份在市经济开发区玻璃钢工业园内动工兴建新厂区。新厂区位置优越,交通便利,占地 120 亩,建筑面积 18000 平方米,建有 6 个标准化生产车间。当年完成主营业务收入 2200 万元,实现利税 250 万元。

五、对行业发展的贡献

公司从 2005 年以来,先后购置了 QFW-2500111 微控管道缠绕生产线 6 条,电缆保护管缠绕生产线 1 条,引进 FW-15000 微控大型现场缠绕机 2 台,FW-10000 微控大型缠绕机 2 台,CRJ-4000 缠绕机 4 台。

公司于 2006 年初顺利通过了国家 ISO9001 质量管理体系认证,同年底取得了“危险化学品包装物、容器生产企业”定点证书;2007 年 1 月获取了“危险化学品包装物、容器全国工业产品生产许可证”;2011 年 3 月获取了“输水管全国工业生产许可证”;2012 年 11 月通过了 ISO14001 环境管理、OHSAS18001 职业健康安全管理体系认证;2013 年 8 月被批准为潍坊市级“安全生产标准化企业”;2014 年 3 月获“山东省涉及饮用水卫生安全产品卫生许可”批件。

建设山东大华环境节能科技有限公司,投资 1.2 亿元,占地 100 亩,新上空冷器、闭式冷却塔、环保设备生产项目。目前已建成 5 层科研楼 1 栋,生产厂房 4 处,配套设施 1 宗,总建筑面积 29000 平方米。新购置生产设备 44 台(套),现已投产达效。年生产空冷器、蒸发式冷凝器、闭式冷却塔等环保设备 2000 套,实现销售收入 1.5 亿元,利税 2500 万元。

山东大华玻璃钢有限公司厂区

山东大华玻璃钢有限公司环境节能科技公司厂区

（撰稿人：李　森）

德州富达集团

一、简介

德州富达集团是由意大利外商王勇先生投资兴建的外商独资企业，最初于1988年在德州建立，经过20多年的经营扩张，现已发展为拥有德州富达玻璃钢制品有限公司、德州富达化学管材有限公司、意大利富达国际贸易有限公司、赤峰盛鑫矿业有限公司、北京永力空调有限公司等多家企业的大型企业集团。

集团总部位于山东省德州市京杭大运河东畔的希望工业园内，地处京沪铁路、105国道、101省道交汇中心，集团固定资产2.9亿元，员工1006人，年产值3.5亿元。

集团主要经营空调器、风机、阀门、管道等中央空调末端设备、玻璃钢制品、SMC水箱、消防器材、塑料板管型材、外墙外保温材料、稀有金属矿产等产品，拥有机电设备和气体净化设备安装资质，可承接中央空调设备安装工程。

公司总占地面积12万平方米，其中建筑面积10万平方米。建有7个大型的现代化生产车间，1栋先进完善的产品质量检测楼和1幢集科研与经营、办公为一体的综合大楼，为公司规模化、现代化、集约化生产奠定了基础。

二、历史沿革

1988年，王勇先生在德州成立德州市铝合金制品有限公司，随着企业规模的增大，原有厂房已不适应发展的需要，1992年，王勇先生在德州市南郊工业开发区征地50亩，投资600万元，建立了德州富达玻璃钢制品有限公司，成为当时德州最大的复合材料制品生产企业。

富达公司自20世纪90年代起，逐步向扩大企业规模、扩展经营领域、改进生产技术、完善管理机制的方向发展，跻身于德州市民营经济优秀企业行列。

2007年，集团为扩展经营领域、拉长产业链，投资2000万元在内蒙古赤峰市成立了赤峰市盛鑫矿业有限公司，下辖4个采矿厂、1个选矿厂，开采萤石(氟化钙)矿，打造了一条采矿、选矿及深加工的萤石粉产业链。如今，德州富达集团已发展为下辖6家子公司的大型企业集团，拥有固定资产2.9亿元，员工1000人以上，年产值3.5亿元。

现任领导班子成员：

董事长：王　勇

总经理：刘保文

副总经理：傅立胜

办公室主任：厚富强

技术部经理：师庆阳

业务部经理：胡晓红

财务部经理：田永喜

质检部经理：张向阳

总经理助理：刘　辉

三、主要成绩

2000年，公司被德州市质量技术监督局授予"德州市质量管理先进企业"。

2001年，公司被山东省中小企业办公室授予"技术创新示范企业"。

2002年，公司被德州市工商行政管理局、德州市消费者协会授予"百佳诚信企业"。

2005年，公司被德州市总工会授予"全市新建企业工会工作六好企业"。

2007年，公司被德州市工商行政管理局授予"守合同重信用企业"。

2008年，公司被德州市空调玻璃钢行业协会授予"诚信单位"。

2010、2011年，公司连续被德州市德城区人民政府授予"全区安全生产先进单位"。

2011、2012年，公司董事长王勇被德州市人民政府授予"德州市劳动模范"。

2013、2015年，公司工会被德州市德城区总工会授予"先进基层工会"。

四、本单位大事记

1988年，在德州成立德州市铝合金制品有限公司，开始了建企创业的步伐，从而拉开了德州富达集团辉煌发展的序幕。

1992年，在德州市南郊希望工业园征地50亩，投资600万元，建立了集团核心企业德州富达玻璃钢制品有限公司，成为当时德州最大的复合材料制品生产企业。

1998年，引进了美国OAK公司先进的风机盘管生产线，使公司的风机盘管生产技术和生产能力均处于同行业领先地位。

2003年，引进了国际上先进的ISO90001:2000质量管理体系，并获得认证，提升了公司产品质量，提升了企业管理水平。

2006年，引进了ISO14000:2004环境管理体系，并获得认证，改进了公司环境，提升了员工环保意识。

2006年，响应国家建筑节能的倡导理念，上马了XPS挤塑板外墙外保温系统开发项目。

2007年，集团投资2000万元在内蒙古赤峰市成立了赤峰盛鑫矿业有限公司，打造了一条采矿、选矿及深加工的萤石粉产业链。

2010年，集团走出国门，承揽了越南化肥厂及巴基斯坦电站通风设备的生产及安装工程，工程额均在2000万元以上。

2013年，集团承揽了河北石家庄中城商务广场及中城蓝溪谷空调通风工程，合同额达2578.28万元，并顺利完工，得到甲方、监理方一致好评。

2014年，集团先后承揽了安徽蚌埠海军士官学校通风、采暖设备生产及安装工程，柬埔寨西哈努克港燃煤电厂空调机组、通风设备的生产及安装工程等多项大型工程，合同额达到600多万元，并顺利施工完成。

德州富达集团总部全景

德州富达集团自动焊接机

（撰稿人：孙　燕）

山东宇航玻璃钢有限公司

一、简介

山东宇航玻璃钢有限公司(下称“宇航公司”)位于安丘市经济开发区,占地面积 100 亩,总投资 2900 万元,注册资金 2000 万元。拥有专业技术人员 40 人,其中工程师 18 名,助理工程师 23 名,大专以上学历的职工占 60%左右,从业人员 160 多人,形成了集玻璃钢设备制作,玻璃钢产品研发、生产、销售于一体的高效干部员工团队,为宇航公司今后的发展奠定了良好的基础。

宇航公司的主导产品是系列管道、管件、玻璃钢罐体等,还生产玻璃钢产品加工设备,如小、中、大型玻璃钢缠绕机。公司拥有国内先进的管道生产线 4 条,罐体生产线 6 条,产品 10 多个系列,近百个花色品种,产品广泛应用于石化、电力、氯碱、冶金、印染、酿造、制药、造纸、钢铁、养殖、供热、采矿、海洋开发、污水处理等多个领域,产品具有硬度高、比重小、耐腐蚀、使用寿命长等优点,销往全国 20 多个省市,深受广大用户信赖和好评。

宇航公司率先取得了质量、环境、职业健康安全三大体系认证证书,获得全国安全生产标准化三级认证,并取得“玻璃钢容器全国工业产品生产许可证”等证件。

二、历史沿革

宇航公司的前身是安丘市汶北轻工机械厂。从 2005 年开始转型做玻璃钢。到 2010 年,宇航公司形成了一定的规模,产值利税有了很大提高。

历任主要领导

机构名称	姓　名	职　务	任职时间
安丘宇航玻璃钢厂	杨学之	厂长	1996.1～2004.10
	杨仲峰	副厂长	

续表

机构名称	姓　名	职　务	任职时间
潍坊宇航玻璃钢有限公司	杨学之	经理	2004～2012
	杨仲峰	副经理	
	杨雪芹	副经理	
	张宝山	副经理	
山东宇航玻璃钢有限公司	董鹤群	党支部书记	2012～2015
	杨学之	经理、工程师	
	杨仲峰	副经理、工会主席	
	杨雪芹	副经理	
	张宝山	副经理	

现任领导班子成员：

党支部书记：董鹤群

总经理、工程师：杨学之

常务副总经理：杨仲峰

副总经理、工会主席：杨雪芹

副总经理：张宝山

三、主要成绩

公司于2007年取得了“国家危险化学品包装物、容器定点生产企业”证书，2010年取得了“国家危险化学品包装物、容器生产许可证”，2011～2012年被评为“山东省材料行业优势企业”。

2013年，山东宇航公司成功制作出直径32米、高12.6米、容积10000平方米的特大型液体化工原料储罐。该大罐已取得了3项国家专利。

2014年，公司取得了国家“安全生产标准化三级”证书。

山东宇航玻璃钢有限公司建成万吨玻璃钢罐体——“天下第一罐”

山东宇航玻璃钢有限公司生产的万吨液体化工原料储罐

（撰稿人：杨学之）

Shandong Cailiao 100 Jia

玻璃纤维和特种纤维企业

泰山玻璃纤维有限公司

一、简介

泰山玻璃纤维有限公司(以下简称“泰山玻纤”)是以玻璃纤维及其复合材料为主业的国有大型企业,是中国中材集团有限公司控股的中国中材股份有限公司的全资子公司。1997年,泰山玻纤打破国外技术封锁,建成了国内首条万吨池窑拉丝生产线,为中国玻纤工业发展做出了重大贡献。经过十几年的发展,泰山玻纤现有玻纤及制品总产能42万吨,位居玻纤行业国内前三、世界前五强。截至2014年底,公司资产总额92亿元,职工6000余人。

二、历史沿革

1991年11月,国家计委批准在山东泰安市建设泰山复合材料厂,建设国内首条年产万吨无碱玻璃纤维项目。

1992年1月,泰安市复合材料工程筹建处成立。

1999年9月,玻纤项目完成竣工验收,经泰安市人民政府批准,撤销筹建处,组建泰安泰山复合材料厂。

2000年11月,经国家经贸产业〔2000〕1086号文批准,泰安泰山复合材料厂实施债转股,企业更名为“泰安泰山复合材料有限公司”。

2001年12月26日,根据国家经贸委文件,同意中国信达资产管理公司、泰安市国有资产经营有限公司、山东省国际信托投资公司、山东省高新技术投资有限公司、南京玻璃纤维研究设计院作为发起人以发起方式设立股份公司,公司名称变更为“泰山玻璃纤维股份有限公司”。

2007年8月31日,公司加入中国中材集团有限公司,由中国中材股份有限公司全资控股,公司名称变更为“泰山玻璃纤维有限公司”。

历任主要领导

机构名称	姓名	职务	任职时间
山东泰山玻璃纤维有限公司	张志法	董事长	1997～2000
	贾同春	总经理	1997～1998
	张志法	总经理	1999～2000
泰安泰山复合材料有限公司	张志法	董事长兼总经理	2001
泰山玻璃纤维股份有限公司	张志法	董事长、党委书记	2002～2006
	刘　颖	总经理	2002～2006
	徐建民	总工程师	2002～2004
	张志法	总工程师	2005～2006
泰山玻璃纤维有限公司	张志法	董事长、党委书记、总工程师	2007～2009
	刘　颖	总经理	2007～2009
	唐志尧	董事长、总经理	2010 至今
	苏　逵	党委书记	2010 至今

现任领导班子成员：

董事长、总经理：唐志尧

党委书记：苏　逵

党委副书记、纪委书记：李成泉

常务副总经理：呼跃武

副总经理：赵恒刚　张德刚　张　国　刘洪刚

工会主席：王吉俊

总会计师：曹　惠

三、主要成绩

（一）主要荣誉

公司先后被评为“国家 863 计划成果产业化基地”“泰山学者岗位”“2006 年国家火炬计划泰安非金属新材料特色产业基地骨干企业”“第三批全国企事业知识产权试点单位”“2006 年重点国家火炬计划高新技术企业”““中国建材行业企业信用评价 AAA 级信用企业”“青岛海关诚信企业”等称号，成为我国玻纤行业唯一一家拥有国家认定技术中心的企业；公司产品被评为“中国名牌”“中国驰名商标”等荣誉称号。

（二）科研成果

1999 年 10 月，公司 SMC 用纱的研制获山东省科技星火奖二等奖；公司短切毡的研制获山东省科技进步三等奖。

2002 年 9 月，无碱玻璃纤维连续原丝毡的研制获山东省科技进步三等奖。

2002 年，公司“万吨池窑拉丝生产线计算机控制系统”项目被评为 2001 年度山东省计算机应用优秀成果一等奖。

2003 年 4 月，7200Tex 无碱无捻直接纱的研制被国务院授予国家科技进步二等奖。

2005 年 11 月，公司玻璃纤维与聚丙烯复合纤维纱的研制被山东省科学技术奖励委员会评为山东省科学技术奖三等奖。

2007 年 2 月，公司自行研制的甲基丙烯酸十四酯-顺丁烯二酸酐共聚物的应用被国家知识产权局认定为发明专利。

2008 年 4 月 1 日，公司开发的“万吨级以上大型无碱玻璃纤维池窑纯氧燃烧技术”项目被山东省人民政府评为 2007 年山东省科技进步三等奖。

2009 年 5 月 20 日，公司产品玻璃纤维/聚丙烯复合纤维纱被国家科学技术部认定为 2009 年“国家自主创新产品”。

2010 年 1 月 18 日，公司产品 LFT 用无碱玻璃纤维纱的研制被评为 2009 年山东省科技进步二等奖。

2014 年，节能环保型 TCR 玻璃纤维获泰安市科技进步一等奖。

四、本单位大事记

国家建材局将“万吨池窑拉丝”作为行业重点攻关项目列入了“八五”计划及“一号工程”项目。1997 年 1 月 29 日，公司第一条无碱玻璃纤维池窑拉丝生产线竣工投产。

2001 年 3 月 9 日，公司第二条无碱玻璃纤维池窑生产线（1.5 万吨）竣工点火。

2007 年 7 月，国家重点节能示范线——6 万吨纯氧燃烧生产线竣工投产。

泰山玻纤公司正门

泰山玻纤公司生产线拉丝二层

（撰稿人：高彩艳　宋振华）

山东玻纤集团股份有限公司

一、简介

山东玻纤集团股份有限公司是山东能源临矿集团的控股公司，总注册资本3亿元。公司下设玻纤复合材料公司、临沂天炬节能材料科技有限公司、沂水热电公司、淄博卓意玻纤材料有限公司4个子公司。纤维总产能21万吨，织物总产能2.3亿平方米，目前在册职员工3000人，总占地面积80万平方米，总资产26亿元，产业规模在同行业排名世界第7位，目前公司已完成股份制公司改制，预计2016年实现上市目标。

山东玻纤集团股份有限公司积极引进国际先进管理模式，先后通过了ISO9001质量管理体系、ISO14001环境管理体系和GB/T28001-2001职业健康安全管理体系标准认证。生产工艺、产品质量均达到国内外同行业领先水平，在国内形成了遍布31个省区的销售网络，在国际上远销亚洲、欧洲、北美、南美、非洲、大洋洲的20多个国家和地区，其中玻纤装饰壁布在俄罗斯占到了40%的市场份额。在应用上，先后由电子、电器、建筑、交通等领域拓展到风电、环保、游艇、海水淡化、石油等高端领域，在世界范围内形成了强势品牌效应。2014年，公司实现销售收入12.1亿元，上缴税金1.1亿元，利润1.1亿元。

二、历史沿革

2008年1月30日，临矿集团在整合山东光力士集团股份有限公司、沂水县热电有限公司、淄博草埠实业公司的基础上，依托沂水当地矿产资源和电力优势，成立了山东玻纤复合材料有限公司，并投资13.8亿元分3期建设了4条"池窑法"玻璃纤维生产线，设计产能12万吨。玻纤公司2013年5月收购了沂源格赛博公司3万吨池窑拉丝生产线的资产。为适应现代企业发展的需要，实现健康稳定可持续发展，在山东能源和临矿集团的大力支持下，公司于2013年12月完成了整体改制，正式更名为"山东玻纤集团股份有限公司"。

现任领导班子成员：

董事长、党委书记：牛爱君

监事会主席、党委副书记：宋忠玲
总经理、首席执行官：高贵恒

三、主要成绩

（一）主要荣誉

2011 年 3 月，公司被临沂市政府授予“安全生产先进单位”；2011 年 12 月，公司被临沂市慈善总会授予“尊老爱老敬老爱心企业”；2012 年 1 月，公司被临沂市政府授予“2011 年度全市重点项目建设先进单位”；2012 年 8 月，公司被临沂市政府授予“科技创新先进单位”；2013 年 1 月，公司被评为“省级技术研发中心”；2013 年 5 月，公司被山东省企业技术创新促进会授予“创新驱动发展能力百强企业”；2014 年 12 月，公司被临沂市总工会授予“劳动关系和谐企业”。

（二）科研成果

公司自主研发的专利有：《单丝涂塑用纱专用浸润剂及其配制方法》《一种用于玻璃纤维窑炉的纯氧燃烧器新型排布结构》《一种玻璃纤维涂油器》《一种玻纤网格布》《一种浸润剂回收装置》《一种耐碱玻纤网格布》《一种生产高 TEX 玻璃纤维直接无捻粗纱的作业线系统》《一种涂油器支架》《一种新型玻纤壁布》《一种新型玻纤布》《一种新型玻纤粗纱》《一种新型玻纤细纱》《一种用于玻璃纤维生产的漏板》《一种玻璃纤维膨化纱专用浸润剂及其制备方法》《一种低能耗的玻璃纤维》《一种中碱玻璃纤维直接纱浸润剂及其制备方法》《一种用于生产玻璃纤维湿法毡的白水及其制备方法》《一种玻璃纤维连续毡的制备方法》。

2013 年，“高强度耐腐蚀锚杆”“亚光型高强度单丝涂塑平织窗纱”被列入山东省经信委新产品开发计划；“耐腐蚀高强度玻璃纤维直接纱的开发”项目获得山东省企业重大技术创新成果奖。

四、本单位大事记

2009 年 3 月 11 日，第一条年产 3 万吨池窑拉丝项目开始正式生产。

2011 年 4 月 2 日，10 万吨池窑拉丝项目二期工程 3 万吨池窑拉丝生产线隆重举行投产仪式。玻纤复合材料公司中碱纤维生产能力达到 6 万吨。

2011 年 11 月 1 日，10 万吨池窑拉丝项目 6 万吨 ECR 高性能纤维第一条生产线隆重举行点火仪式。

2012 年 5 月 29 日，根据工作需要，调整国内玻纤销售模式，设立华东、华北、华南、华中及山东本部 5 个销售区域，在全国展开“地毯式”销售模式。

2013 年 1 月，公司研发中心被认定为“山东省认定企业技术中心”。

2013 年 4 月，公司被山东省科技厅认定为“高新技术企业”。

2013年6月，经山东省科技厅、山东省财政厅受理、评审，玻纤公司EP项目列入山东省自主创新成果转化专项计划(第一批)，获得省级专项扶持资金500万元。

2013年11月13日，公司通过了山东省国资委文明单位验收领导小组的审查验收，获得“山东省管企业文明单位”荣誉称号。

2013年12月22日，山东玻纤集团股份有限公司创立大会暨第一次股东大会召开。山东玻纤复合材料有限公司变更为“山东玻纤集团股份有限公司”。

2014年1月，“玻璃纤维锚杆”取得国家认定的“矿用产品安全标志”证书。

2014年2月，公司“ECR高性能玻璃纤维的研究及产业化”项目被山东省工业企业联合会评为首届山东工业突出贡献奖。

五、对行业发展的贡献

2011年，公司与美国GSI公司达成合作协议，引进了ECR高性能纤维生产技术，ECR高性能纤维可在任何用途中代替E玻璃纤维。该工艺技术采用炉顶垂直燃烧加热技术，使熔化率提高20%以上，实现了氟硼化物的零排放，经国家节能部门监测数据确认，ECR高性能纤维比国家“十二五”标准降低能耗40%，减少用工60%，山东省科技厅鉴定该工艺技术水平为国内领先，国际一流，并授予了山东省重大科技成果奖，该工艺技术填补了国内空白。在此基础上，玻纤集团通过消化、吸收，实现了再创新，自主研发了Ecering改性纤维，产品性能达到行业领导者OCV先进技术水平。

山东玻纤集团股份有限公司全景

山东玻纤集团股份有限公司玻璃纤维生产流程

（撰稿人：尹占山）

威海光威复合材料股份有限公司

一、简介

威海光威复合材料股份有限公司(以下简称“复材公司”)是一家拥有完整的复合材料产业链的“山东省高新技术企业”和“国家火炬计划重点高新技术企业”,是我国重要的碳纤维及其制品生产基地。公司主要从事高性能碳纤维、织物、预浸料、各类复合材料制品及装备的研发、生产、销售,技术开发与咨询,货物及技术进出口业务。2014 年,公司总资产达到 168879 万元,营业收入 46846 万元,利税 10689 万元,利润 9603 万元,公司员工共 1094 人。

公司注重产学研合作,与中科院化学所、北京化工大学、航空 601 所、621 所、北京航空航天大学、哈尔滨工业大学、山东大学、天津工业大学等科研院所及大专院校进行技术合作。

二、历史沿革

威海光威复合材料股份有限公司成立于 1992 年 2 月,公司是由威海光威集团有限责任公司、北京中信投资中心、威海光辉企业管理咨询中心、威海光威企业管理咨询中心、威海拓展企业管理咨询中心、苏州威和投资合伙企业出资组成。2014 年 11 月,威海光威复合材料有限公司与威海拓展纤维有限公司和威海光威精密机械有限公司合并,正式更名为“威海光威复合材料股份有限公司”。

现任领导班子成员:

董事长:李书乡

总经理:卢钊钧

三、主要成绩

公司先后被评为“山东省高新技术企业”“国家火炬计划重点高新技术企业”;通过了 ISO9001 质量管理体系认证、ISO14001 环境管理体系认证、OHSAS18001 职业健康安全认证和 AS9100 国际航空航天质量管理体系认证;相关产品通过了英国、德国和中国船机社相关认证；获得了“国际风电叶片原材料供应商”认可。公司先后荣获了国家高技术产业化十年成就奖、山东省科技进步奖、全国发明展览会金奖等荣誉。

公司先后承担了国家和省市级科研、产业化项目70余项，突破多项关键技术；拥有专利65项(发明专利占一半)，形成了具有自主知识产权的技术体系，陆续推出了一系列较高附加值和技术含量的产品并推向市场；起草制定了《聚丙烯腈基碳纤维》《碳纤维预浸料》两项国家标准，在国内同行业中处于领先水平。

四、本单位大事记

1992年，威海光威复合材料有限公司正式成立。

1998年，引进我国首套宽幅碳纤维预浸料生产线。

2001年，成立威海拓展纤维有限公司，专门从事碳纤维的研发生产。

2005年，突破GQ3522级碳纤维关键技术，实现GQ3522级碳纤维连续稳定化生产。

2008年，建成国内首条GQ4522级碳纤维千吨级生产线，在中国碳纤维发展史上具有里程碑意义。

2010年，建成GQ4522级碳纤维百吨级生产线。

2013年，建成QZ5526级碳纤维百吨级生产线及GM3040(M40J)石墨线。

2014年，建成GQ4522级碳纤维千吨级生产线。

五、对行业发展的贡献

威海光威复合材料股份有限公司一直走在国内行业发展的前列，公司引进或研发的许多技术均填补了国内空白。1998年引进的中国首套宽幅碳纤维预浸料生产线填补了国内空白，在国内首创了阶段性预浸料、半预浸料、风力发电叶片用预浸料和多轴向预浸料，并制定了《碳纤维预浸料》国家标准。公司最大的贡献在于对我国碳纤维产业发展所做出的贡献，公司先后突破GQ3522级碳纤维(相当于国外T300级碳纤维)工程化、产业化技术，GQ4522级碳纤维(相当于国外T700级碳纤维)工程化、产业化技术，QZ5526级碳纤维(相当于国外T800级碳纤维)工程化技术；高模碳纤维生产技术的突破及其所用关键设备大型超高温石墨化炉的引进，形成了一套具有自主知识产权的碳纤维生产技术，并制定了《聚丙烯腈基碳纤维》国家标准。上述系列碳纤维生产技术的突破及关键设备的引进在国内均是首次，打破了国外对碳纤维这一重要战略物资的垄断，打造了具有中国特色的碳纤维产业。

威海光威复合材料股份有限公司办公楼

威海光威复合材料股份有限公司风电叶片用预浸料生产线

（撰稿人：郑小龙）

烟台泰和新材料股份有限公司

一、简介

烟台泰和新材料股份有限公司注册资本50902万元，占地26万平方米，员工1300余人，其中各类专业技术人员440多人，占职工总数的34%。

烟台泰和新材料股份有限公司是中国首家氨纶长丝生产企业。1987年引进日本成套技术，建成一条年产能300吨的氨纶长丝生产装置，于1989年10月正式投产，填补了我国高档化纤生产的空白。1999年，烟台泰和新材料股份有限公司正式启动高性能芳纶纤维的研发，于2004年实现间位芳纶的产业化生产，2011年实现对位芳纶的产业化生产。

2014年，烟台泰和新材料股份有限公司总资产25.9亿元，销售氨纶、间位芳纶、对位芳纶纤维共计35660吨，实现营业收入17.76亿元，利润总额2亿元。

二、历史沿革

烟台泰和新材料股份有限公司的前身是烟台氨纶厂，隶属于烟台纺织工业公司，属于全民所有制。1986年7月开始筹建，1987年10月开工建设氨纶一期工程，于1989年10月正式投产。

1993年3月17日，烟台氨纶厂独家发起，以定向募集方式设立烟台氨纶股份有限公司，董事长陈嘉震。

2008年6月25日，烟台氨纶股份有限公司在深交所上市(代码:002254)。

2011年9月28日，烟台氨纶股份有限公司更名为“烟台泰和新材料股份有限公司”。

历任主要领导

机构名称	姓名	职务	任职时间
烟台氨纶厂	陈嘉震	厂长	1987～1993
烟台氨纶股份有限公司	陈嘉震	董事长	1993～2001
	孙茂健	董事长	2001～2011
	朱敏英	总经理	2001～2009
	宋西全	总经理	2009～2011
烟台泰和新材料股份有限公司	孙茂健	董事长	2011 至今
	宋西全	总经理	

三、主要成绩

(一)主要荣誉

公司先后获得“全国环境保护先进企业”“国家火炬计划重点高新技术企业”“全国化纤行业效益十佳企业”“全国化纤行业竞争力前 10 强企业”“纺织科技型企业”“国家高性能芳纶纤维动员中心”“第五批国家创新型试点企业”等称号，并获得“环保纺织标准 100(Oeko-Tex Standard 100)”证书、中国化纤行业“十一五”技术突破奖、中国纺织工业协会产品开发贡献奖、全国五一劳动奖状等奖项；公司产品先后被评为“国家级新产品”“国家重点新产品”“中国名牌”“国家自主创新产品”“山东名牌”；公司通过了英国标准协会 BSI 的 ISO9001 质量体系认证，并通过了“国家认定企业技术中心”认定。

(二)科研成果

泰和新材先后承担国家科技攻关计划 2 项，国家“863 计划”2 项，山东省科技重大专项 2 项。

2009 年，“湿法间位芳纶短纤生产技术开发及其产业化”项目获国家科技进步二等奖。

2001 年 1 月，“氨纶纤维产业化技术”获国家科技进步二等奖。

2010 年，“原液着色间位芳纶短纤维及其制备方法”获山东省专利奖一等奖和国家专利优秀奖。

2014 年，“芳纶自主创新平台”获山东省科技进步一等奖。

2014 年，“间位芳纶纸基材料产业化技术开发与应用”获山东省科技进步一等奖。

公司参与制定国家和行业标准 10 余项，获国家发明专利、实用新型专利 10 余项。

四、本单位大事记

1987 年 10 月，烟台氨纶厂开工建设。

1993 年 3 月，烟台氨纶股份有限公司成立。

2004 年 5 月，芳纶 1313 工程项目建成投产。

2008 年 6 月 25 日，烟台氨纶股份有限公司在深交所上市。

2008 年 8 月，“服装用间位芳纶工程技术改造项目”投产，间位芳纶总产能达到 4300 吨/年。

2010 年 11 月，“5000 吨/年医用氨纶技术改造项目”全部建成投产，氨纶总产能达到 30000 吨/年。

2011 年 9 月，公司更名为“烟台泰和新材料股份有限公司”。

2012 年，公司与鲁东大学合作成立先进高分子材料研究院。

2012 年，成立华东地区（山东）高性能芳纶纤维动员中心。

2013 年 4 月，注册成立烟台泰普龙先进制造技术有限公司。

2013 年 4 月，经科技部批准，组建国家芳纶工程技术研究中心。

2013 年 12 月，山东省芳纶纤维材料重点实验室通过省科技厅验收。

2014 年，注册成立烟台泰和时尚科技有限公司。

2014 年 5 月，公司获得“知识产权管理体系”认证。

2014 年 7 月，公司取得“武器装备科研生产单位二级保密资格”。

五、对行业发展的贡献

烟台泰和新材料股份有限公司是中国首家氨纶生产企业，填补了国家高档化纤品种空白。

依靠自主的科技创新和技改扩建，泰和新材跳出低水平重复引进的窠臼，走上“引进—消化—吸收—再创新”的发展轨道，并带动原料助剂、机械加工等相关行业共同发展，为推动氨纶国产化进程做出贡献。

从 1999 年开始，泰和新材正式开始芳纶工程技术的研究。工程技术人员开发出具有自主知识产权的间位芳纶、对位芳纶、芳纶纸工程化关键技术，达到国际先进水平。

1. 间位芳纶产业化生产技术解决了溶剂回收率低、设备设计不合理、控制水平低下等一系列问题和不足，形成了具有自主知识产权的完整的间位芳纶生产技术。

2. 对位芳纶产业化技术的成功研发，突破了低温溶液连续聚合、干喷湿法纺丝、萃取精馏 3 大关键技术，形成了一套具有自主知识产权的工艺和工程化技术，打破了国外长达数十年的技术垄断和封锁。

3. 芳纶纸产业化技术研发的成功，打破了美国杜邦公司长达 40 多年的技术垄断和封锁，成功实现了芳纶纸的国产化生产，年产能力为 500 吨。

随着烟台泰和新材料股份有限公司芳纶产业规模的迅速扩大，芳纶系列产品在国防军工、航空航天、环境保护、现代通信、汽车工业、个体防护、体育用品等领域得到推广和应用。

烟台泰和新材料股份有限公司精制回收塔

烟台泰和新材料股份有限公司生产厂区

（撰稿人：张曙光）

100

Shandong Cailiao 100 Jia

其他企业

皇明太阳能集团

一、简介

皇明太阳能集团有限公司是集太阳能光电、光热、太阳能真空集热管、太阳能建筑、温屏节能玻璃等产品研发检测、制造、营销推广于一体的太阳能产业集群，是大型民营股份制企业集团。公司独创了“太阳能微型厨房”等洁能解决方案，掌握着太阳能工农业用热(太阳能高温热发电、太阳能海水淡化、太阳能沼气发电、太阳能相变蓄热、跨季节蓄热、太阳能干燥及各种工农业热水、热蒸汽、热风)、太阳能与建筑结合(太阳能空调、太阳能采暖制冷、太阳锅炉、别墅热水等)等领域的微排智慧集成及解决方案(MePed)以及光热利用的各种前沿科技。

截至2014年底，皇明太阳能集团共有员工7000多人，资产总额约20多亿元，年利税约4亿元，年产能达30亿元，公司领导重视职业化团队建设和新产品开发，年新产品投入率达40%以上。

二、历史沿革

1996年12月1日，山东皇明太阳能有限公司成立并举行揭牌仪式。

2005年，山东皇明太阳能有限公司被核准变更为“皇明太阳能集团有限公司”，同时核准以该企业为核心企业组建的企业集团名称为“皇明太阳能集团”，标志着皇明由单打冠军进军全能时代。

现任领导班子成员：

董事长：黄　鸣(1995年至今)

总经理：范建厚(2009年至今)

副总经理：李广坤(2012年至今)

三、主要成绩

公司拥有全球首个太阳能顶级科研机构——国际太阳能技术科学院和全国唯一的

"国家太阳能热利用工程技术研究中心",国家专利已达1083项,先后承担和参加了国家"863"项目、国家科技攻关计划、国家火炬计划等22项国家级项目。

2000年"皇明"成为"山东省著名商标"。

2002年"皇明"被国家工商总局评为"中国驰名商标",被中国品牌管理体系指导委员会评为首届"中国十大经典品牌",被山东省经贸委确定为"新能源和可再生能源示范企业",顺利地通过了ISO9000(2000版)国际质量体系认定。

2003年,皇明被认定为"国家火炬计划重点高新技术企业"。

2004年,皇明入选"2004年中国市场家电品牌影响力50强排行榜",列国产家电第5名。

2005年,皇明获得"中国名牌"产品称号。

2007年,皇明太阳能荣膺年度"中国太阳能热水器十大制造企业排行榜"第1名。

2010年,皇明荣获"全球绿色经济十大领军企业"。

四、本单位大事记

1995年,德州皇明太阳能技术研究所正式注册成立。

1996年,山东皇明太阳能有限公司成立并举行揭牌仪式。全国首次太阳能科普讲座举行,全国首家企业办《太阳能科普报》正式出版。

1997年,皇明全国太阳能科普车队万里行活动由德州启程,拉开了中国太阳能科普的序幕,创造了举世瞩目的"8122"读数。

2000年,从真空管到太阳能热水器一次性全面通过ISO9002国际质量体系认证。

2004年,在第四届中国国际住宅产业展览会上,皇明展示的太阳能与建筑一体化集热器一枝独秀,获得了由建设部颁发的技术与产品创新奖,成为这一领域的首例产品。

2006年,董事长黄鸣受联合国总部特别邀请,作为主讲嘉宾到美国纽约参加了联合国第14届可持续发展大会,成为登上联合国讲坛的中国企业家第一人。由皇明太阳能集团承担的国家"863"课题——碟式太阳能热发电系统,一次性发电成功,顺利地通过了国家科技部验收。

2007年,皇明太阳能成为太阳能行业唯一一家入选"全国重点保护品牌"的自主品牌。

2008年,世界首条太阳能热水器自动化生产线在中国太阳谷启动,标志着中国将在世界上率先实现太阳能热水器的自动化生产。至此,皇明领军的中国太阳能光热行业在世界上率先完善了太阳能热利用工业体系。

2009年,皇明检测技术中心收到由中国合格评定国家认可委员会(CNAS)颁发的实验室认可证书。"皇明"品牌荣获CCTV"60年60品牌"中最具自主创新精神和世界影响力的品牌。

2011年,董事长黄鸣荣获2010CCTV中国经济年度人物创新奖。皇明获"十一五"国家科技计划执行优秀团队奖。

2014年,皇明和黄鸣分获"全国质量先进集体"和"全国质量先进个人"。黄鸣荣获全球杰出华商英雄楷模奖。皇明承担的“十二五”国家科技支撑项目《太阳能发电槽式高温集热管研发及产业化》顺利完成课题验收。皇明微排大厦入选世界吉尼斯纪录,成为世界上最大的太阳能建筑。

五、对行业发展的贡献

(一)中国太阳能产业化的启动者

自创业起,皇明就积极推动产业发展,早在1996年就创办《太阳能科普报》,到现在累计发行量已经达到3亿份。自1997年起,先后启动了“太阳能科普万里行”“太阳能售后服务万里行”和“百城环保行”等活动,并且每年在全国各地数千个市、县、镇举办数万场次集太阳能科普展示、销售、服务咨询于一体的绿色风暴活动。

(二)世界太阳能工业化体系的开拓者

皇明创造的中国太阳能可持续发展模式(简称“皇明模式”)开拓了一条“商业与环境的和谐之路”,实现了环境与市场、产业的共赢。皇明为全球的能源替代寻求解决方案,成为世界可再生能源可持续发展的标杆。

(三)中国太阳能热利用标准的推动与制定者

皇明股份多次主持或参与太阳能国家标准的制定工作,近几年参加制定的太阳能光热行业国标文件主要有:《全玻璃真空太阳集热器》《家用太阳能热水系统主要部件选材通用技术条件》《民用建筑太阳能热水系统应用规范》《太阳能集中热水系统选用与安装》等10余部。

(四)“微排地球战略”全球首倡者

2010年9月,山东省德州市以皇明公司为依托,击败了来自美国、日本、意大利等国的强大竞争对手,成功地举办了第四届世界太阳城大会。

在第四届世界太阳城大会期间,为应对日益严峻的能源与环境危机,黄鸣首次面向全球提出了“微排地球”战略,其主旨就是将皇明公司参与实践并完善的未来“微排城市”模板——皇明太阳谷,大面积向全球复制推进,共同应对能源和环境两大全球难题,得到了来自全球30多个国家200多个城市市长及专家的一致认同。

皇明太阳谷日月坛微排大厦

在皇明太阳谷召开第四届世界太阳城大会

（撰稿人：及宏伟）

山东浪潮华光光电子股份有限公司

一、简介

山东浪潮华光光电子股份有限公司（简称“浪潮华光”）是专业从事化合物半导体外延材料及光电子器件研发、生产、销售的省级高新技术企业，分别在济南、潍坊、临沂建有生产基地。浪潮华光是省政府重点扶持的半导体照明产业龙头企业、潍坊国家级半导体照明高新技术产业基地代表企业。

二、历史沿革

山东浪潮华光光电子股份有限公司的前身山东华光光电子有限公司成立于1999年11月，现为山东浪潮华光光电子股份有限公司全资子公司。山东浪潮华光光电子股份有限公司成立于2004年，2011年11月完成股改。

现任领导班子成员：

董事长：郑铁民

总经理兼CEO：肖成峰

副总经理：徐现刚　刘锡温　王成新　任忠祥

财务总监：郑兆和

三、主要成绩

（一）主要荣誉

荣获山东省科技进步一等奖、济南市技术发明一等奖、2010年中国LED技术创新奖、2011年LED产业最佳雇主奖、“中国最具成长性LED企业”“中国LED优秀企业”“2010年中国LED行业最具成长性企业”“2010年中国LED市场年度成功企业”“2013年中国LED激情十年最具影响力企业”“信息产业部先进集体”等奖项及称号。

（二）资质

中国光学光电子行业协会光电器件分会副理事长单位，中国半导体照明产业联盟理事单位，山东省半导体照明产业联盟理事长单位，国家半导体照明的行业标准制定单位，工信部半导体照明技术标准工作组成员单位，两项国家“863”科技攻关项目承担单位，发改委和工信部重点项目承担单位，山东省路灯标准起草单位，通过了 ISO9001、ISO14001 认证。

四、本单位大事记

2008 年 10 月 25 日，浪潮华光分别承担并完成了国家“863”科技攻关计划、省科技厅重大科技专项和济南市科技攻关计划 3 个项目，3 项成果通过科技厅(局)鉴定。

2008 年 4 月，济南市总工会授予公司“工人先锋号”称号。

2008 年 12 月，山东省经济贸易委员会授予浪潮华光“山东省认定企业技术中心”。

2009 年 10 月，省发改委批准“山东省半导体发光材料与器件工程实验室”在浪潮华光建设，并给予资金支持。

2010 年 12 月 2 日，浪潮华光“基于换衬底技术的超高亮度 LED 制备技术”通过省级鉴定。

2011 年 4 月 28 日，浪潮华光承担的国家发改委信息产业振兴项目“半导体照明用外延片、管芯、器件及应用产品”顺利地通过了验收。

2011 年 5 月 31 日，浪潮华光入选首批“山东省新材料深加工示范企业”。

2011 年 7 月 6 日，由浪潮华光承担的 2006 年、2008 年山东省自主创新成果转化重大专项——“超高亮红光 LED 外延材料及管芯制备”“SiC 功率 LED 外延材料及管芯研制”项目顺利地通过了验收；2009 年济南市科技局重大专项——“半导体照明用高亮度蓝光 LED 外延材料和管芯研制”项目通过了省级鉴定验收，成果产品技术达到国内领先水平。

2011 年 9 月 1 日，浪潮华光承担的国家“863 计划”——“新一代激光显示技术工程化开发”项目顺利通过鉴定验收。

2011 年 11 月 16 日，山东浪潮华光光电子股份有限公司承建的国家地方联合工程实验室——“半导体发光材料与器件工程实验室”，获国家发展改革委批复并授牌。

2011 年 12 月 7 日，“高功率 808 nm 非对称无铝应变量子阱激光器”荣获山东省科技进步二等奖。

2012 年 2 月，浪潮华光荣获 2011 年度山东省技术发明二等奖。

2012 年 7 月，浪潮华光承担的两项国家级重大课题顺利通过验收。

2012 年 12 月，浪潮华光承担的省级“室内照明用蓝光 LED 外延片及芯片产业化”项目顺利通过验收。

2014 年 1 月，“激光显示用 TM 偏振大功率 808 nm 激光器”成果被评为潍坊市职工优秀技术创新成果优秀奖。

2015 年 4 月，浪潮华光承担的山东省自主创新专项项目——“PSS 衬底大功率蓝光

LED 高端芯片关键技术研究开发及产业化”项目顺利通过主管部门验收。

2015 年 6 月，公司承担的科技部“863 计划”项目“SiC 衬底外延制备高效白光 LED 技术”顺利地通过了验收。

五、对行业发展的贡献

公司已获授权专利共 120 项，其中发明专利 66 项，实用新型专利 48 项，外观设计专利 6 项，鉴定成果 9 项；共获批 25 个包含国家科技部“863 计划”等在内的政府项目。

作为主要负责单位承担了《发光二极管外延片测试方法》与《LED 型号命名规则》两项行标的起草工作。

作为参与单位起草了《氮化镓基发光二极管蓝宝石衬底片》《半导体发光二极管产品系列型谱》等 6 项标准。

浪潮华光全景

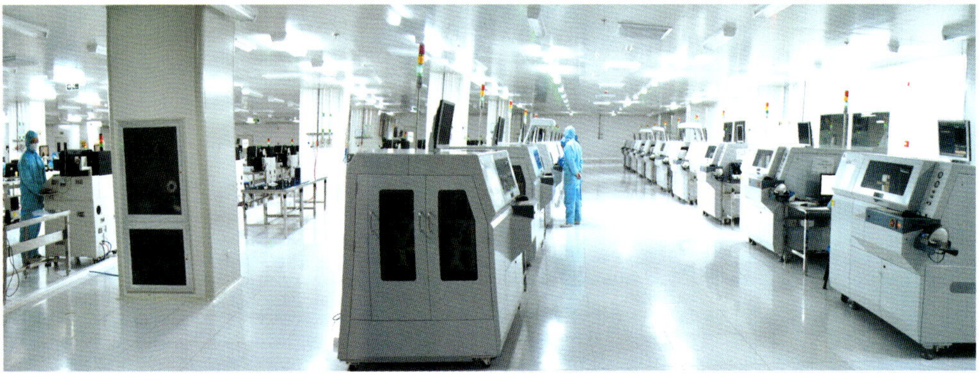

浪潮华光管芯车间

（撰稿人：刘　琦）

山东天岳先进材料科技有限公司

一、简介

山东天岳先进材料科技有限公司，是一家以研制、生产以及销售碳化硅晶体材料为主业的高新技术企业。目前，已经投入6亿余元，建设了第三代半导体产业化基地，具备研发、生产国内领先、国际先进水平的半导体衬底材料的软硬件条件，是我国第三代半导体衬底材料行业的龙头企业。

山东天岳先进材料科技有限公司是国家工信部主管下的中国宽禁带功率半导体产业联盟理事长单位、中国战略性新兴产业企业理事联盟副理事长单位。公司拥有2个省级研发平台，拥有专利64项，其中发明专利20项，获得2013年山东省技术发明一等奖。公司先后承担国家新材料研发与产业专项、国家“863计划”项目、国家重大科技成果转化专项等10余项国家、省、市科研及重点产业化项目。公司的半导体碳化硅技术被鉴定为国际先进水平，是世界上少数几家同时掌握N型和半绝缘型碳化硅半导体材料生产技术的企业之一，打破了国外垄断和封锁。山东天岳公司在自主创新的同时，积极开展产学研合作，与国内外知名科研机构、高校和企业建立起良好的合作关系。在晶体生长方面与山东大学、山东省科学院、美国加州大学成立了联合研发平台；在芯片开发和应用方面与北京航空航天大学、中国国防科学技术大学、中国电子科技集团公司第十三研究所、中国电子科技集团公司第五十五研究所、澳大利亚格里菲斯大学建立了联合研发平台。

二、历史沿革

2010年10月12日，公司正式成立。2011年9月1日，3/4英寸单晶生长炉研制成功；次年取得国家二级保密资格及GB/T19001-2008标准质量管理体系认证证书；2012年9月，成功地举办了中国首届“半导体材料SiC产业战略研讨会”；2013年8月，6英寸单晶生长炉研制成功；2014年获得总装备部“国防装备承制单位”注册证书，并与多所国际大学成立联合研发中心；2015年2月，山东天岳新厂区正式建成投入使用，新工厂占地近200亩，厂房40000平方米，成为亚洲最大的半导体碳化硅单晶衬底生产基地。2015

年10月，成立天岳公司国家级博士后科研工作站。

三、主要成绩

2012年5月10日，山东天岳公司顺利通过了山东省国防科工办组织的二级保密资格审查，正式成为二级保密资格单位。

2012年7月6日，山东天岳公司“功能器件用碳化硅衬底”项目获得济南市发改委立项登记备案证明。

2012年8月20日，山东天岳公司“碳化硅衬底生产线建设”项目获评济南市2012年工业投资重点项目。

2013年4月9日，山东天岳公司获得国家国防科技工业局“武器装备科研生产许可证”。

2013年4月18日，山东天岳公司“功能器件用碳化硅衬底”项目获批山东省级重点项目。

2013年12月22日，山东天岳公司当选中国宽禁带功率半导体产业联盟理事长单位。

2014年3月，山东天岳公司获得山东省科技发明一等奖。

2015年2月，山东天岳公司获得科技部国际科技合作专项。

山东天岳先进材料科技有限公司正门

山东天岳先进材料科技有限公司厂房

（撰稿人：王雅儒）

山东萨菲尔晶体科技有限公司

一、简介

山东萨菲尔晶体科技有限公司位于山东省淄博市周村区，距离济南国际机场50千米，距青岛国际港口200千米，东临济青高速5千米，南临309国道10千米，距胶济铁路20千米。地理位置优越，交通便利。公司成立于2012年3月，是以Al_2O_3系列产品为主的现代化工业企业。

公司2014年销售收入3836.15万元，税金178.4万元，利润143.56万元。

经过近几年的发展，Al_2O_3晶体已经达到1000吨/年的生产能力，Al_2O_3球、饼达到500吨/年的生产能力，Al_2O_3粉达到2000吨/年以上的生产能力。

公司的产品均达到国内领先、国际先进水平。公司于2013年通过ISO900质量体系认证，建立了完善的质量管理体系。产品质量稳定可靠，赢得了广大客户的好评。

公司注重技术创新，与山东理工大学建立了密切的合作关系。成立了山东理工大学晶体生长研究中心、山东理工大学研究生实习基地。公司拥有自主知识产权9项，其中国家发明专利1项，实用新型专利8项，有着强大的科技研发能力。自主研发的焰熔法新技术和改进型的新设备生产的用于制造LED衬底材料的蓝宝石，有着突破性的发展和独特的优势，改变了国内蓝宝石材料长期依赖进口的局面，为蓝宝石产业的发展做出了突出贡献。产品远销美国、韩国、波兰等国家和地区，得到了国内外广大客户的认可和支持。

二、历史沿革

现任领导班子成员：

董事长：王靖波

总经理：赵景亭

副总经理：李　明　陈殿祥　耿　燕

副总经理、总工程师、工会主席：文典清

三、主要成绩

2013 年，公司成为 Ceml™ 标准的会员。

2014 年，公司被哈尔滨奥瑞德光电技术股份有限公司认定为战略合作伙伴。

2014 年，公司被重庆四联光电科技有限公司认定为最佳供应商。

四、本单位大事记

2014 年 2 月 24 日，公司由淄博萨菲尔晶体科技有限公司改名为“山东萨菲尔晶体科技有限公司”。

山东萨菲尔晶体科技有限公司鸟瞰模拟图

焰熔法宝石烧结机生产线

（撰稿人：文典清）

济南鲁新新型建材股份有限公司

一、简介

济南鲁新新型建材股份有限公司是济钢集团与新加坡昂国集团共同出资成立的合资公司。公司成立于2003年9月，地处山东省济南市历城区郭店镇。公司主要从事冶金渣的综合利用，是济钢循环经济的重要典范，是资源节约、环境友好型企业，是济钢资源综合利用的一颗闪亮的明珠。

济南鲁新新型建材股份有限公司积极引进国际先进管理模式，先后通过了ISO9001：2000质量管理体系、ISO9001：2004环境管理体系和GB/T28001-2001职业健康安全管理体系标准认证。

截至2014年底，济南鲁新新型建材股份有限公司共有员工122人，资产总额约3亿元，年利税约7167万元，年产能达230万吨，公司领导重视职业化团队建设和新产品开发，年新产品投入率达3.1%以上。

二、历史沿革

济南鲁新新型建材股份有限公司由济钢集团和新加坡昂国集团合资兴建，成立于2003年，2011年济南鲁新新型建材有限公司吸收合并济南鲁昂新型建材有限公司，2012年鲁新公司开始进行股份制改造，目前更名为“济南鲁新新型建材股份有限公司”。公司历任主要负责人为张玉华(2003～2008年)、刘富增(2008年至今)。

现任领导班子成员：

总经理：刘富增

副总经理：郑建平　王四江

三、主要成绩

2006年，公司被评为“山东材料行业优势企业”和“省级守合同重信用企业”。

2007 年，公司被评为“济南市工业发展先进企业”。

2009 年，《微米级超活性矿渣粉研制与应用》获山东省冶金总公司科技进步一等奖。

2009 年和 2012 年，鲁新牌高炉矿渣粉 S95 荣获“山东名牌”称号。

2010 年，《高速铁路轨道板专用掺和料研制与应用》获山东省冶金总公司科技进步一等奖。

2010 年，公司被评为“山东省高新技术企业”和“济南市著名商标”，粒化高炉矿渣粉被评为山东省和济南市“高新技术产品”。

2011 年，鲁新工程技术中心被评为“济南市冶金非金属资源综合利用工程技术研究中心”。

2011 年，公司被评为“山东省节能减排和资源综合利用十大典范企业”。

2012 年，公司被认定为“山东省著名商标”。

2013 年，公司产品被中国建筑材料联合会评为“国家生态绿色建筑产品”。

四、本单位大事记

2003 年 7 月 9 日，济南钢铁集团总公司和新加坡双龙洋灰有限公司签订合资合作协议。

2005 年 1 月 28 日，省内第一条年产 60 万吨矿渣微粉生产线投产。

2010 年，投资 18 万欧元先后在 3 条生产线上安装了 DALOG 在线检测系统。

2011 年 8 月 17 日，完成鲁新公司吸收合并鲁昂公司工作。

2012 年 4 月 30 日，鲁新技改项目顺利达产达效，创同类生产线安装调试最高水平。

2013 年 11 月，泉州鲁新投产，标志着鲁新股份实施“走出去”战略取得成效。

五、对行业发展的贡献

公司“采用大型立磨粉磨高炉矿渣技术”是国家发改委、科技部、环保总局等四部委联合鼓励发展的资源再综合利用项目。粒化高炉矿渣粉是节能绿色环保的新型建筑材料，可等量替代 30%～70%水泥制备高耐久混凝土，是高耐久、高性能混凝土必不可少的第六组分，是建材行业实现节能减排、环境友好，发展循环经济，走可持续发展、新型工业化道路的新途径。

目前，公司已获得《铁路轨道板掺合料》《一种海工专用掺合料》《一种混凝土管道压浆剂及制备方法》等 10 多项国家发明及实用新型专利证书，为促进整个行业持续、快速、健康发展做出了积极贡献。

技术改造主体设备：德国 RSM 磨

济南鲁新新型建材股份有限公司中心控制室

（撰稿人：曲丽娜）

济南力天建材有限公司

一、简介

济南力天建材有限公司是成立于2002年8月28日的现代化民营企业，公司位于济南市天桥区大桥镇，周边有104、220、308国道和青银高速，地处山东黄台电厂粉煤灰堆场，交通便利、资源丰富，具备加气混凝土系列产品的研究开发和生产的便利条件。公司占地88亩，建筑面积约为15000平方米，是研制、生产和销售新型建筑材料的现代化企业。公司建有国内先进的自动化生产线，选用了国内最优良的主机设备，生产工艺先进，检测手段齐全，整体技术装备水平和生产规模均处于国内先进水平，公司以工业废渣——粉煤灰、脱硫石膏为主要原料，致力于工业和民用建筑的新型墙体材料的研制、开发与生产。公司目前有蒸压加气混凝土砌块生产线两条。

截至2014年底，济南力天建材有限公司共有员工190人，资产总额近6000万元，产品年生产能力近50万立方米，每年可消化工业废渣30余万吨，为国家节约土地200余亩。

二、历史沿革

2002年8月28日公司注册，建立了一条粉煤灰砖生产线；2003年9月，建设了年生产粉煤灰砖4500万块、年生产蒸压加气混凝土砌块10万立方米的联合生产线；2010年7月拆除原粉煤灰砖生产线，建设了第二条蒸压加气混凝土砌块生产线；2014年7月，对第一条加气砌块生产线进行技术改造和设备更新，改造完成后公司年生产加气砌块50万立方米。

现任领导班子成员：

董事长：王路安

总经理：片西海

三、主要成绩

2006 年，公司被评为“山东十大科技创新企业”。

2006 年，公司被评为“济南市墙材革新与建筑节能工作先进单位”“济南市高新技术企业”。

2006 年，公司被评为“全省墙材革新与建筑节能工作先进单位”“中国建材首选品牌(重点推广单位)”。

2012 年，公司成为中国加气协会副会长单位。

四、本单位大事记

2003 年 9 月 12 日，公司产品粉煤灰砖通过“新型墙材建筑节能技术产品”认定。

2003 年 12 月 2 日，公司被省经贸委认定为“资源综合利用企业”。

2003 年 12 月 16 日，加气砌块通过“新型墙材建筑节能技术产品”认定。

2006 年 1 月，公司被山东省建设厅评为“全省墙材革新与建筑节能工作先进单位”。

2006 年 3 月 31 日，公司被济南市科学技术局认定为“高新技术企业”。

2006 年 11 月 1 日，公司生产的“蒸压粉煤灰砖”被确认为“中国建材首选品牌”。

2006 年 12 月 31 日，公司荣获“山东省‘三个亮点’优秀企业”称号。

2006 年 12 月，公司被评为“山东十大科技创新企业”。

2007 年 3 月，公司获得“2006 年山东材料行业优势企业”称号。

2008 年 8 月，公司产品被济南市质量技术监督局认定为“济南名牌”。

2013 年 9 月，公司自保温一体化墙材研究试验成功。

五、对行业发展的贡献

济南力天建材有限公司是济南市唯一一家能利用粉煤灰生产 B04、B05、B06、B07 四个等级蒸压加气混凝土砌块的企业。蒸压加气混凝土砌块作为我国新型墙体材料，有着传统建筑材料无法比拟的优势。我公司每年消耗废渣 30 万吨，为国家节约存放废渣土地 200 余亩。

济南力天建材有限公司自建厂起已经使用粉煤灰、脱硫石膏等工业废渣 300 余万吨，给国家节约存放工业废渣所用土地 2000 余亩。

济南力天建材有限公司正门

公司化验室一角——产品试验

（撰稿人：任思伟）

山东微山湖稀土有限公司

一、简介

山东微山湖稀土有限公司成立于1971年5月，是由中国钢研科技集团有限公司相对控股、法人治理结构健全的全资国有股份制企业，主要经营业务为稀土矿石开采和稀土精矿粉生产，产品曾获国家“神龙杯”名优奖。公司占地面积12万平方米，现有职工496名。2014年实现销售收入7279.55万元，上缴各类税费2361万元，利润1396.49万元，全面完成了2014年度的生产经营任务目标。截至2014年末，公司资产总额为1.42亿元。

公司是山东省唯一的稀土资源生产基地，是目前全国发现并开发的3块轻稀土基地（内蒙古包头、四川冕宁、微山稀土）之一，也是目前全国仅2家通过国家环保部环保核查和国家工信部稀土行业政策准入的稀土矿山企业之一。

二、历史沿革

1971年，微山县革命委员会决定，本年5月筹建郗山稀土矿。

1988年，北京华能原材料公司投资300万元，微山县稀土矿投资633.3万元，双方合计投资933.3万元，建成微山华能稀土总公司，公司下设5个子公司，分别为：微山稀土矿、微山稀土材料厂、微山钻探工具厂、微山稀土实业公司、微山装饰贸易公司。其中，微山稀土矿制度比较齐全，负责监管其他4个子公司。微山稀土材料厂、微山钻探工具厂、微山稀土实业公司、微山装饰贸易公司4个子公司早在成立之初就已名存实亡。

1998年，微山华能稀土总公司亏损停产。2002年，微山华能稀土总公司进行分离重组，将微山华能资产（不含微山稀土材料厂、微山钻探工具厂、微山稀土实业公司、微山装饰贸易公司4个子公司）按一定比例分离出来，作为投资与6个自然人共同设立组建山东微山湖稀土有限公司。实际经营管理中是分账不分家，微山华能只保留一套空账，所有的人财物及经营管理全部转入山东微山湖稀土有限公司。

2011年8月18日，微山华能稀土总公司与中国钢研科技集团有限公司、微山崔庄煤矿有限责任公司、北京航天产业投资基金(有限合伙)公司签订《关于山东微山湖稀土有限公司股权转让及增资扩股协议》。微山华能总公司将公司持有山东微山湖稀土有限公司的80%股权转让给其他3家企业并进行增资扩股，山东微山湖稀土有限公司实际控制人由华能稀土总公司变为中国钢研科技集团有限公司，公司实收资本由958万元增至7500万元，公司法人代表由刘井常变更为艾磊。

历任主要领导

机构名称	姓 名	职 务	任职时间
郗山稀土矿	周维福	党支部书记、矿长	1971～1975
山东省微山稀土矿	邢云杭 陈维思	党支部书记	1976～1987
	张会民	矿长	1978～1980
	程晋杰	党支部书记	1987～1991
	程晋杰	矿长	1980～1991
	李德虎	党支部书记	1991～1994
	李源水	矿长	1991～1994
微山华能稀土总公司	李德虎	党支部书记	1994～1995
	李德虎	总经理	1994～2001
	刘井常	总经理	2001～2002
山东微山湖稀土有限公司	刘井常	党支部书记、总经理	2002至今
	吴杨水	总工程师	2011至今

现任领导班子成员：

党总支书记、总经理：刘井常

党总支副书记：莫叶林

常务副总经理：李慎强

副总经理、工会主席：殷 辉

副总经理：茅海荣

总工程师：吴杨水

三、主要成绩

公司先后荣获中国稀土协会颁发的“神龙杯”名优奖、济宁市“安全生产先进单位”“安全文化建设示范企业”、微山县“经贸工作先进单位”“自主创新先进单位”以及“微湖先锋先进基层党组织”等殊荣。同时，公司还是中国稀土行业协会理事单位、中国稀土学会会员单位、山东稀土行业协会理事单位、济宁市矿业协会会员单位等等。

四、本单位大事记

1971 年 5 月，微山县革命委员会决定筹建郗山稀土矿，为保密命名为“715 试验厂”。

1973 年 11 月，更名为“郗山稀土矿”。

1975 年 10 月，更名为“山东省微山稀土矿”。

1983 年 6 月，生产出 68% 含量的合格稀土精矿粉，出口日本。

1988 年，北京华能原材料公司投资 300 万元，组建微山华能稀土总公司。

1993 年 5 月，经县政府批准，设立微山华能稀土总公司。

1998 年，微山华能稀土总公司因亏损停产。

2002 年，微山华能稀土总公司进行分离重组，组建山东微山湖稀土有限公司。

2011 年 12 月 27 日，公司以 20% 的投资比例参股中国钢研（微山）科技产业园项目，使微山成为国内重要的稀土新材料加工基地。

2012 年 5 月，启动了设备更新、技术改造工程，投资近 4000 万元对原有生产设备及相关流程进行了全面更新改造。

2012 年 8 月，顺利通过国家环保部环保核查。

2013 年 4 月，选矿环节工艺流程改造成功，使选矿回收率稳定在 85% 以上。

2013 年 6 月，成功实现选矿废水循环利用，选矿废水循环利用率达到 70%。

2013 年 11 月，经专家验收，通过山东省清洁生产审核。

五、对行业发展的贡献

公司作为山东省唯一的稀土资源生产基地，严格按照国家下达的指令性生产计划执行生产，在同行业中做出了突出的贡献。

山东微山湖稀土有限公司增资扩股协议签约仪式

山东微山湖稀土有限公司正门

（撰稿人：龚学良）

淄博方亿除尘设备有限公司

一、简介

淄博方亿除尘设备有限公司通过改制，整体接收原淄博环保设备厂全部资产，是专业生产各种环境保护设备的企业。公司为中国环境保护协会会员之一。公司设备齐全，技术力量雄厚，具有较强的设计、开发、制造能力，并有专业安装队伍。

公司位于山东省淄博市博山开发区，共有职工190人，其中工程技术人员20余人，年生产能力1000台(套)，总资产465.4765万元，实现营业收入895万元，利税4.0275万元，利润49.65万元。主要生产各类除尘器及部分建材辅助设备。

公司以"立足环保、造福人类、与时俱进、开拓进取"为企业方针，坚持走科研、设计和生产相结合的路子，并致力于环保工程、环保产品的研究和开发，以"为人类创造环保健康的生存环境"为己任，共创美好未来。

二、历史沿革

1976年，建立淄博环保设备厂，主要负责人为厂长曲福建。

2010年1月11日，更名为"淄博方亿除尘设备有限公司"。

现任领导班子成员：

总经理：朱家斌

副总经理：孙兆明

总工程师：李昌亭

财务总监：刘秀美

三、主要成绩

2010年1月15日，公司获得"山东省企业产品执行标准登记证书"。

2010年1月30日，公司经山东省工业产品生产许可证办公室审查批准，具备了生产除尘设备的资格。

2010 年 10 月，公司成为中国建筑材料工业协会理事单位。

2011 年 8 月，公司被评为“2009～2010 年度山东材料行业优势企业”。

2013 年 4 月 18 日，公司获得了“山东省企业产品执行标准管理证书”。

2014 年 11 月 28 日，公司重审了质量管理体系认证，并取得了证书。

四、本单位大事记

1976 年，淄博环保设备厂成立。

2009 年，淄博环保设备厂宣布破产。

2010 年 1 月 11 日，经过重组后，公司更名为“淄博方亿除尘设备有限公司”。

五、对行业发展的贡献

淄博方亿除尘设备有限公司为民营高科技企业，是“中国环保产业骨干企业”、山东省建材节能环保技术创新服务平台，公司先后通过了 ISO9001 质量管理体系认证、ISO14001 环境管理体系认证、OHSAS18001 职业健康安全管理体系认证，并为节能环保机械行业提供公共技术服务。公司致力于烟气治理技术装备的研究、开发、生产、销售，主导产品为各类袋式、静电收尘器。

几年来，公司先后承接了近千家国内外钢铁、电力、冶金、建材、化工等行业的工业窑炉含尘气体处理和烟气脱硫，如清华同方、河南安钢、山西太钢、甘肃酒钢、天津公安部消防所、山水集团、西安墙体院等，优良的使用效果受到了用户的广泛好评。

淄博方亿除尘设备有限公司产品出厂

淄博方亿除尘设备有限公司管道产品销往各地

（撰稿人：朱家斌）

济南微纳颗粒仪器股份有限公司

一、简介

济南微纳颗粒仪器股份有限公司是集研发、生产、销售颗粒测试相关仪器设备于一体的高新技术企业。公司研究的激光粒度测试技术自1982年承担国家“七五”科技攻关项目伊始，至今已有30余年的历史。

微纳颗粒公司以高校为依托，培养了一流的技术开发团队，90%以上的员工具有大专以上学历，其中包括光学、电子、计算机、化工、材料各方面的专家和教授。公司的首席专家任中京教授是我国激光粒度分析技术的开创者，在颗粒测试领域享有崇高声誉。公司总部员工53人，其中各类技术人员25人(高级工程师3人，工程师15人，专业技术工人7人)，其他部门人员28人。2014年底总资产达2027万元。

二、历史沿革

公司的前身为山东建材学院颗粒测试研究所，公司创始人任中京教授自主持颗粒分析的“七五”“八五”科技攻关项目起，至今已有30余年的历史。2000年，集研发、生产、销售颗粒测试相关仪器设备于一体的济南微纳仪器有限公司正式成立。2010年，微纳获得“山东省高新技术企业”称号，并吸收优秀员工入股改制为股份有限公司。2014年，微纳成功登陆新三板。2015年，公司提出“筑百年基业、谋创新发展”的发展战略，开始实施“人才工程、精品工程、品牌工程”三大工程。

现任董事长兼总经理为任中京。

三、主要成绩

1985年，任中京教授主持的“水泥颗粒级配在线分析仪的研制”项目被列为国家“七五”科技攻关项目。

1990年，国家“七五”科技攻关项目“水泥颗粒级配在线分析仪”通过鉴定验收，专家评价为国内首创,达到 20 世纪 90 年代国际先进水平。

1994 年,公司承担山东省“八五”科技攻关项目,研制成功 JL9200 便携式高分辨率激光粒度分析仪,同年获得国家专利。

1995 年,JL9200 便携式激光粒度仪被列为“国家级重点新产品”。

2002 年,微纳 Winner2000 型激光粒度分析仪产品通过国家标准物质研究中心定型鉴定。

2003 年,微纳 Winner2000 型激光粒度分析仪获得山东省质量技术监督局“计量器具新产品”证书。

2004 年,微纳公司获得“中华人民共和国制造计量器具许可证 CMC 证”。

2007 年,微纳公司通过 ISO9001:2000 国际质量体系认证。

2007 年,研制成功我国第一台动态颗粒图像分析仪,通过了济南市科技局的鉴定,专家评价为国内首创,达到国际先进水平。

2008 年,微纳研制的数字相关器 CR128 取得重大突破。

2009 年,微纳推出中国第一台使用数字相关器的光相关纳米粒度分析仪。

2013 年,微纳实验室获得中国合格评定国家认可委员会“CNAS1 TO168 细微颗粒的粒度分析”能力验证评定。

济南微纳公司董事长、公司首席专家任中京教授先后承担国家“七五”科技攻关项目“水泥颗粒级配在线分析仪”,负责山东“九五”科技攻关项目“JL9300 干粉激光粒度仪”、国家教委仪器研究项目“YP750 空间频谱演示仪”、国家科技型中小企业技术创新基金项目“Winner801 光相关纳米粒度仪”等重要科研项目。

四、对行业发展的贡献

微纳颗粒是一家专门研发生产颗粒仪器的高科技企业,在激光粒度仪的研发上为中国粒度仪赶超世界先进水平做出了突出贡献。

2007 年,济南微纳颗粒仪器股份有限公司成功研制出中国国内第一台动态颗粒图像分析仪 Winner100;2009 年,推出中国第一台使用数字相关器的光相关纳米粒度分析仪 Winner801。这两款仪器均通过科技局鉴定,被业内专家评价为国内首创,达到国际先进水平。2014 年,微纳公司在企业内建立了在线粒度测试实验平台,研发推出了中国第一台在线粒度监测仪,开创了中国国产在线激光粒度仪的先河。

济南微纳外景

《纳米激光粒度仪》验收/鉴定会

（撰稿人：耿荣艳）

淄博恒瑞工贸有限公司

一、简介

淄博恒瑞工贸有限公司位于齐国故都——淄博市临淄区金山镇，注册资金1000万元，占地面积20000平方米，建筑面积8000平方米，项目总投资3000余万元，是集研发、生产、销售于一体的民营企业，公司是国家重点推广的节能环保新型墙体材料推广应用企业，是“山东省建筑节能认定企业”“淄博市节能先进企业”和“临淄区资源利用先进单位”。

公司主要从事新型墙体材料——粉煤灰加气混凝土砌块和墙板的研发、生产和销售，具备年生产销售各种型号加气混凝土砌块、墙板30万立方米的能力。

公司现有员工86人，其中高级工程师2名、工程师12名，大中专毕业生占职工总数的85%。2014年完成销售额1522.79万元。

二、历史沿革

淄博恒瑞工贸有限公司成立于2012年，主要负责人为王令涛。

历任主要领导

机构名称	姓　名	任职时间	职　务
淄博恒瑞工贸有限公司	王令涛	总经理	2012.10至今
	包振桥	副总经理	2013.1至今
	王令清	副总经理	2013.11至今
	王亦涛	副总经理	2014.8至今
	国　娜	财务经理	2012.10～2013.10
	刘　影	财务经理	2013.11至今

三、主要成绩

2013年10月，公司产品被列为"山东省新型墙材建筑节能技术产品"，可在全省建筑工程中应用，并符合国家产业政策，是国家重点推广的免税产品。

四、本单位大事记

2013年8月，公司取得"淄博天方工程检测报告书"，加气混凝土砌块、墙板可在淄博市建设工程中推广应用。

2013年10月，加气混凝土砌块、墙板被山东省建设厅认定为"山东省新型墙材建筑节能技术产品"，并在全省建设工程中推广应用。

2013年，公司荣获"山东材料行业优势企业"称号。

2014年，公司被山东省信誉评价委员会评为"山东省诚信共建单位"。

2014年，公司成为中国加气混凝土协会会员单位。

2014年7月，公司被淄博市诚信企业信用评价委员会评为"先进单位"。

五、对行业发展的贡献

公司重视科技进步和新产品开发，公司产品的制造能耗仅为烧结黏土砖能耗的46%；由于其密度小，单位原材料用量少，不仅减少了用量，而且还减少了运输和安装过程中的碳排放，具有保护耕地、节约能源、治理环境污染、改善建筑功能等一系列社会经济效益。

淄博恒瑞工贸有限公司正门

淄博恒瑞工贸有限公司蒸压加气混凝土板材生产工艺

（撰稿人：张志刚）

图书在版编目(CIP)数据

山东材料100家/山东省科协材料学科群,山东硅酸盐学会编著.—济南:山东大学出版社,2016.4

ISBN 978-7-5607-5534-2

Ⅰ.①山… Ⅱ.①山… ②山… Ⅲ.①材料—行业组织—介绍—山东省 Ⅳ.①TB3-2

中国版本图书馆CIP数据核字(2016)第087760号

责任策划:王 翎

责任编辑:唐 棣 毕文霞

封面设计:张 荔

出版发行:山东大学出版社

社 址 山东省济南市山大南路20号

邮 编 250100

电 话 市场部(0531)88364466

经 销:山东省新华书店

印 刷:济南华林彩印有限公司

规 格:787毫米×1092毫米 1/16

30.5印张 587千字

版 次:2016年4月第1版

印 次:2016年4月第1次印刷

定 价:200.00元